数学模型在生态学的应用及研究(35)

The Application and Research of Mathematical Model in Ecology(35)

杨东方　王凤友　编著

海洋出版社

2016 年 · 北京

内 容 提 要

通过阐述数学模型在生态学的应用和研究，定量化地展示生态系统中环境因子和生物因子的变化过程，揭示生态系统的规律和机制以及其稳定性、连续性的变化，使生态数学模型在生态系统中发挥巨大作用。在科学技术迅猛发展的今天，通过该书的学习，可以帮助读者了解生态数学模型的应用、发展和研究的过程；分析不同领域、不同学科的各种各样生态数学模型；探索采取何种数学模型应用于何种生态领域的研究；掌握建立数学模型的方法和技巧。此外，该书还有助于加深对生态系统的量化理解，培养定量化研究生态系统的思维。

本书主要内容为：介绍各种各样的数学模型在生态学不同领域的应用，如在地理、地貌、水文和水动力以及环境变化、生物变化和生态变化等领域的应用。详细阐述了数学模型建立的背景、数学模型的组成和结构以及其数学模型应用的意义。

本书适合气象学、地质学、海洋学、环境学、生物学、生物地球化学、生态学、陆地生态学、海洋生态学和海湾生态学等有关领域的科学工作者和相关学科的专家参阅，也适合高等院校师生作为教学和科研的参考。

图书在版编目(CIP)数据

数学模型在生态学的应用及研究．35/杨东方，王凤友主编．—北京：海洋出版社，2016．3
ISBN 978－7－5027－9396－8

Ⅰ．①数…　Ⅱ．①杨…②王…　Ⅲ．①数学模型－应用－生态学－研究　Ⅳ．①Q14

中国版本图书馆 CIP 数据核字(2016)第 059227 号

责任编辑：鹿　源
责任印制：赵麟苏
海洋出版社　**出版发行**
http://www.oceanpress.com.cn
北京市海淀区大慧寺路 8 号　邮编：100081
北京画中画印刷有限公司印刷　新华书店北京发行所经销
2016 年 9 月第 1 版　2016 年 9 月第 1 次印刷
开本：787 mm×1092 mm　1/16　印张：20
字数：480 千字　定价：60.00 元
发行部：62132549　邮购部：68038093　总编室：62114335

《数学模型在生态学的应用及研究(35)》编委会

数学是结果量化的工具

数学是思维方法的应用

数学是研究创新的钥匙

数学是科学发展的基础

杨东方

要想了解动态的生态系统的基本过程和动力学机制,尽可从建立数学模型为出发点,以数学为工具,以生物为基础,以物理、化学、地质为辅助,对生态现象、生态环境、生态过程进行探讨。

生态数学模型体现了在定性描述与定量处理之间的关系,使研究展现了许多妙不可言的启示,使研究进入更深的层次,开创了新的领域。

杨东方

摘自《生态数学模型及其在海洋生态学应用》

海洋科学(2000),24(6):21—24.

前　言

细大尽力，莫敢怠荒，远迩辟隐，专务肃庄，端直敦忠，事业有常。

——《史记·秦始皇本纪》

数学模型研究可以分为两大方面：定性的和定量的，要定性地研究，提出的问题是："发生了什么或者发生了没有"，要定量地研究，提出的问题是"发生了多少或者它如何发生的"。前者是对问题的动态周期、特征和趋势进行了定性的描述，而后者是对问题的机制、原理、起因进行了定量化的解释。然而，生物学中有许多实验问题与建立模型并不是直接有关的。于是，通过分析、比较、计算和应用各种数学方法，建立反映实际的且具有意义的仿真模型。

生态数学模型的特点为：(1) 综合考虑各种生态因子的影响。(2) 定量化描述生态过程，阐明生态机制和规律。(3) 能够动态地模拟和预测自然发展状况。

生态数学模型的功能为：(1) 建造模型的尝试常有助于精确判定所缺乏的知识和数据，对于生物和环境有进一步定量了解。(2) 模型的建立过程能产生新的想法和实验方法，并缩减实验的数量，对选择假设有所取舍，完善实验设计。(3) 与传统的方法相比，模型常能更好地使用越来越精确的数据，从生态的不同方面所取得材料集中在一起，得出统一的概念。

模型研究要特别注意：(1) 模型的适用范围：时间尺度、空间距离、海域大小、参数范围。例如，不能用每月的个别发生的生态现象来检测 1 年跨度的调查数据所做的模型。又如用不常发生的赤潮的赤潮模型来解释经常发生的一般生态现象。因此，模型的适用范围一定要清楚。(2) 模型的形式是非常重要的，它揭示内在的性质、本质的规律，来解释生态现象的机制、生态环境的内在联系。因此，重要的是要研究模型的形式，而不是参数，参数是说明尺度、大小、范围而已。(3) 模型的可靠性，由于模型的参数一般是从实测数据得到的，它的可靠性非常重要，这是通过统计学来检测。只有可靠性得到保证，才能用模型说明实际的生态问题。(4) 解决生态问题时，所提出的观点，不仅从数学模型支持这一观点，还要从生态现象、生态环境等各方面的事实来支持这一观点。

本书以生态数学模型的应用和发展为研究主题，介绍数学模型在生态学不同领域的应用，如在地理、地貌、气象、水文和水动力以及环境变化、生物变化和生态变化等领域的应用。详细阐述了数学模型建立的背景、数学模型的组成和结构以及其数学模型应用的意义。认真掌握生态数学模型的特点和功能以及注意事项。生态数学模型展示了生态系统的演化过程和预测了自然资源可持续利用。通过本书的学习和研究,促进自然资源、环境的开发与保护,推进生态经济的健康发展,加强生态保护和环境恢复。

本书获得贵州民族大学博点建设文库、“贵州喀斯特湿地资源及特征研究”(TZJF-2011年-44号)项目、“喀斯特湿地生态监测研究重点实验室”(黔教全KY字[2012]003号)项目、教育部新世纪优秀人才支持计划项目(NCET-12-0659)项目、“西南喀斯特地区人工湿地植物形态与生理的响应机制研究”(黔省专合字[2012]71号)项目、“复合垂直流人工湿地处理医药工业废水的关键技术研究”(筑科合同[2012205]号)项目、水库水面漂浮物智能监控系统开发(黔教科[2011]039号)项目、基于场景知识的交通目标行为智能描述(黔科合字[2011]2206号)项目、水面污染智能监控系统的研发(TZJF-2011年-46号)项目、基于视觉的贵阳市智能交通管理系统研究项目、贵阳市水面污染智能监控系统的研发项目、基于信息融合的贵州水资源质量智能监控平台研究项目、贵州民族大学引进人才科研项目([2014]02)、土地利用和气候变化对乌江径流的影响研究(黔教合KY字[2014]266号)、威宁草海浮游植物功能群与环境因子关系(黔科合LH字[2014]7376号)以及国家海洋局北海环境监测中心主任科研基金-长江口、胶州湾、莱州湾及其附近海域的生态变化过程(05EMC16)的共同资助下完成。

此书得以完成应该感谢北海环境监测中心的崔文林主任、上海海洋大学的李家乐院长和贵州民族大学的张学立校长;还要感谢刘瑞玉院士、冯士筰院士、胡敦欣院士、唐启升院士、汪品先院士、丁德文院士和张经院士。诸位专家和领导给予的大力支持,提供的良好的研究环境,成为我们科研事业发展的动力引擎。在此书付梓之际,我们诚挚感谢给予许多热心指点和有益传授的其他老师和同仁。

本书内容新颖丰富,层次分明,由浅入深,结构清晰,布局合理,语言简练,实用性和指导性强。由于作者水平有限,书中难免有疏漏之处,望广大读者批评指正。

沧海桑田,日月穿梭。抬眼望,千里尽收,祖国在心间。

杨东方　王凤友

2014年12月2日

目　　次

土壤的入渗性能模型

1　背景

土壤的入渗性能决定了雨水或灌溉水转换为土壤水、在地表形成径流的数量和引发土壤侵蚀的能量，因而在实践中有很重要的价值。雷廷武等[1]提出了一种测量（坡地）土壤入渗能力的方法以及相应的计算模型，设计并构建了完整的测量仪器系统，用数码相机记录水流在地表的湿润面积随时间变化的过程，由此推导得到了计算土壤入渗性能的数学模型，并进行了室内试验。

2　公式

2.1　测量方法原理和计算模型

为了推导计算模型，假设在不同部位的土壤具有相同的入渗性能。

运用水量平衡原理得出在入渗过程中入渗率与供水流量的关系：

$$q = K\int_0^A i(A,t)\mathrm{d}A \tag{1}$$

式中，q 为供水流量，L/h；i 为入渗率，mm/h；A 为湿润面积，m^2；$K=1$ 为量纲转换系数。

式(1)表明，任意时刻供给的水流通量 q 等于该时刻的入渗率对该时刻对应的湿润面积的积分。

寻求式(1)所表示的积分方程的精确解析解，得到入渗率函数 $i(t)$ 存在一定的困难。可以做近似计算如下：选择较小的时间间隔即较小的面积增量步长，在各时段以及面积增量段内，取入渗率为平均值，可以递推得到 $i(t)$ 的近似估计值。具体计算过程可以表述如下。

设 $t_1,t_2,\cdots,t_n$ 时刻相应的湿润面积增量分别为 $\Delta A_1,\Delta A_2,\cdots,\Delta A_n$，对应的入渗率分别为 $i_1,i_2,\cdots,i_n$，水流流量为 $q_1,q_2,\cdots,q_n$（取为常数），由式(1)及上述讨论有：

t_1 时段水量平衡：

$$q_1 = i_1\Delta A_i$$

t_2 时段水量平衡：

$$q_2 = i_2\Delta A_1 + i_2\Delta A_2$$

t_3 时段水量平衡:

$$q_3 = i_3\Delta A_1 + i_2\Delta A_2 + i_2\Delta A_3$$

t_n 时段水量平衡:

$$q_n = i_n\Delta A_1 + i_{n-1}\Delta A_2 + \cdots + i_1\Delta A_n \tag{2}$$

由式(2)得到不同时间的入渗率为:

$$i_n = \frac{q_n - \sum_{i=1}^{n-1} i_j \Delta_{n-j+1}}{\Delta A_1}(n = 1,2,\cdots,N) \tag{3}$$

从图1中可以看出在 t_2 时刻,水流向前推进的面积增加了 ΔA_2,此处的入渗率与在 t_1 时间内水流向前推进的面积 ΔA_1 上的 t_1 时刻的入渗率相同,为 i_1。而此时 ΔA_1 面积上的入渗率降低,为 i_2。其他时间段也与此类似。

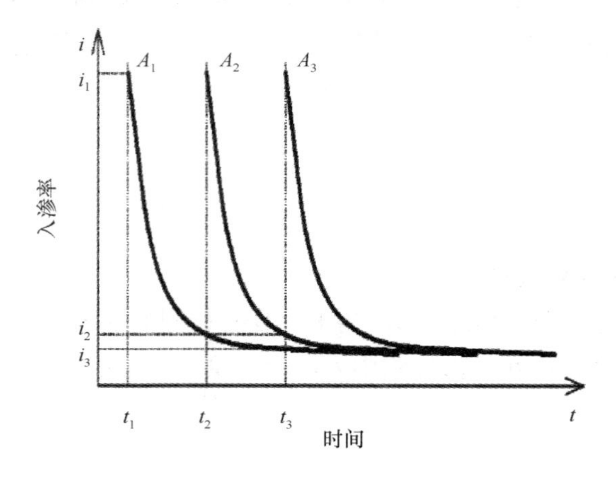

图1 不同空间点处的入渗性能曲线

2.2 结果与分析

试验中湿润面积的计算采用网格计算法,在计算机上实现,即由试验过程中数码相机拍得的各个时间点上的照片,将其中的湿润面积用等分土槽的长和宽得到的网格线划分为面积相同的小格。照片中的土槽会有变形,而网格是等分照片中土槽的长宽得到的,是代表固定面积的小格,其大小和形状可以随着照片的变形而变形,这样就可以准确地求出照片中的湿润面积。

试验中得到的湿润面积 A 随时间 t 的增加而增加,如图2所示。用幂函数:

$$A = at^b \tag{4}$$

拟合 A 与 t 的关系,具有很高的相关性,回归结果及确定系数见图2。分析可知,A 与 t 拟合方程中指数 b 小于1,表明当时间趋近于无穷时,A 对 t 的导数为零,即表明 A 值随着时间的推移将趋于稳定，入渗率也趋于稳定。

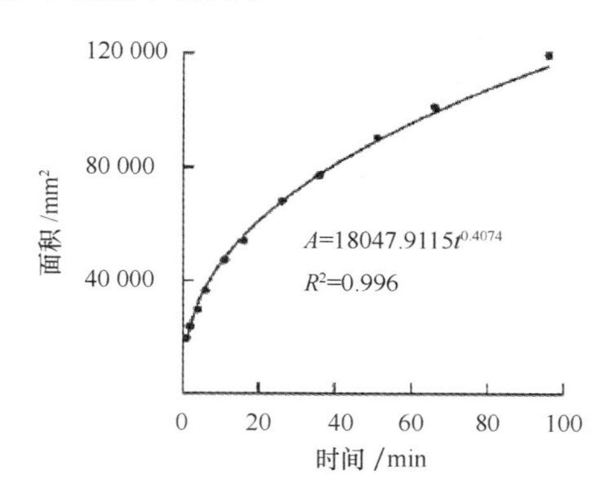

图 2　累计湿润面积随时间的变化

相对误差分析的基本原理为水量平衡原理。具体计算方法为比较由入渗率曲线计算得到的复原水量与实际供水水量的差异。由土壤入渗率及对应的时段可以计算得到坡面不同位置在该时段内的累积入渗量，然后将整个坡面上的累积入渗量累计，得到全坡面上整个入渗过程中的入渗水量，即为理论（复原计算）入渗总水量 Q_1。将复原的入渗水量与试验中记录的相应时段马氏瓶的总供水量 Q_2 比较，最后得出试验误差，具体公式如下。

总入渗量为：

$$Q_1 = \int_0^A \left[\int_0^T i(t,A)\,\mathrm{d}t \right] \mathrm{d}A \tag{5}$$

式中，I 为累积入渗量，m^3/m^2 或 mm，是坡面位置的函数：

$$I = \int_0^T i(t,A)\,\mathrm{d}t \tag{6}$$

马氏瓶的供水量由试验中马氏瓶的读数测得或由下面的公式求出：

$$Q_2 = qT \tag{7}$$

式中，q 为马氏瓶的供水流量，L/h 或 mm/min；T 为总入渗时间，h 或 min。

试验误差为：

$$\delta = \left| \frac{Q_2 - Q_1}{Q_2} \right| \times 100\% \tag{8}$$

由上面提供的试验数据计算得到 $\delta = 6.1\%$。表明测量结果具有很高的精度。

3　意义

土壤的入渗性能模型[1]表明：水流推进面积、土壤入渗性能与时间均具有很好的幂指数相关关系。采用入渗量和供水量对比的方法,计算出上述试验的测量误差为6.1%,说明该方法具有较高精度。研究结果证实了测量方法、计算模型和试验方法的合理性,该方法简单、省时、省水,对土表要求较低,对野外有较强的适应能力,为今后的进一步研究提供理论依据。

参考文献

[1] 雷廷武,毛丽丽,李鑫,等. 土壤入渗性能的线源入流测量方法研究. 农业工程学报,2007,23(1):1-5.

双圆盘开沟器的设计公式

1 背景

中国华北平原小麦—玉米一年两熟地区,玉米收获后免耕播种冬小麦时由于秸秆覆盖量大,免耕播种机播种部分易产生拥堵,播深一致性差,影响播种质量,针对这一问题,姚宗路等[1]研发了尖角开沟器与双圆盘组合式种肥垂直分施装置,提高了播种深度均匀性并解决秸秆的拥堵问题,排种机构采用具有单体仿形机构的双圆盘开沟器,对双圆盘开沟器的设计进行公式化。

2 公式

双圆盘的设计应能保证形成一定沟宽(图1),并能容纳输种管安装,因此必须适当设计圆盘与前进方向的夹角 φ 以及圆盘直径 D 的数值[2]。

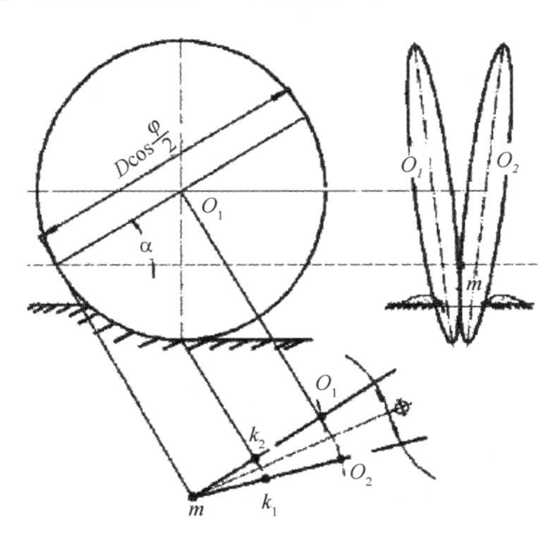

图1 双圆盘开沟原理图

两圆盘夹角 φ 是保证双圆盘开沟器工作性能稳定的关键。一般来说圆盘夹角越小开出的沟宽就越小，工作阻力也小，投种点也较精确，但是 φ 角过小，会使双圆盘之间的空间无法容纳输种管，一般 φ 角取 10°~15°较适宜[3]。

开沟宽度 K 决定于夹角 φ 的大小和聚点 m 在通过轴心与水平线的夹角 α，双圆盘开沟器的开沟宽度 K 可由公式(1)得出：

$$K = 2\,\overline{mk_1} \times \sin \varphi/2 \tag{1}$$

其中：

$$\overline{mk_1} = (R - R\sin \alpha) \tag{2}$$

将公式(2)代入公式(1)得：

$$K = D(1 - \sin \alpha) \times (\sin \varphi/2) \tag{3}$$

式中，K 为种沟宽度，mm；D 为圆盘直径，mm；φ 为两圆盘夹角；α 为圆盘聚点 m 与水平直径的夹角。

根据研究结果，短翼尖角开沟器的开沟宽度为 38.6 mm[4]，因此为降低双圆盘二次开沟时的正压力，双圆盘播种开沟器的开沟宽度应小于或者等于 38.6 mm，由式(3)得：

$$K = D(1 - \sin \alpha) \times (\sin \varphi/2) \leqslant 38.6 \tag{4}$$

所以，

$$D \leqslant \frac{38.6}{(1 - \sin \alpha) \times (\sin \varphi/2)} \tag{5}$$

两圆盘夹角 φ 为 10°~15°。取 $\varphi = 14°$[2]。

聚点 m 与圆盘水平中心线的夹角 α 约为 15°~30°，取 $\alpha = 15°$[2]。

将 $\varphi = 14°$、$\alpha = 15°$带入公式(5)，得：

$$D \leqslant 427 \text{ mm}$$

根据实际要求选择双圆盘开沟器直径 $D = 360$ mm，带入公式(3)得播种开沟宽度为 32.4 mm，满足播种要求。

3 意义

双圆盘开沟器的设计公式表明，与可调式种肥分施装置相比，组合式实现了播种机构的单体仿形，采用双圆盘开沟器，提高了机具的通过性，解决了可调式种肥分施装置中开沟播种机构易拥堵的问题。双圆盘开沟器在播种过程中能够将秸秆、杂草推开，创造良好的种床，有利于种子发芽。

参考文献

[1] 姚宗路,王晓燕,高焕文,等. 小麦免耕播种机种肥分施机构的改进与应用效果. 农业工程学报, 2007, 23 (1): 120 - 124.

[2] 中国农业机械化科学研究院. 农业机械设计手册(上册). 北京:机械工业出版社,1988.

[3] 张守勤,马旭,左春柽. 圆盘开沟部件的受力及计算机模拟. 农业工程学报, 1995,11(4):52 - 56.

[4] 苏元升,高焕文,张晋国. 免耕播种开沟器工作性能的测试与分析. 中国农业大学学报,1994,4(4): 28 - 30.

冬小麦冠层氮素的遥感预测模型

1 背景

遥感技术的发展,特别是高光谱、高空间分辨率遥感技术的发展为田间信息的获取带来了新的机遇。使用高光谱信息,可以监测植株体内的生理生化等参数信息[1]。鲍艳松等[2]以航空影像、地面冠层光谱数据及同步观测的冬小麦生化数据为基础,探讨了冬小麦冠层氮素监测的新方法。该方法应用于 Lukina 变量施肥模型,研究了基于遥感影像变量施肥量的计算方法,以期为变量施肥机作业处方图的生成提供依据。

2 公式

2.1 辐射校正

实验使用矩匹配方法,在假设飞行方向每列数据的均值(偏差)和标准差(增益)的差异是由于辐射差异造成的,计算航向上每列像元的均值和标准差,并进行排序,取均值和标准差的中间值为参考的均值和标准差。利用参考的均值和标准差数据对图像进行辐射校正,公式为:

$$DN_{adjusted} = (DN_{initial} - u^{i}_{sample})\frac{\sigma_{reference}}{\sigma^{i}_{sample}} + u_{refenece} \tag{1}$$

式中,u^{i}_{sample}为第 i 个采样像素对应飞行方向一列数据的均值;$u_{refenence}$为参考均值;σ^{i}_{sample}为第 i 个采样像素对应的标准差;$\sigma_{reference}$为参考标准差[3]。

2.2 基于高光谱数据的氮素监测

定义“红边”与主要特征参数。R_0 为叶绿素强吸收波段红光区最小反射率值,也称红边起点;R_S 为近红外区域肩反射(最大)值;P 为“红边”拐点,P 点所处的波长位置 λ_P 被称为“红边”位置;σ 为“红边”宽度,即 $\lambda_P - \lambda_0$。

由反射光谱的一阶导数很容易确定“红边”位置 λ_P,即“红边”范围内一阶导数取最大值时所对应的波长位置。为更好地解决“红边”参数获取问题,Miller 等建议植物反射光谱“红边”可用一条半倒高斯曲线拟合(IG 模型)。倒高斯曲线函数表达式为:

$$R(\lambda) = R_S - (R_S - R_0)\exp\left[\frac{-(\lambda_0 - \lambda)^2}{2\sigma^2}\right] \tag{2}$$

式中,R_S 为近红外区域肩反射(最大)值;R_0 为红光区域叶绿素强吸收最小反射率值;λ_0 为 R_0 处对应的波长;σ 为高斯函数标准差系数[4]。

2.3 基于影像数据的变量施肥处方图生成

Lukina 于 2001 年提出基于气象数据和 *NDVI* 的变量施肥模型。模型的核心是通过归一化植物指数(*NDVI*)和积温预测目标产量,计算籽粒氮素总需求,通过 *NDVI* 预测光谱测定时的氮素含量,并最终计算氮素追肥量。在此研究主要从两个方面对 Lukina 模型进行改进,一是使用了航空高光谱反射率影像代替了田间光谱仪测量的反射率值,二是使用"红边"参数代替 *NDVI*,预测冬小麦含氮量。具体算法如下。

(1)基于 OMIS 光谱数据计算归一化植被指数(*NDVI*),所用波长为 675 nm 和 778 nm,计算公式为:

$$NDVI = \frac{P_{nir} - P_{red}}{P_{nir} + P_{red}} \tag{3}$$

式中,P_{nir}为 778 nm 的光谱反射率值;P_{red}为 675 nm 的光谱反射率值。*NDVI* 可以反映植被绿量,是作物长势监测常用的光谱指数[5-8]。

(2)估产系数可以体现作物的目标产量,和作物氮量及生长天数有直接的关系。将 *NDVI* 除以从播种到光谱测定之间的日平均温度稳定高于 0℃ 的天数,得到当季估产系数 *INSEY*:

$$INSEY = \frac{NDVI}{DAYS_{above0}} \tag{4}$$

式中,$DAYS_{above0}$为从播种到光谱测定之间的日平均温度稳定高于 0℃ 的天数。

(3)用下式计算产量潜力(*PGY*),单位为 t/hm²:

$$PGY = 874.41/NSEY \tag{5}$$

(4)用下式计算潜在产量时的子粒氮百分率(N_{grain}):

$$N_{grain} = 0.0703PGY^2 - 0.5298PGY + 3.106 \tag{6}$$

(5)用下式计算子粒氮素总需求(TN_{grain}),单位为 kg/hm²:

$$TN_{grain} = 1000PGY \cdot N_{grain} \tag{7}$$

(6)用下式计算光谱测定时(2001 年 4 月 11 日)的氮素吸收量($TN_{measure}$),单位为 kg/hm²:

$$\begin{aligned} TN_{measure} &= 3E - 5x^2 - 0.041x + 40.025 \\ R &= 0.76 \quad N = 20 \end{aligned} \tag{8}$$

式中,x 为实测、拟合光谱曲线积分面积差。

(7)计算纯氮追肥量($N_{fertilizer}$),单位为 kg/hm²:

$$N_{fertilizer} = (TN_{grain} - TN_{measure})/0.5 \tag{9}$$

从气象数据查得从小麦播种到 2001 年 4 月 11 日日平均温度高于 0℃ 的天数为 152 d,

使用4月11日OMIS影像数据计算*NDVI*和“红边”参数,根据上述变量施肥算法,计算了试验区田块变量施肥处方图,如图1和图2所示。

图1　试验区*NDVI*图

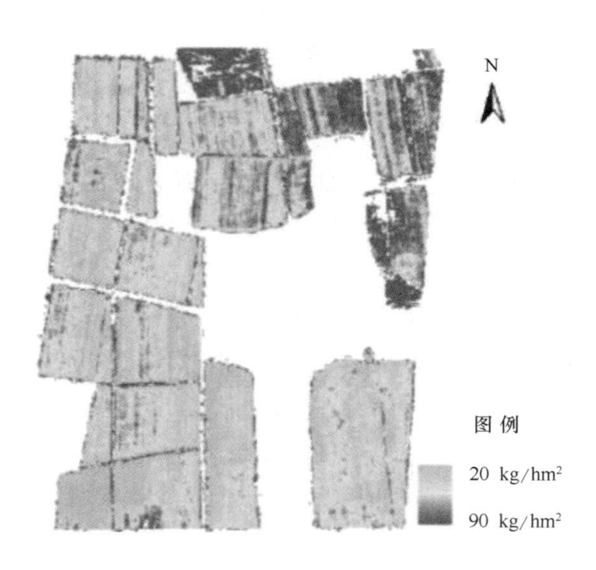

图2　变量施肥处方图

从变量施肥处方图来看,所预测的不同施肥量在20~90 kg/hm^2之间浮动,变化幅度比较大,如果采用均一施肥的做法,不仅不利于作物产量和品质的提高,而且肥料利用率低,容易污染环境。

3 意义

冬小麦冠层氮素的遥感预测模型表明：拟合曲线和图像反射率曲线面积差和实测的氮素含量有最高的相关性，且相关性达到极显著。把该氮素预测方法集成到 Lukina 变量施肥模型中，结合反射率影像数据生成变量施肥处方图。本研究基于航空 OMIS 高光谱影像数据，结合倒高斯模型，成功地预测了冬小麦冠层氮素。该方法集成到变量施肥模型中，完成了影像覆盖区域平方米级单元施肥量的计算，为施肥机作业提供了处方图，为变量施肥技术提供了理论基础。

参考文献

[1] Boegh E, Soegaard H, Broge N, et al. Airborne multi - spectral data for quantifying leaf area index, nitrogen concentration, and photosynthesis efficiency in agriculture. Remote Sensing of Environment, 2002, 81: 179 - 193.

[2] 鲍艳松，王纪华，刘良云，等．不同尺度冬小麦氮素遥感监测方法及其应用研究．农业工程学报，2007, 23 (2): 138 - 144.

[3] 刘良云．高光谱遥感在精准农业中的应用研究．中国科学院遥感应用研究所博士后出站报告，2002:16 - 27.

[4] Miller J R, Hare E W, Wu J. Quantitative characterization of the vegetation red edge reflectance: An inverted - Gaussian reflectance model. INT J REMOTE SENS - ING, 1990,11(10):1755 - 1773.

[5] Jiang Dong, Wang Naibin, Yang Xiaohuan, et al. Study on the interaction between NDVI profile and the growing status crops. Chinese Geographical Science, 2003,13(1):62 - 65.

[6] 裴志远，杨邦杰．多时相归一化植被指数 NDVI 的时空特征提取与作物长势模型设计．农业工程学报，2000, 16 (5):20 - 22.

[7] 杨邦杰，裴志远．农作物长势的定义与遥感监测．农业工程学报，1999,15(3):214 - 218.

[8] 吴文斌，杨桂霞．用 NOAA 图像监测冬小麦长势的方法研究．中国农业资源与区划，2001,22(2): 58 - 61.

土壤氮素的利用效率公式

1 背景

关于蔬菜的研究主要集中在施肥量与蔬菜产量之间的关系[1]以及施氮量对土壤氮素残留量[2]和蔬菜品质的影响[3]。对于蔬菜地土壤氮素平衡方面的研究,由于氮素平衡模型中的参数难于确定,因此,较多集中于氮素的表观平衡[4],在计算土壤氮素利用效率时往往忽略了土壤中氮素的变化[5]。于红梅等[6]就蔬菜生产中存在的问题,利用氮素平衡模型从理论上分析优化水氮管理与传统水氮管理下蔬菜地土壤无机态氮素的损失量及蔬菜的氮素利用效率,为蔬菜生产中合理灌溉和施肥提供理论依据。

2 公式

2.1 土壤中无机态氮含量的模拟方法

实验采用氮素平衡的方法计算土壤中无机氮素的变化量,土壤氮素平衡的基本原理可表示为[7]:

$$\Delta N_{\min} = N_f + N_{nm} - N_q - N_v - N_d - N_{up} \tag{1}$$

式中,$\Delta N_{\min}$为计算时段土壤无机氮的差值,主要为 $NO^{-3}-N$ 和 $NH^{+4}-N$;N_f 为来自肥料中的氮;N_{nm}为净矿化量(被生物固持的氮仍保留在土壤中),本式中把固持量和矿化的两项用一项即净矿化量 N_{nm}代表;N_q 为下边界 90 cm 处 $NO^{-3}-N$ 淋洗量;N_d 为氮的反硝化量;N_v 为 NH_3 的挥发量;N_{up}为作物吸氮量。试验地平坦可忽略因地表径流损失的无机氮;被微生物固持的氮仍保留于土壤中,认为其没有损失。公式中各项单位为 kg/hm^2(0~90 cm)。

2.1.1 有机氮矿化

$$N_{nm} = K_{nm} \cdot N_{om} \cdot f(T) \cdot f(\theta) \tag{2}$$

式中,K_{nm}为净矿化速率常数,d^{-1};N_{om}为可以转化为无机氮的有机氮含量;$f(T)$和$f(\theta)$为土壤温度和湿度的修正系数。$N_{om} = OM \times 0.043$;OM 为有机质含量,kg/hm^2,根据 N-Expert 系统提供的参数及整个试验期间土壤有机质的变化确定 K_{nm},K_{nm}(0~90 cm)采用 0.0005 d^{-1}。$f(T) = 1.071^{(T-35)}$,以 35℃为最佳温度,$T<5$℃时,$f(T)$为 0。

$$f(\theta) = \begin{cases} \theta/\theta_f & \theta \leq \theta_f \\ 1 - \dfrac{\theta - \theta_f}{\theta_s - \theta_f} & \theta > \theta_f \end{cases} \quad (3)$$

式中，θ_f 为田间持水率；θ_s 为饱和含水率。

2.1.2　氨挥发

$$N_v = K_v \cdot N_{(NH_4^+)} \cdot f(T) \cdot f(\theta) \quad (4)$$

式中，K_v 为 NH_3 挥发速率常数，取 0.025 d^{-1}[8]；$N_{(NH_4^+)}$ 为土壤中 NH_4^+ - N 的含量。氮肥施入土壤后的氨挥发一般发生在施用氮肥 14 d 以内，14 d 以后土壤中的 NH_3 挥发损失较小[9]。本试验施用氮肥后 14 d 内的 NH_3 挥发量是根据黄元仿和李韵珠[8]测定的结果来确定的，其余时间按本公式计算。

2.1.3　硝化与反硝化

铵态氮肥产生的 NH_4^+ 首先经过硝化过程生成 NO_3^-，这一过程在旱地土壤中均可发生，而后随着土壤含水率的变化而发生不同程度的反硝化。因此，计算反硝化量时，采用如下方法：

$$N_{(NO_3^-)} = K_n \cdot N_{(NH_4^+)} \cdot f(T) \cdot f(\theta) \quad (5)$$

式中，K_n 为硝化速率常数，取 0.24 d^{-1}[8]；$N_{(NH_4^+)}$ 为土壤中 NH_4^+ - N 的含量。

$$N_d = K_d \cdot N_{(NO_3^-)} \cdot f(T) \cdot f(\theta) \quad (6)$$

式中，K_d 为反硝化速率常数，取 0.001 d^{-1}[8]；$N_{(NO_3^-)}$ 为土壤中 NO_3^- - N 的含量。

在田间研究时，反硝化作用所需温度可以低至 -2℃ 到 -4℃，明显的反硝化作用往往需要大于 5℃ 的土壤条件。一般在早春或晚秋，土壤温度降至 5℃ 或者更低时，就测不到反硝化作用，即使在土壤湿润、硝酸盐浓度较高时也是如此[10]。因此，在土壤中当 $T < 5$℃ 时，认为 $f(T)$ 为 0。土壤氮素反硝化作用的主要影响因素是土壤含水率，发生土壤反硝化作用的土壤含水率临界值在作物生长土壤有效含水率的 70% ~ 80%[11]。因此，计算土壤反硝化量的土壤含水率校正系数采用如下公式：

$$f(\theta) = \begin{cases} \theta/\theta_s & \theta/\theta_f > 0.5 \\ 0 & \theta/\theta_f \leq 0.5 \end{cases} \quad (7)$$

2.2　氮素利用效率

土壤氮素利用效率（NUE）是指消耗一个单位土壤氮素所生产的经济产量，它反应产量和土壤养分资源消耗量的关系[12]，即：

$$NUE = Y/N_{con} \quad (8)$$

$$N_{con} = N_q + N_v + N_d + N_{up} \quad (9)$$

式中，N_{con} 为蔬菜生长期土壤无机氮素消耗量。

优化处理与传统处理相比，3 种蔬菜平均氮素利用效率明显较高（图 1）。传统处理下的花椰菜、苋菜和菠菜的平均氮素利用效率为 47 kg/kg、105 kg/kg 和 123 kg/kg;优化处理中的花椰菜、苋菜和菠菜的平均氮素利用效率为 109 kg/kg、330 kg/kg 和 213 kg/kg,分别为传统处理下各蔬菜氮素利用效率的 2.3 倍、3.2 倍和 1.7 倍。由此可见,蔬菜生产中传统水氮处理下土壤氮素利用较低,而通过合理的降低水分和氮素的供给量,提高氮素利用效率是有很大空间的。

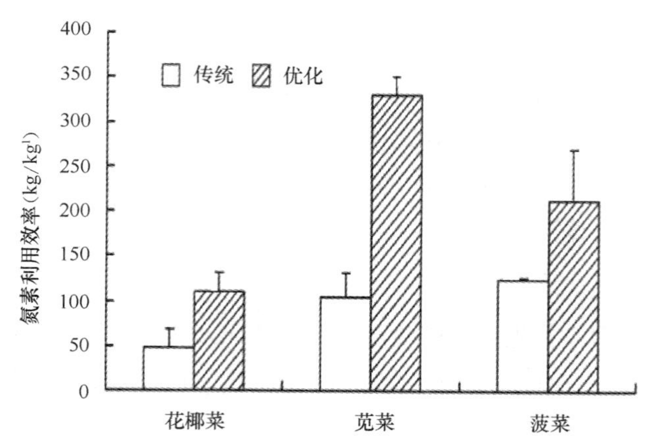

图 1　传统处理和优化处理下蔬菜的氮素利用效率

3　意义

土壤氮素的利用效率公式表明:优化水氮管理下花椰菜、苋菜和菠菜生长期内土壤平均(2 年或 3 年)氮素损失量(氨挥发、反硝化和硝态氮淋洗的总和)只有传统水氮管理下花椰菜、苋菜和菠菜生长期内土壤平均氮素损失量的 9%、8% 和 18%,氮素利用效率是传统水氮管理下各蔬菜氮素利用效率的 2.3 倍、3.2 倍和 1.7 倍,而两处理间蔬菜平均产量并无显著差异。

参考文献

[1]　Pang P, Letey J, Wu L. Irrigation quantity and uniformity and nitrogen application effects on crop yield and nitrogen leaching. Soil Sci Soc Am J, 1997,61:257 - 261.

[2]　王朝辉,宗志强,李生秀,等. 蔬菜的硝态氮累积及菜地土壤的硝态氮残留. 环境科学, 2002, 23(3):79 - 83.

[3]　陈新平,张福锁. 北京地区蔬菜施肥总量与对策. 中国农业大学学报, 1996,1(5):63 - 66.

[4]　Wehrmann J, Scharpf H C. Reduction of nitrate leaching in a vegetable farm - fertilization, crop rotation, plant residues. Protection of water quality from harmful emissions with special regard to nitrate and heavy

metal. Proceeding of the 5th International Symposium of CIEC. 1989:247 - 253.

[5] 巨晓棠,刘学军,邹国元,等. 冬小麦/夏玉米轮作体系中氮素的损失途径分析. 中国农业科学, 2002, 35 (12): 1493 - 1499.

[6] 于红梅,李子忠,龚元石. 传统和优化水氮管理对蔬菜地土壤氮素损失与利用效率的影响. 农业工程学报, 2007, 23(2):54 - 59.

[7] 王康,沈荣开. 节水条件下土壤氮素的环境影响效应研究. 水科学进展, 2003,14(4):437 - 441.

[8] 黄元仿,李韵珠. 应用15N示踪微区试验研究土壤氮素循环参数//李韵珠,陆锦文,罗远培等. 土壤水和养分的有效利用论文集. 北京:中国农业大学出版社, 1994.

[9] 李贵桐. 秸秆还田条件下冬小麦/夏玉米农田土壤氮素的转化与损失. 北京:中国农业大学, 2001.

[10] 邹国元. 冬小麦/夏玉米轮作体系中肥料氮的硝化—反硝化作用研究. 北京:中国农业大学, 2001.

[11] Doran J W, Mielke L N, Power J F. Microbial activity as regulated by soil water - filled pore space. Soil Science, 1990,3:94 - 99

[12] 李韵珠,王凤仙,黄元仿. 土壤水分和养分利用效率几种定义的比较. 土壤通报, 2000,31(4):150 - 155.

海鳗的盐渍过程模型

1 背景

通过扩散系数来研究海鳗的各个因素对传质的影响，对于动力学研究具有指导性，但是缺乏对食盐获得和水分失去随着时间变化规律的探讨，而对于热力学方面的研究基本缺乏。鉴于此，章银良和夏文水[1]试图从水分失去、食盐摄入、质量和密度变化来研究海鳗盐渍动力学过程，用热力学过程分析更是新的尝试。通过海鳗盐渍过程动力学和热力学研究，了解海鳗腌制过程的基本机理，从而准确地控制加工过程，减少加工时间，增加产品的产量，为实现实际生产的快速和高效提供理论依据。

2 公式

2.1 物质迁移动力学

Heriard[2]提出物质的迁移可以根据浸入的质量变化直接地进行控制。Wang 等[3]证明吸收了盐的鱼片体积是与水分含量呈线性关系，盐的吸收可以通过浸入溶液产品的外观质量变化来评价。许多试验表明：渗透入食品组织内的溶质，即使经过长期的渗透，大部分在表面层或渗透溶液与固体物料接触的界面区[4,5]，但是为了便于我们进行数学计算可以进行不影响其结果可靠性的简单假定。

2.1.1 物质迁移的数学模型

盐渍过程物质迁移数学模型的原理[6]如图 1 所示，可得到如下方程。

物质迁移是通过鱼体浸入在食盐溶液中的外观质量测定：

$$R = M - \rho V \tag{1}$$

式中，R 为鱼体浸入在溶液中的外观质量，kg，定义为鱼体质量与 ρV 的差，即产生浮力部分的质量；M 为鱼体的质量；ρ 为食盐溶液密度，kg/m^3；V 为鱼体体积，m^3。

而 M 可以表达为：

$$M = M_{udm} + M_w + M_{st} \tag{2}$$

式中，M_{udm}为鱼体中未盐渍的干物质部分的质量，kg；M_w 为鱼体中水的质量，kg；M_{st}为盐渍后鱼体中盐的质量，kg。

V 是浸入盐溶液的鱼体的体积，可以表达为：

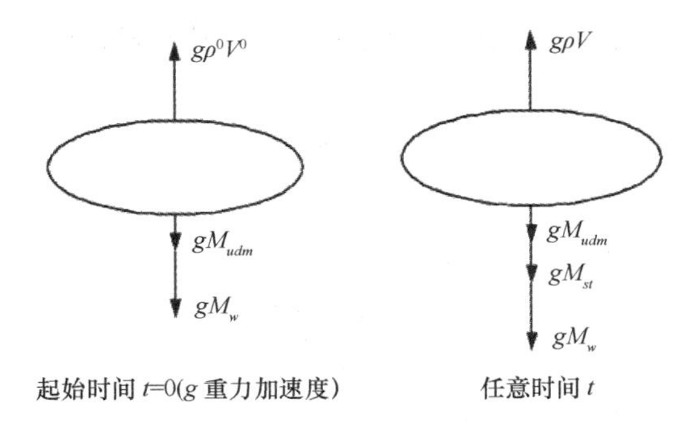

图 1　物质迁移数学模型

$$V = AM_w + BM_{udm} + EM_{st} + A_{11}M_w^2 + B_{11}M_{udm}^2 + E_{11}M_{st}^2 + A_{12}M_wM_{udm} + \cdots \quad (3)$$

式中,A 为水的比体积,m^3/kg;B 为未盐渍干物质的比体积,m^3/kg;E 为盐的比体积,m^3/kg;A_{11},B_{11},E_{11},A_{12},B_{12},E_{12}表示一维以上的比体积。

利用方程(1)至方程(3),其表观质量变化 R 可表示为:

$$R = M_{udm}(1 - \rho B) + M_w(1 - \rho A) + M_{st}(1 - \rho E) + \cdots \quad (4)$$

那么初始状态下的表观质量 R^0 可以表达为(0 上标,指初始时刻):

$$R^0 = M_{udm}^0(1 - \rho^0 B) + M_w^0(1 - \rho^0 A) + M_{st}^0(1 - \rho^0 E) + \cdots \quad (5)$$

物质迁移是在盐和水组成的二元体系中进行的,那么可以通过鱼体盐的吸收,水的失去和溶质损失来描述[7]:

$$StG = \frac{M_{st} - M_{st}^0}{M^0} \quad (6)$$

$$WL = \frac{M_{udm}^0 - M_{udm}}{M^0} \quad (7)$$

$$SL = \frac{M_{udm}^0 - M_{udm}}{M^0} \quad (8)$$

式中,StG 为盐的吸收,kg/kg;WL 为水的失去,kg/kg;SL 为鱼体溶质的减少,kg/kg。

由于方程(6)至方程(8)中没有出现时间这个变量,因此我们通过以下变换计算[8]。

t 时刻鱼体水分失去(WL_t)等于达到平衡时鱼体水分失去(WL_∞)减去能够扩散出去但是 t 时刻保留在鱼体内的水分(WS_t),用方程表示为:

$$WL_t = WL_\infty - WS_t \quad (9)$$

在这个方程中,WL_∞ 平衡时鱼体水分失去,在固定的温度和浓度下是一个固定值,而 WL 和 WS 都是时间和水分失去速率的函数,两者之间有一定关系,可以表示为:

$$WS = \frac{WL}{K} \quad (10)$$

K 为参数,同样是时间和水分失去速率的函数,而水分失去速率又是时间、温度和浓度

的函数,考虑到渗透是固定温度和浓度情况下进行的,因此 K 仅仅与时间有关,基于此 K 可以表示为:

$$K = S_1 t \tag{11}$$

式中,S_1 为常数;t 为腌渍时间,h。

将方程(9)和方程(11)代入方程(10),得:

$$WL = \frac{S_1 t(WL_\infty)}{1 + S_1 t} \tag{12}$$

同理鱼体食盐获得的 StG 可以表示为:

$$StG = \frac{S_2 t(SG_\infty)}{1 + S_2 t} \tag{13}$$

式中,SG_∞ 为平衡时鱼体获得食盐质量,kg;S_2 为与鱼体获得食盐有关的常数。

根据方程(4)至方程(8),表观质量变化是物质迁移的线性组合,可以表示为:

$$\frac{R - R^0}{M^0} = (1 - \rho E) StG - (1 - \rho A) WL - (1 - \rho B) SL + \cdots \tag{14}$$

根据以下几点假设可以从外观质量衍生出物质迁移。

假设 1:盐卤溶液的密度是恒定的,也即所有时刻 $\rho = \rho_0$(因为溶液足够多,鱼体吸收的盐含量引起的溶液浓度改变可以忽略)。

假设 2:溶质的流失可以忽略,也即所有时刻 $M_{udm} = M_{udm}^0$(通过其他试验证明,溶质的流失很少,因此,可以忽略不计)。

假设 3:盐的比体积和所有一维以上的比体积可以忽略,也即 $E = 0$,A_{11}、B_{11}、E_{11}、A_{12}、B_{12}、E_{12}等都为零,这个假设由 Del Valle 和 Nickerson 的实验证明,盐渍后的鱼体体积仅仅与水分含量和未盐渍的干物质部分食盐浓度有关。

假设 4:盐的吸收与水分的失去是成比例的,可以表达为:

$$M_w - M_w^0 = Z(M_{st} - M_{st}^0) \tag{15}$$

式中,Z 被称为盐渍斜率,决定于盐的浓度,使得盐的吸收与水的失去呈线性相关。

上述所有的假设可以总结出以下两个方程,是从方程(3)至方程(5)简化而来:

$$V - V^0 = A(M_w - M_w^0) \tag{16}$$

$$R - R^0 = [1 + Z(1 - \rho A)](M_{st} - M_{st}^0) \tag{17}$$

2.1.2 模型应用准确性验证

现以 16℃情况下,以 25% 盐液腌制海鳗,用模型求解的数值和试验值进行验证。首先求解常数 A 和 B,由盐渍过程中鱼体的体积变化(m^3)对水分含量变化(kg)作图(图 2)。

回归得到以下方程:

$$\Delta V = 4.04 \times 10^{-4} \Delta M_w \tag{18}$$

相关系数 $R = 0.998$,表明模型能够很好地拟合试验数据,常数 A 为 $4.04 \times 10^{-4}\ m^3/kg$,

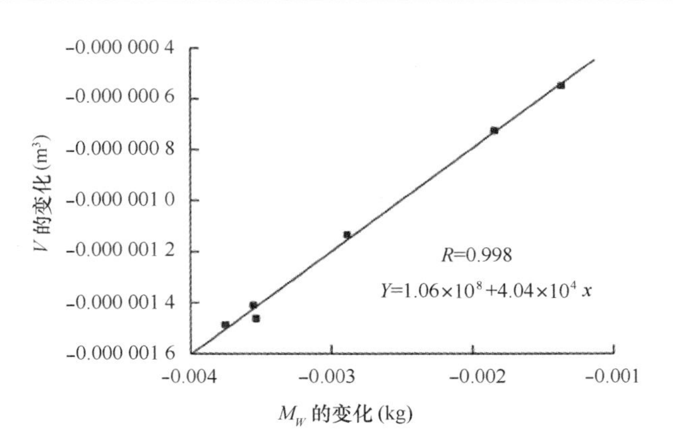

图 2　ΔM_w 与 ΔV 线性回归关系曲线

标准差 2.76×10^{-8}，P 值远小于 0.000 1。结果显示常数 A 和 B 独立于鱼体的大小和盐渍时间。试验结果支持了假说 2 和假说 3。

常数 B 通过方程（3）计算即可求得，其平均值为 $2.55\times10^{-3}\ m^3/kg$，标准差为 1.01×10^{-4}。

常数 Z 的测定：

由 ΔM_w（kg）对 ΔM_{st}（kg）作图（图 3），其线性回归得到方程为：

$$M_w - M_w^0 = -2.717(M_{st} - M_{st}^0) \tag{19}$$

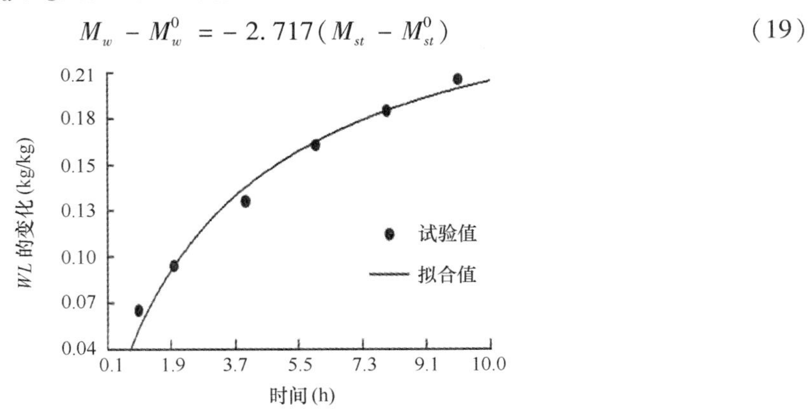

图 3　水分失去的动力学曲线

相关系数为 $R=0.994$，表明试验数据与选择的模型具有很好的拟合，这条线称为盐渍线，Z 值为 -2.717，标准差为 1.18×10^{-4}，P 值远小于 0.000 1。在整个过程中水的失去与盐的获得的比例是恒定的，这对假说 4 是有力的支持。

其次对水分失去与盐的获得过程进行数值求解，结果见图 3 和图 4。

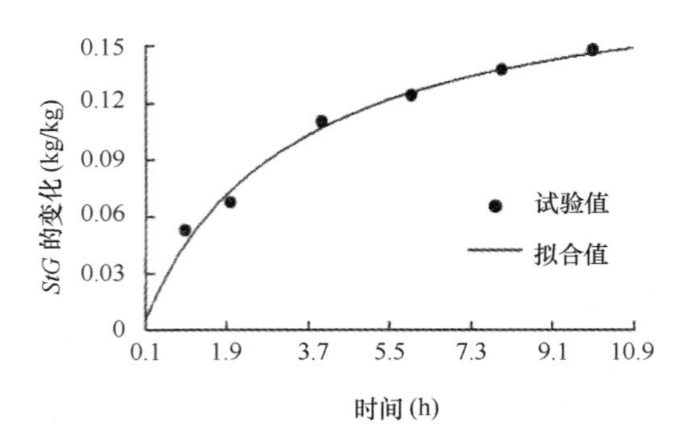

图4　食盐渗入的动力学曲线

$$WL = \frac{0.277t}{3.87 + t} \tag{20}$$

$$WL_{\infty} = 0.277 \text{ kg/kg}, S_1 = 0.258$$

通过上述方程可以检验实际与模型之间的误差。结果见表1。平均相对误差为4.62%。

表1　水分失去值的试验与模型之间误差分析

时间 (h)	试验值 (kg/kg)	模型计算值 (kg/kg)	相对误差 (%)
1	0.067 82	0.056 88	-16.13
2	0.094 48	0.094 38	-0.11
4	0.132 12	0.140 79	6.56
6	0.165 59	0.168 39	1.69
8	0.186 22	0.186 69	0.25
10	0.205 9	0.199 71	-3.01

$$StG = \frac{0.193t}{3.20 + t} \tag{21}$$

得到 $SG_{\infty} = 0.193$ kg/kg, $S_2 = 0.313$。

同理通过上述方程可以检验实际食盐渗入与模型之间的误差(表略),平均相对误差为4.87%。

2.2　物质迁移热力学

盐在水和鱼体肌肉中的扩散是一种活泼类型的扩散,两者过程因此具有限定活化能,可以用扩散阿仑尼乌斯方程(Arrhenius)描述:

$$D = D_0 e^{-E/RT} \tag{22}$$

式中,D 为绝对温度 T 下的限定扩散系数,m^2/s;R 为理想气体常数,8.134 J/(mol · K);E 为活化能, kJ/mol; D^0 为常数,m^2/s。

扩散系数 D 的测定有两种方法:一是 Del Valle 和 Nickerson[9] 采用的非稳态方法,基于概念“hold - up time”。另外一种就是总的盐摄取方法,基于费克第二定律[10],假定扩散是在一维平板与无限数量的溶液接触。其原理是在已经知道几何尺寸的鱼体上测定摄取的总食盐含量,假如 M_t 为 t 时刻鱼体摄取的总食盐量,M_∞ 是平衡时鱼体摄取的总食盐量,那么平均扩散系数可以由以下方程简化求得:

$$\bar{D} = \sqrt{\pi}\frac{m^2 d^2}{4t}$$

式中,$\bar{D}$ 为鱼体肌肉中盐的平均扩散系数,m^2/s;m 为分配系数,根据 M_t/M_∞ 进行测定;d 为鱼体的厚度的一半,m。M_∞ 可以根据方程 $M_t = \frac{M_\infty t}{\beta + t}$ 采用 CurveExpert 1.3 数学软件由 M_t 对 t 拟合求得。因此对扩散阿仑尼乌斯方程(Arrhenius)进行变换,得到:

$$\ln D = -E/RT + \ln D_0$$

由 $\ln D$ 对 $1/T$ 作图可以求得扩散活化能。根据各个温度和初始食盐浓度下的渗透数据,按上述方法求得平均扩散系数和活化能,结果见表 2。

表 2　不同温度和浓度下平均扩散系数和活化能

食盐浓度(%)	温度(℃)	平均扩散系数($10^{-10}m^2/s$)	活化能(kJ/mol)
25	32	8.78	53.05 (R=0.987)
	16	3.36	
	10	1.56	
20	28	8.60	73.37 (R=0.999)
	22	4.94	
	16	2.48	
15	22	4.34	123.77 (R=0.976)
	16	2.28	
	10	0.49	

表 2 结果说明,盐的扩散系数是温度和初始盐渍浓度的函数。活化能的大小表示了温度对扩散过程的影响,活化能随着初始盐渍浓度增加而减少。初始盐渍浓度越高,越有利于盐的扩散和盐渍达到平衡。活化能的大小预示着温度对腌制过程的影响;当鱼体盐浓度达到其饱和值时,温度对腌制过程的影响是次要的;但当鱼体盐浓度较小时,温度是加速腌制的重要因素。

3 意义

海鳗的盐渍过程模型[1]表明,鱼体体积变化与水分失去,水分失去与食盐获得之间具有良好的线性关系,相关系数分别为0.998和0.994。水分失去和食盐获得随着时间变化的拟合相关系数都为0.992,其平均相对误差分别为4.62%和4.87%,动力学模型能很好地与实验数据相吻合。动力学预示的鱼体体积、水分和食盐含量变化,可作为确定腌制时间的依据。热力学研究表明,盐的扩散系数是温度和初始盐渍浓度的函数,活化能的大小表示了温度对扩散过程的影响,活化能随着初始盐渍浓度增加而减小。当鱼体盐浓度较小时,温度是加速腌制的重要因素。

参考文献

[1] 章银良,夏文水. 海鳗盐渍过程的动力学和热力学. 农业工程学报,2007,23(2):223-228.

[2] Heriad B. Precede de conservation d' un aliment et moyens de mise en oeuvre du precede de conservation. French Patent No 93/ 14955.

[3] Wang D H, Tang J, Correia L R. Salt diffusivities and salt diffusion in farmed Atlantic salmon muscle as influenced by rigor mortis. Journal of Food Engineering, 2000,43:115-123.

[4] Colligan A, Raoult-Wack A L. Dewatering through immersion in sugar/salt concentrated solutions at low temperature. An interesting alternative for animal foodstuffs stabilization. Mujumdar A S, Proceeding of the 8th International Drying Symposium (IDS ´92). Amsterdam, Elsevier Science, 1992:1887-1897.

[5] Colligan A, Raoult-Wack A L. Dewatering and salting of cod by immersion in concentrated sugar/salt solutions. Lebensmittel-Wissenschaft und Technologie, 1994,27:259-264.

[6] Deumier F, Mens F, Heriard-Dubreuil B, et al. Control of immersion process: A novel system for monitoring mass transfer tested with herring brining. Journal of Food Engineering,1997,32:293-311.

[7] Medina-Vivanco M, Sobral P J A, Hubinger M D. Mass transfer during dewatering and salting of tilapia for different volume brine to fillets ratios. International Drying Symposium, Greece Thessaloniki: Ziti Publishing, 1998, A:852-859.

[8] Azuara E, Cortes R, Garsia H S, et al. Kinetic model for osmotic dehydration and its relationship with Fick' s second law. International Journal of Food Science and Technology, 1992,27:409-418.

[9] Del Valle F R, Nickerson J T R. Studies on salting and drying fish . 1. Equilibrium consideration in salting. Journal of Food Science, 1967,32:173-179.

[10] Crank J. The mathematics of diffusion . 2nd ed. Oxford: Clarendon, 1975,414.

区域雨水的资源评价模型

1 背景

区域雨水资源化潜力的定量评价对于雨水资源开发利用的宏观决策、规划设计具有十分重要的意义。赵西宁等[1]以黄土高原为例，以雨水资源为对象，在对区域不同雨水资源化潜力阐述基础上，分析该区雨水资源化潜力的影响因子特征，确定雨水资源化潜力评价的各项指标，并利用 GIS 技术，建立了区域雨水资源化潜力定量评价数学模型，为实现雨水资源持续高效利用及保证生态与环境健康发展奠定基础。

2 公式

2.1 区域雨水资源化潜力

雨水自空中降落到地球表面以后，经过下垫面再分配，转化为地表水、土壤水和地下水，才能成为可以利用的资源。雨水、地表水、土壤水和地下水相互转化，共同构成复杂的雨水资源化系统（图 1）。在雨水转化过程中，不可避免涉及雨水资源量的损失，主要包括河川径流损失 ΔR 和总蒸发损失 ΔE。从图 1 可看出，雨水资源量的损失包括植物截留损失 ΔE_z、地表蒸发损失 ΔE_d、包气带蒸发损失 ΔE_t、潜水蒸发损失 ΔE_g、坡面径流损失 ΔR_d、壤中流损失 ΔR_t、河川基流损失 ΔR_g 和地下水潜流量损失 ΔU_g 8 个方面，可表示为：

$$\Delta P = \Delta E_z + \Delta E_d + \Delta E_t + \Delta E_g + \Delta R_d + \Delta R_t + \Delta R_g + \Delta U_g \tag{1}$$

式中，ΔP 为雨水资源化系统转化过程中的雨水资源损失量。

雨水资源化是指雨水被开发、利用，转化为资源并产生其价值的一个过程。雨水资源化潜力可定义为，特定区域在一定时段和科学技术水平条件下，以雨水资源开发利用不引起生态与环境退化为前提，可以开发利用的潜在雨水资源量，即雨水转化为雨水资源的最大能力。根据研究目的和层次不同以及对雨水资源化复杂系统转化过程的分析，可以建立雨水资源化理论潜力和实现潜力概念。

由图 1 可以看出，雨水资源化理论潜力应是区域的雨水资源损失量 ΔP 为零，即为该区域的天然水资源补给量为区域雨水资源总量，其计算方法为：

$$W'_t = P_t \tag{2}$$

式中，W'_t 为时段 t 内区域雨水资源化理论潜力；P_t 为时段 t 内区域降雨量。

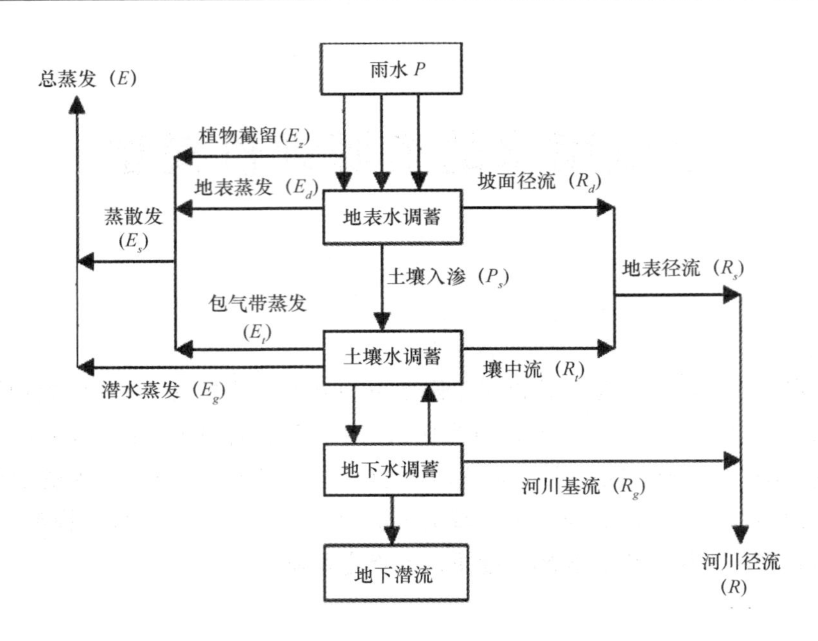

图 1　雨水、地表水、土壤水和地下水转化概念图

W'_t 是区域雨水资源化理论潜力的极限值，实际上，受自然经济条件和科学技术水平等因素限制，人们仅能开发利用部分雨水资源，可以无限接近雨水资源化理论潜力，但不可能达到理论潜力值。由式(1)可知，雨水资源化潜力主要受植被截留损失、地表蒸发损失等 8 个方面的因素影响。关于植被截留和地表蒸发方面的计算方法虽然较多，但对于区域范围的研究，由于缺乏原始资料积累，从潜力可实现角度分析，可不予考虑。同时，黄土高原为典型的超渗产流，地下水位埋藏较深，包气带平均厚度多在 50 m 以下，且难以开采利用，因而在雨水资源化潜力研究时，可将涉及包气带蒸发损失、潜水蒸发损失、壤中流损失、河川基流损失和地下水潜流量损失等地下水方面的雨水资源量转化忽略不计[2,3]。由此可提出雨水资源化可实现潜力，即主要集中在坡面径流 R_d 和土壤入渗 P_s 两个方面，计算方法为：

$$W''_t = R_d + P_s \tag{3}$$

式中，W''_t 为时段 t 内雨水资源化可实现潜力；R_d 为时段 t 内坡面径流量；P_s 为时段 t 内土壤入渗量。

2.2　模型基本思想

根据上述分析，实验所建立的评价模型，实际上是以区域雨水资源化可实现潜力为因变量，以各影响因素为自变量的统计回归模型。降雨是雨水资源开发利用的对象，降雨因子所蕴涵的物理意义即可反映这一过程，并在土壤、植被、地形地貌和人为因素等辅助因子作用下，产生现实的雨水资源化潜力。根据以上思路，借助概率论基本原理，影响区域雨水资源化潜力的气候因素、土壤因素、地形地貌因素、植被因素与人为因素之间的关系是一个典型乘法事件。则有：

$$W''_t = \alpha \times P \times S \times T \times Z \times H \quad (4)$$

式中，W''_t 为雨水资源化可实现潜力；P 为气候因素；S 为土壤因素；T 为地形地貌因素；Z 为植被因素；H 为人为因素为；α 为系数。

2.3 区域雨水资源化潜力评价模型

2.3.1 模型形式

表 1 区域雨水资源化潜力评价模型参数

影响因素	气候	土壤	植被	地形地貌	人为因素
评价指标量纲	汛期降雨量（5—9 月）(mm)	>0.25 mm 水稳性团粒含量（%）	植被盖度（%）	沟壑密度（km/km）	治理度（%）

式（4）仅反映了雨水资源化可实现潜力与其影响因子之间的一种框架关系，远不是实际意义上可以操作的模型。式中各参数所对应的影响因素均有着相对独立的内在规律和机理，而这些参数又分别是由一系列亚参数来确定的。在实验中，区域雨水资源化潜力各个因素分别被归结到某一具体数量指标上（表 1）。根据现有研究成果，借助相关分析及曲线拟合的原理，分别确定区域雨水资源化可实现潜力与汛期降雨量、沟壑密度、土壤水稳性团粒含量均呈幂函数相关；植被盖度、治理度与其呈指数函数相关。模型的数学表达形式为：

$$W''_t = \alpha \times P^p \times S^s \times T^t \times e^{zZ} \times e^{hH} \quad (5)$$

式中，W''_t 为区域雨水资源化可实现潜力，mm；P 为汛期降雨量，mm；S 为大于 0.25 mm 土壤水稳性团粒含量，%；T 为沟壑密度，km/km^2；Z 为植被盖度，%；H 为治理度，%；小写字母均为待定系数。

2.3.2 模型确定

根据上述分析，模型基本形式为：$W''_t = \alpha \times P^p \times S^s \times T^t \times Z^{zZ} \times H^{hH}$。按照线性回归分析的需要，须对上述数学表达式进行适当变形，以方便数据分析。对式（5）两边同时取对数，则有：

$$\ln W''_t = p\ln P + s\ln S + t\ln T + zZ + hH + \lambda \quad (6)$$

可以简化为：

$$y = a_1x_1 + a_2x_2 + a_3x_3 + a_4x_4 + a_5x_5 + \lambda \quad (7)$$

在数据集成的结果数据库中，各项数据均表现为建模参数的原始值，因而必须进行适当的处理，主要包括：剔除汛期降雨量、土壤团粒含量、沟壑密度、植被覆盖度、治理度为零的记录；对剔除后的数据分别取对数，最后获取分析用的数据库文件。在 SPSS 中，用数据分析功能对上述数据进行回归分析，建立区域雨水资源化可实现潜力定量评价数学模型。

具体评价模型为：

$$W''_t = 1.4382P^{0.8748} \times S^{-0.0862} \times T^{0.2183} \times e^{-0.0235Z} \times e^{-0.2271H} \quad (8)$$

复相关系数 $r=0.9137$，$F=974 \gg F_{0.01}=2.25$，相关性显著。

3 意义

通过对雨水资源转化系统过程中各个方面雨水资源转化量的分析，提出了区域雨水资源化理论潜力及其可实现潜力的概念，并利用GIS的空间叠加、属性提取分析功能等先进的地理分析技术，对影响黄土高原雨水资源化可实现潜力的评价指标数据进行有效的集成，建立了黄土高原雨水资源化可实现潜力的定量评价模型，其模拟结果基本上较为准确地反映了区域雨水资源化可实现潜力的分布趋势。

参考文献

[1] 赵西宁，吴普特，冯浩，等．基于GIS的区域雨水资源化潜力评价模型研究．农业工程学报，2007，23(2)：6－10.
[2] 穆兴民，李靖．基于水土保持的流域降水—径流统计模型及应用．水利学报，2004，(5)：122－127.
[3] 张秀英，冯学智，赵传燕．基于GIS的黄土高原小流域土壤水分时空分布模拟．自然资源学报，2005，20(1)：132－139.

传感器的径流流速测量公式

1 背景

在土壤侵蚀和水土流失研究中，坡面径流流速是径流计算、土壤侵蚀预报中不可缺少的水动力参数，现在尚无广泛应用的径流流速测量仪，因此研究径流流速的快速测量具有重要意义。王为等[1]基于互相关理论，建立了基于虚拟仪器 Lab VIEW 的径流流速的测量系统（图 1），并采用自制的电导式传感器，研究了两传感器间距对测量系统的影响，测量了 5 个泥沙含量水平下的径流流速。

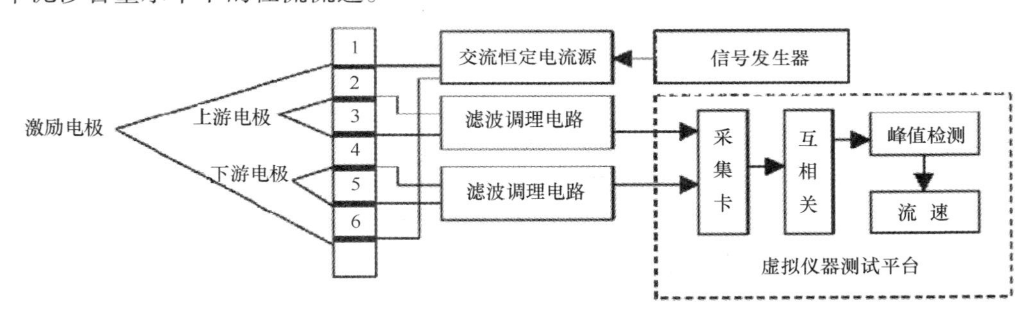

图 1　径流流速的测量系统

2 公式

2.1 测量原理

在相关多相流检测技术中，需要满足两点要求：首先，选择的传感器能很好地检测到“流动噪声”；其次，经过传感器上下游的流体要相似，满足“凝固”流动图型假说。测试系统中所设计的电导式传感器敏感于泥沙和水组成的两相流的电导率，满足第一个条件；由于上下游传感器间的距离足够小，流体流动图形的变化相对比较小，可近似认为满足“凝固”的流动图形假设。因此，传感器的两路信号具有相似性，可认为下游输出信号是对上游输出信号的延迟，使用测试系统时，上下游流体中的阻抗信号转化为电压信号 $x(t)$ 和 $y(t)$，且有：

$$y(t) = x(t - \tau_0)$$

式中,τ_0 就是延迟时间,也称为渡越时间,对它进行互相关处理,即:

$$
\begin{aligned}
R_{xy}(\tau) &= \lim_{T\to\infty}\frac{1}{T}\int_0^T x(t)y(t+\tau)\mathrm{d}t \\
&= \lim_{T\to\infty}\frac{1}{T}\int_0^T x(t)y(t+\tau-\tau_0)\mathrm{d}t \\
&= R_x(\tau-\tau_0)
\end{aligned}
\tag{1}
$$

可见具有“凝固”图形假设的流体的互相关函数,实质上是在时间轴上移了一个 τ_0 的自相关函数。互相关函数在 τ_0 处具有最大峰值,可利用峰值搜索程序获得渡越时间 τ_0,从而根据上下游传感器间距 L 获得径流流速 $v=\dfrac{L}{\tau_0}$。

2.2 测量结果的修正

为了提高测量的准确性,用示踪法所测得的流速修正相关法所测得的流速,对 0 ~ 250 kg/m³ 4个泥沙含量下测量的流速采用回归分析进行修正,其方程如下。

当为清水时的拟合方程为:

$$
\begin{aligned}
V_c &= 0.9527V_s + 0.0199 \\
R^2 &= 0.9998 \\
F &= 19038.45
\end{aligned}
\tag{2}
$$

当泥沙含量为 50 kg/m³ 时的拟合方程为:

$$
\begin{aligned}
V_c &= 0.9388V_s + 0.0655 \\
R^2 &= 0.9955 \\
F &= 878.26
\end{aligned}
\tag{3}
$$

当泥沙含量为 150 kg/m³ 时的拟合方程为:

$$
\begin{aligned}
V_c &= 0.9728V_s - 0.035 \\
R^2 &= 0.9991 \\
F &= 4673.50
\end{aligned}
\tag{4}
$$

当泥沙含量为 250 kg/m³ 时的拟合方程为:

$$
\begin{aligned}
V_c &= 0.9637V_s + 0.0025 \\
R^2 &= 0.9977 \\
F &= 1748.97
\end{aligned}
\tag{5}
$$

式中,V_c 为示踪速度,m/s;V_s 为相关速度,m/s,其中 $F_{0.01}(1,4)=21.2$,可知上述回归方程均显著。

3 意义

研究基于相关流速测量原理,采用自制电导式传感器并基于虚拟仪器 Lab VIEW 构建了径流流速测量系统。结果表明:测量系统适用的泥沙含量范围为 0 ~ 250 kg/m^3,测量误差为 4.5%;若以染料示踪法测量的流速作为标准值进行修正,修正后的测量误差为 3.81%。因此该测试系统可实时、在线、准确地测量径流流速。

参考文献

[1] 王为,李小昱,张军,等. 基于电导式传感器径流流速测量系统的试验研究. 农业工程学报,2007,23(2):1-5.

绿洲耕地的时空变化公式

1 背景

以干旱区典型绿洲——新疆于田县为研究区，李谢辉等[1]利用遥感、地理信息系统和全球定位系统（3S 技术）相结合的方法，在分形理论的基础上，计算了于田县 1976 年、1989 年、1999 年和 2001 年耕地资源的分维值（D）、稳定性指数（SI）和分维变（ΔD），并根据其值的物理意义，对耕地的动态变化进行了定性分析。同时根据历年统计数据，运用主成分分析法对引起绿洲耕地数量时空变化的 12 个驱动因子进行了定量分析。

2 公式

2.1 分形维模型选取

分形的分维有多种计算方法，如容积维（豪斯道夫维）、关联维（相关维）和信息维等，其中容积维是最简单的分维计算方法。本研究依据不断变换测量尺度寻找无标度区间，在无标度区间内通过建立测量尺度与小盒子数量之间的回归方程来求算容积维的计算方法（盒子计数法或计盒法）来计算耕地的分形维。其数学定义[2]如下。

假设覆盖研究图形的正方形网格的尺寸为 ε，包含研究图形边界的网格数目为 $N(\varepsilon)$，当 ε 不断变化时有：

$$N(\varepsilon) \propto \varepsilon^{-D} \tag{1}$$

两边取自然对数得：

$$\ln N(\varepsilon) \propto -D\ln(\varepsilon) \tag{2}$$

对应网格尺寸的一组系列 $\varepsilon_1,\varepsilon_2,\cdots,\varepsilon_k$，得到一组 $N(\varepsilon_1),N(\varepsilon_2),\cdots,N(\varepsilon_k)$，以点 $[\ln(\varepsilon_k),\ln N(\varepsilon_k)]$ 为坐标做双对数图，用最小二乘法可以拟合出一条回归直线：

$$\ln N(\varepsilon) = lnc - D\ln\varepsilon \tag{3}$$

式中，c 为表示与被测对象自相似性有关的一个常数，称为自相似结构系数；斜率 D 即为分维值。

D 的大小可以反映所研究景观类型的复杂性与稳定性，D 的理论值范围在 1.0 ~ 2.0 之间，它越大，就表示该景观类型越复杂。D = 1.0，表示景观斑块的形状为正方形；D = 2.0，表示景观斑块的形状最复杂；D = 1.5，表示该景观类型处于一种类似于布朗运动的随机状态，即最不稳定状态;D 值越接近 1.5,表示该要素越不稳定。由此,一些学者定义了景观要素的稳定性指数 SI[3-5]:

$$SI = | D - 1.5 | \tag{4}$$

2.2 指标的选择和标准化

尽管自然条件是耕地分布的基础条件,在某种程度上具有一定的主导作用,但社会、经济等人文要素对土地的时空变化具有决定作用[6]。同时由于研究主要关注于田县域尺度的耕地数量变化的驱动要素,考虑到资料的统一性和可靠性,依据实地调查分析并参照专家意见,研究主要选取了1976—2001年的耕地面积(Y),开荒面积(X_1),播种面积(X_2),粮食总产(X_3),总人口(X_4),人均耕地(X_5),GDP(X_6),农业总产(X_7),劳动力(X_8),人均收入(X_9),单位耕地产值(X_{10}),工农业生产总值(X_{11})12个指标作为原始变量数据来对耕地的动态变化做定量分析。

为避免计算结果受变量量纲和数量级不同的影响,保证其客观性和科学性,在进行计算之前,必须对原始数据进行标准化处理。其标准化公式为:

$$\left\{X_j \mid Y_j = \frac{X_i - \bar{X}}{\sigma}\right\} \tag{5}$$

式中,X_j 为标准化后数据;X_i 为原始数据;$\bar{X}$ 为均值,$\bar{X} = \sum_{i=1}^{n} X_i / n$;$\sigma$ 为均方差:

$$\sigma = \sqrt{\sum_{i=1}^{n} (X_i - \bar{X})^2 / (n - 1)}$$

式中,n 为所选样本数。

该数据集是均值为 X,均方差为 σ 的正态分布[7]。

3 意义

从时间维的角度讲,分维值 D 随时间变化而增大。绿洲耕地的时空变化公式说明耕地的形态变得复杂和不规则。而稳定性指数 SI 是检验耕地形态稳定性的指标,其值越大,越稳定;反之,越不稳定。实验结果表明:社会经济发展水平、人口增长、农业科技进步和水土资源限制是影响耕地数量26年动态变化的主成分,其研究对干旱区农业绿洲耕地的合理利用和可持续发展具有重要意义。

参考文献

[1] 李谢辉,塔西甫拉提·特依拜,任福文. 基于分形理论的干旱区绿洲耕地动态变化及驱动力研究. 农业工程学报, 2007, 23 (2):65-70.

[2] 刘玉安,塔西甫拉提·特依拜,沈涛,等. 基于3S技术的于田绿洲湿地动态变化研究[J]. 中国沙

漠, 2005, 25 (5): 706 - 710.

[3] 张志锋,宫辉力,赵文吉,等. 基于 GIS、RS 的野鸭湖及周边湿地资源动态变化分形研究. 国土资源遥感, 2004, 61 (3):42 - 45.

[4] Yu Wanjun, Wu Cifang, Guan Tao. Spatial pattern change of land use in Tunliu county, Shanxi Province based on GIS and fractal theory. Transactions of the CSAE,2005,21(10):64 - 69.

[5] 朱晓华,蔡运龙. 中国土地利用空间分形结构及其机制. 地理科学,2005,25(6):671 - 677.

[6] 何丹,刁承泰. 重庆江津市土地利用变化及社会驱动力分析. 水土保持研究,2006,13(2):24 - 26.

[7] 陈云浩,李晓兵,史培军. 1983—1992 年中国陆地 NDVI 变化的气候因子驱动分析. 植物生态学报, 2001, 25 (6): 716 - 720.

夹砂层土壤的蒸发强度模型

1 背景

针对西北地区农田土壤常见的砂土夹层土壤结构，史文娟等[1]在研究浅层地下水埋深条件下均质盐渍土和夹砂层土壤潜水蒸发及水盐运移特性的基础上[2,3]，采用室内土柱实验，进一步研究了夹砂层土壤中砂层层位、级配等因素对潜水蒸发的影响及夹砂层土壤蒸发强度的计算方法，以期为盐碱地的改良以及灌溉和排水等措施的制定提供理论依据。

2 公式

夹砂层土壤潜水稳定蒸发强度计算模型。

从研究结果可以看出，砂层层位、级配等因素的变化对潜水蒸发影响较大。为定量研究这些因素对潜水稳定蒸发强度的影响，首先以均质土为基础，将夹砂层土壤的稳定蒸发强度与均质土壤的稳定蒸发强度的比值定义为砂层的影响系数，即：

$$C = \frac{E}{E_{均}} \tag{1}$$

式中，C 为砂层的影响系数；E 为夹砂层土壤的稳定蒸发强度，mm/d；$E_{均}$ 为均质土壤的稳定蒸发强度，mm/ d。式(1)表明，如果已知砂层的影响系数 C 与砂层各因素(包括砂层的层位、厚度、粒径等)的关系，就可以求出不同大气蒸发能力条件下夹砂层土壤的潜水稳定蒸发强度。

2.1 影响系数与砂层层位的定量关系

尽管由于土表盐壳对水分蒸发的抑制，使得蒸发强度在后期有减小的趋势，但由于其变化幅度相对较小，仍可将此过程视为稳定蒸发过程，其蒸发强度即为整个蒸发历时的平均蒸发强度。同时为了使研究结果的适用范围更具有普遍性，将各参数进行了无量纲化处理。在此基础上，对不同大气蒸发能力条件下砂层质地相同时，影响系数 C 与砂层相对层位的关系进行了分析，其结果见图 1。

从图 1 可以看到，随砂层相对层位的升高，其影响系数不断减小，但当相对层位增加到 0. 8 左右时，其影响系数表现得较为稳定。对实测结果进行拟合，得如下关系式：

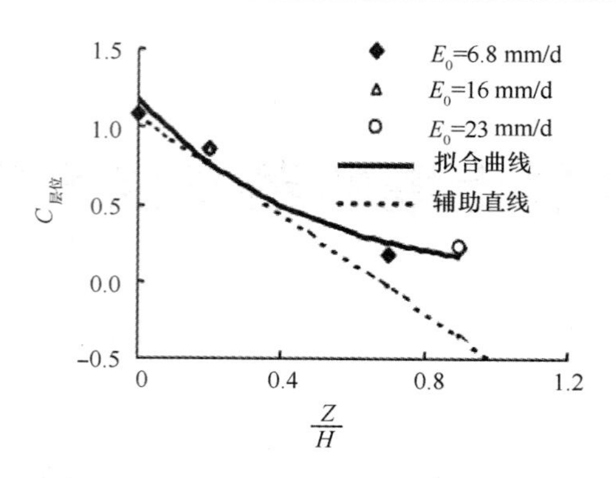

图 1　不同大气蒸发能力条件下砂层的影响系数与相对层位的关系曲线

$$C_{层位} = \frac{E}{E_{均}} = 1.186e^{-2.2046\frac{Z}{H}} = 1.186e^{-2.2046\bar{z}} \quad (2)$$

$$R^2 = 0.9015$$

式中，z 为砂层的层位，即砂层下界面距地下水位的距离，cm；H 为地下水埋深，cm；$\bar{z}$ 为砂层的相对层位，即砂层层位与地下水埋深的比值。用此模型对实测数据进行验证，其结果如表 1 所示。

表 1　不同层位夹砂层土壤稳定蒸发强度模型参数验证

E_0 (mm/d)	$\bar{z}$ 或 $\left(\frac{z}{H}\right)$	$C_{层位}$的实测值	$C_{层位}$的计算值	绝对误差 ±Δε	相对误差 ±ε (%)
23	0	1.08	1.186	0.105 9	9.82
	0.2	0.857	0.763	0.094	11.0
	0.7	0.164	0.253	0.089 5	54.5
16	0.9	0.217	0.163	0.054	24.8
6.8	0.2	0.868	0.763	0.105	12.1

从表 1 可以看出，部分计算值与实测值的相对误差较大，说明式(2)所描述的指数关系模型还不能确切地反映砂层层位与潜水蒸发之间的关系。因此对此模型进一步进行修正。

$$C_{层位} = \left(\frac{E}{E_{均}}\right)' + \Delta C_{层位} \quad (3)$$

式中，$\left(\frac{E}{E_{均}}\right)'$ 为层状土壤的稳定蒸发强度随砂层层位的升高而与均质土壤的稳定蒸发强度之比值呈线性降低的理想状态。在具体分析时，则使此直线通过相对层位为 0 时的实测数据点并与图1中的拟合曲线相切。$\Delta C_{层位}$为对实测数据的直接拟合曲线与辅助直线的$\frac{E}{E_{均}}$之差值。用公式对实测数据的拟合结果为：

$$C_{层位} = \left(\frac{E}{E_{均}}\right)' + \Delta C_{层位} = (1.08 - 1.6\bar{z}) + 0.0063e^{4.9523\bar{z}} \tag{4}$$

此模型的实测数据验证结果见表2。

表2　不同层位夹砂层土壤稳定蒸发强度修正模型参数验证结果

E_0 (mm/d)	$\bar{z}$ 或 $\left(\frac{z}{H}\right)$	$C_{层位}$的实测值	$C_{层位}$的计算值	绝对误差 $\pm\Delta\varepsilon$	相对误差 $\pm\varepsilon$ (%)
23	0	1.08	1.108	0.028	2.593
	0.2	0.857	0.798	0.059	6.884
	0.7	0.164	0.180	0.016	9.756
16	0.9	0.217	0.196	0.021	9.677
6.8	0.2	0.868	0.798	0.07	8.065

表2结果显示，改进后的模型其实测值和计算值相对误差均明显减小。

因此，在均质土蒸发强度采用清华大学雷志栋公式时，不同层位夹砂层土壤潜水蒸发强度模型为：

$$E = E_{max}(1 - e^{-\eta E_0/E_{max}}) \times [(1.08 - 1.6\bar{z}) + 0.006\,3e^{4.952\,3\bar{z}}] \tag{5}$$

式中，E为潜水蒸发强度，mm/d；E_0为水面蒸发量（或潜水埋深H为0时的蒸发强度），mm/d；E_{max}为潜水极限蒸发强度；e为自然对数的底；η为经验常数，与土质及地下水埋深有关。

2.2　影响系数与砂层质地的定量关系

为定量研究砂层质地对潜水蒸发的影响，以砂层的有效粒径作为量化指标，同时考虑到土壤剖面中不同土质的相互影响，取相对有效粒径（即砂土的有效粒径与均质土有效粒径之比）为参数，建立其与影响系数的关系，得：

$$C_{质地} = \frac{E}{E_{均}} = 1.015e^{-0.0012\frac{D_{10}}{D_{10均}}} = 1.015e^{-0.0012\bar{D}_{10}} \tag{6}$$

$$R^2 = 0.9654$$

式中，D_{10}为砂土的有效粒径，mm；$D_{10均}$为均质土的有效粒径，mm；$\bar{D}_{10}$为相对有效粒径。

此模型的实测数据验证结果见表3。由表3可以看出，实测结果与计算结果的绝对误差和相对误差均在10%以内，说明采用砂土的有效粒径作为衡量砂土的重要量化参数，可预测不同质地夹砂层土壤的潜水稳定蒸发强度。

表3　不同质地夹砂层土壤稳定蒸发强度修正模型参数验证

相对有效粒径($\bar{D}_{10}$)	$C_{质地}$实测值	$C_{质地}$计算值	绝对误差 ±$\Delta\varepsilon$	相对误差 ±ε(%)
120	0.850	0.879	0.029	3.44
280	0.774	0.725	0.049	6.33
570	0.510	0.512	0.002	0.47

在均质土蒸发强度采用清华大学雷志栋公式时，不同质地夹砂层土壤潜水蒸发强度模型为：

$$E = E_{max}(1 - e^{-\eta E_0/E_{max}}) \times 1.015e^{-0.0012\bar{D}_{10}} \tag{7}$$

3　意义

夹砂层土壤的蒸发强度模型表明：砂层对水分蒸发既有促进也有抑制作用，相同厚度时潜水蒸发强度随砂层层位的升高以及级配的变差而降低。以砂层的相对层位和相对有效粒径作为砂层的量化指标，建立了适用于不同层位和质地夹砂层土壤稳定蒸发强度的修正模型，并对其进行了验证，该夹砂层土壤的蒸发强度模型为定量研究夹砂层状土壤潜水蒸发提供了新思路。

参考文献

[1]　史文娟，沈冰，汪志荣，等．夹砂层状土壤潜水蒸发特性及计算模型．农业工程学报，2007，23(2)：17－20.

[2]　史文娟，沈冰，汪志荣，等．蒸发条件下浅层地下水埋深夹砂层土壤水盐运移特性研究．农业工程学报，2005，21(9)：23－26.

[3]　史文娟．蒸发条件下夹砂层土壤水盐运移实验研究．西安：西安理工大学，2005：60－66.

内燃机主轴承的润滑模型

1 背景

随着润滑研究的发展,逐步将轴承实际工作时的各种影响因素纳入进来,如用连续梁法代替简支梁计算轴承载荷等。考虑表面形貌效应[1],考虑供油特性,考虑供油槽对油膜承载力的影响,出现油膜历程计算模型[2]。王刚志等[3]根据热流体动力润滑(THD)理论,从多缸内燃机实际使用角度出发,将极端使用工况量化,计算分析在这些运行状况下主轴承的轴心轨迹和 MOFT 的变化,为发动机的设计和使用提供理论指导。

2 公式

对非定长滑动轴承,设润滑油在轴承油楔中的流动为层流,且润滑油为不可压缩黏性流体,考虑润滑油黏度随膜厚的变化,可导出如下的无量纲广义 Reynolds 方程[4-6]:

$$\frac{\partial}{\partial\theta}\left(\overline{h^3}\,\overline{F_2}\,\frac{\partial\bar{p}}{\partial\theta}\right)+\frac{\partial}{\partial\bar{y}}\left(\overline{h^3}\,\overline{F_2}\,\frac{\partial\bar{p}}{\partial\bar{y}}\right)=\frac{\partial}{\partial\theta}\left(\bar{h}-\bar{h}\,\frac{\overline{F_1}}{\overline{F_0}}\right)+\frac{\omega_0}{\omega}\frac{\partial}{\partial\theta}\left(\bar{h}\,\frac{\overline{F_1}}{\overline{F_0}}\right)+\frac{\partial\bar{h}}{\partial\bar{t}} \tag{1}$$

式中,$\theta=x/R$,$\bar{y}=y/R$,$\bar{\eta}=\eta/\eta_0$,$\bar{h}=1+\varepsilon\cos\theta$,$\bar{p}=pC^2/\eta_0\omega R^2$,$\bar{t}=\omega t$。各量的含义分别为:$R$ 为轴颈半径,ε 为偏心率,C 为半径间隙,η_0 为进油温度下的动力黏度,p 为油膜压力,ω_0 为轴瓦的角速度,对于主轴承 $\omega_0=0$。方程中的系数为:

$$\bar{F}_0=\int_0^1\frac{1}{\eta}\mathrm{d}\bar{z},\ \bar{F}_1=\int_0^1\frac{\bar{z}}{\eta}\mathrm{d}\bar{z},\ \bar{F}_2=\int_0^1\frac{\bar{z}}{\eta}\left(\bar{z}-\frac{\bar{F}_1}{\bar{F}_0}\right)\mathrm{d}\bar{z}$$

边界条件为:

$$\bar{p}\mid_{\theta=0}=\bar{p}\mid_{\theta=2\pi};\ \frac{\partial\bar{p}}{\partial\bar{y}}\Big|_{\bar{y}=0}=0;\ \frac{\partial\bar{p}}{\partial\bar{y}}\Big|_{\bar{y}=\pm\frac{L}{2R}}=0;\ \frac{\partial\bar{p}}{\partial\theta}\Big|_{\theta=\theta_s}=0,\bar{p}_{\theta=\theta_s}=0$$

式中,L 为轴承宽度;θ_s 为油膜破裂边的位置。

不考虑 x,y 方向的热传导,将比热和传热系数视为常数,无量纲形式的能量方程为[7]:

$$P_e\left(\bar{\rho}\frac{\partial\bar{T}}{\partial\bar{t}}\right)+\bar{\rho}\bar{u}\frac{\partial\bar{T}}{\partial\theta}+\bar{\rho}\bar{v}\frac{\partial\bar{T}}{\partial\bar{y}}+\bar{\Gamma}\frac{\partial\bar{T}}{\partial\bar{z}}=\frac{1}{\bar{h}^2}\frac{\partial\bar{T}}{\partial\bar{z}^2}+a\frac{\bar{\eta}}{\bar{h}^2}\left[\left(\frac{\partial\bar{u}}{\partial\bar{z}}\right)^2+\left(\frac{\partial\bar{v}}{\partial\bar{z}}\right)^2\right] \tag{2}$$

其中,

$$P_e=\frac{\rho_0c_pUC^2}{RK_f}$$

$$a = \frac{\eta_0 U^2}{K_f T_0}$$

$$\overline{\Gamma} = -\frac{1}{\bar{h}}\left[\frac{\partial}{\partial \bar{t}}\left(\bar{h}\int_0^{\bar{z}}\bar{\rho}\mathrm{d}\bar{z}\right) + \frac{\partial}{\partial \theta}\left(\bar{h}\int_0^{\bar{z}}\bar{\rho}\bar{u}\mathrm{d}\bar{z}\right) + \frac{\partial}{\partial \bar{y}}\left(\bar{h}\int_0^{\bar{z}}\bar{\rho}\bar{v}\mathrm{d}\bar{z}\right)\right]$$

边界条件为：

$$\bar{T}|_{\theta=0} = \bar{T}|_{\theta=2\pi};\frac{\partial \bar{T}}{\partial \bar{y}}\Big|_{\bar{y}=0} = 0;\frac{\partial \bar{T}}{\partial \bar{z}}\Big|_{\bar{z}=0} = 0$$

轴瓦导热时：

$$\bar{T}|_{\bar{z}=1} = \bar{T}|_{\bar{r}=0}$$

轴瓦绝热时：

$$\frac{\partial \bar{T}}{\partial \bar{z}}\Big|_{\bar{z}=0} = 0$$

当轴瓦导热时，引入参数 $\bar{T}_b = T_b/T_0$，可得无量纲热传导方程为[8]：

$$\frac{\partial \bar{T}_b}{\partial \bar{t}} = \bar{a}_b\left(\frac{\partial^2 \bar{T}_b}{\partial \bar{r}^2} + \frac{1}{\bar{r}}\frac{\partial \bar{T}_b}{\partial \bar{r}} + \frac{1}{\bar{r}^2}\frac{\partial^2 \bar{T}_b}{\partial \theta^2} + \frac{\partial^2 \bar{T}_b}{\partial \bar{y}^2}\right) + \overline{Q_{ovb}}(\theta,\bar{y}) \tag{3}$$

式中，$\bar{a}_b = \dfrac{K_b}{c_b\rho_b R^2\omega}$；$\bar{Q}_{avb}(\theta,\bar{y}) = \dfrac{Q_{avb}(\theta,\bar{y})}{c_b\rho_b\Delta R_b\omega}$；$T_b,c_b,K_b,\rho_b,\Delta R_b,Q_{avb}(\theta,\bar{y})$ 分别为轴瓦的温度、比热、导热系数、密度、厚度和一个周期内轴瓦所吸收的平均热通量。

实验采用 Vogel 模型计算润滑油黏度，其黏温关系为：

$$\eta(T) = ae^{\frac{b}{T+c}} \tag{4}$$

式中，$\eta(T)$ 为润滑油动力黏度，Pa · s；a 为环境温度下的润滑油黏度，Pa · s；b,c 为常数，K。对不同的油品 a,b,c 的取值不同。

如忽略油膜的惯性力，轴颈的运动服从牛顿第二定律，其标量形式为：

$$\begin{aligned} F_x + F_{px} &= m_j R\ddot{e}_x \\ F_z + F_{pz} &= m_j R\ddot{e}_z \end{aligned} \tag{5}$$

式中，m_j 为轴颈的质量；F_x,F_z 分别为 x 方向和 z 方向的载荷分量；$\ddot{e}_x$，$\ddot{e}_z$ 分别为 x 和 z 方向的角加速度；F_{px},F_{pz} 分别为 x 方向和 z 方向的油膜反力，可由下式求出：

$$\begin{aligned} F_{px} &= -\int_A p\cos\theta\mathrm{d}A \\ F_{pz} &= -\int_A p\sin\theta\mathrm{d}A \end{aligned} \tag{6}$$

式中，A 为油膜承载区面积。

计算时，首先给定 t_0 时刻初始偏心率和偏位角(ε_0,δ_0)，由式(1)、式(2)求出此时的压力场和温度场，由式(6)求出油膜力，然后由式(5)计算 $t_1 = t_0 + \Delta t$ 时刻轴颈的偏心率和偏位角(ε_1,δ_1)。依此类推，可求出轴颈在一个载荷周期内的位置坐标，便可做出轴心轨迹图。

根据以上公式计算，绘制不同相对间隙 Ψ 时的轴心轨迹(图1)，*MOFT* 随 Ψ 的变化情况(图2)。由图可见，在正常配合间隙内，轴心轨迹呈圆滑状并不断向外扩展，*MOFT* 值越大，轴承处于完全流体润滑状态，工作可靠，曲轴运转稳定。

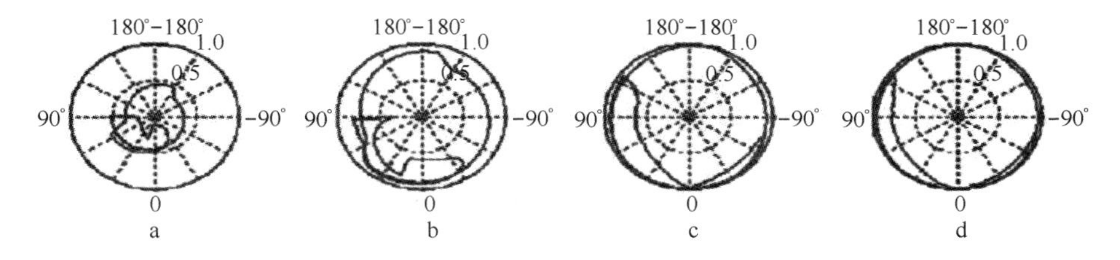

图1　不同相对间隙 Ψ 时的轴心轨迹

a. $\varphi=0.05\%$，*MOFT*＝8.52 μm；b. $\varphi=0.18\%$，*MOFT*＝4.44 μm；

c. $\varphi=0.5\%$，*MOFT*＝1.45 μm；d. $\varphi=1.0\%$，*MOFT*＝0.449 μm

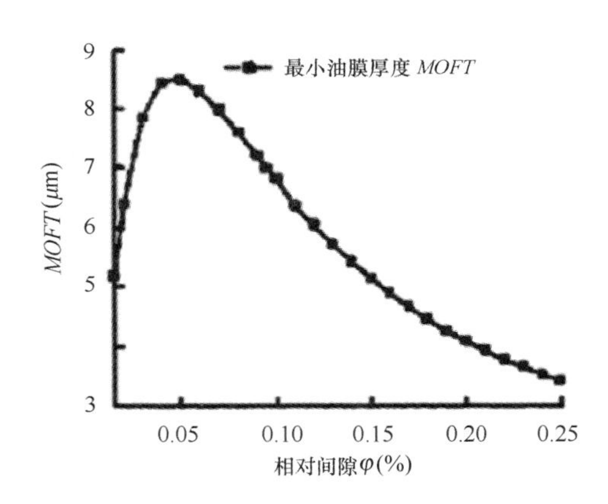

图2　*MOFT* 随 Ψ 的变化情况

3　意义

根据内燃机主轴承的润滑模型[3]，对某多缸内燃机滑动主轴承的热流体动力润滑(THD)进行计算。分析表明，除设计因素外，实际使用因素也对主轴承的润滑状况产生不良影响。通过对主轴承轴心轨迹和最小油膜厚度(*MOFT*)的计算分析发现，内燃机超负荷运行，主轴颈与轴瓦间隙过大，过热及冷机加载等因素不利于主轴承流体动力润滑膜的形成，并加速主轴承的摩擦和磨损。

参考文献

[1] 王晓力. 计入表面形貌效应的内燃机主轴承热流体动力润滑分析[D]. 北京:清华大学出版社,1999:1 -12.

[2] Jones G T. Crankshaft bearings: Oil film history. 9th Leeds - Lyon Symposium on Tribology of Reciprocating Engines, 1982.

[3] 王刚志,舒歌群,张家雨. 使用因素对多缸内燃机主轴承润滑的影响. 农业工程学报,2007,23(2):107 -111.

[4] 张直明,张言羊,谢友柏,等. 滑动轴承的流体动力润滑理论. 北京:高等教育出版社,1986:118.

[5] Spearot J A, Murphy C K. Interpreting experimental bearing oil film thickness data. SAE Paper 892151,1989.

[6] 杨登峰,葛蕴珊,杨永忠,等. YN4102Q 柴油机曲轴轴心运动轨迹的研究. 车辆与动力技术,2001,82(2):38.

[7] El - Butch A M A. The effect of bubbly oil on the THD lubrication of tilting - pad journal bearings subjected to rotating unbalance load. Meccanica, Springer Sci,2001,36(6):717 -729.

[8] He Minhui. Thermoelastohydrodynamic analysis of fluid film journal bearing. Virginia: University of Virginia, 2003.

作物的蒸散量公式

1　背景

李新波等[1]运用 Penman - Montieth(P - M)公式、Priestley - Taylor(P - T)公式和FAO - 24 Blaney - Criddle(B - C)公式等计算模型对太行山山前平原区 1984—2005 年每月的参考作物蒸散量进行了计算。由于 P - M 公式较全面地考虑了影响蒸发面蒸散的各种因素,并且在气候条件差异较大的不同地区(湿润、干旱或风速变化范围较大等)的应用中也取得了较好的结果[2],因此研究以这种方法为参照,与其他方法进行比较分析。

2　公式

2.1　参考作物蒸散量的计算方法

2.1.1　Penman - Montieth(P - M)公式

P - M 公式[3]是在全面考虑了影响田间水分散失的大气因素和作物因素的基础上,把能量平衡、空气动力学参数和表面参数结合在一个对处于任何水分状态下的任何植被类型都成立的蒸发方程中而得到的表达式:

$$ET_{pm} = \frac{0.408\Delta(Rn - G) + \gamma \frac{900}{T + 273}U_2(e_a - e_d)}{\Delta + \gamma(1 + 0.34U_2)} \tag{1}$$

式中,ET_{pm}为 P - M 公式计算的参考作物蒸散量,mm;Δ 为饱和水汽压温度曲线上的斜率,kPa/K;Rn 为净辐射,MJ/m;G 为土壤热通量,MJ/m;γ 为湿度计常数,kPa/K;e_a 为汽压,kPa;e_d 为饱和水汽压,kPa;U_2 为高度 2 m 处的风速,m/s;T 为气温,℃。

2.1.2　Priestley - Taylor(P - T)公式

P - T 公式是在无平流的假设条件下,以平衡蒸发为基础,建立了参考蒸散与净辐射能量之间的经验关系。

$$ET_{pt} = \alpha \frac{\Delta}{\Delta + \gamma}(Rn - G) \tag{2}$$

式中,ET_{pt}为 P - T 公式计算的参考作物蒸散量,mm。

P - T 公式分析了海洋和大范围饱和陆面资料,认为常数 α 的最佳值为 1.26。后来,许

多学者发现 α 有日变化和季节变化[4-6]。这表明 α 不是常数，它实际上反映了平流的变化情况。因此，若将 α 作为变量，则 P－T 公式也可用于估算平流条件下的蒸发力。Davies 和 Allen[7]，Barton[8] 以及 Mawdsley 和 Ali[9] 进一步发展了 P－T 公式，他们将 α 作为土壤含水率的函数。根据张志明的研究[10]，α 与温度、海拔高度和相对湿度有关，可表示为：

$$\alpha = \left(1 + \frac{1}{\Delta/\gamma}\right) - 0.5\left(\frac{1}{\Delta/\gamma}\right)(1 + f^6) \tag{3}$$

式中，f 为相对湿度，%。

2.1.3 FAO－24 Blaney－Criddle(B－C)公式

该方法是考虑土壤水分供应充足时，参考作物蒸散量随着日平均温度和每日白昼小时数占全年白昼小时数的百分比而变化，表达形式为：

$$ET_{bc} = a + bp(0.46T + 8.18) \tag{4}$$

其中，

$$b = a_0 + a_1 RH_{min} + a_2 n/N + a_3 Ud + a_4 RH_{min} n/N + a_5 RH_{min} Ud$$

$$a = 0.0043 RH_{min} - n/N - 1.41$$

式中，ET_{bc} 为 B－C 公式计算的参考作物蒸散量，mm；p 为日白昼小时数占全年昼长时数的百分比，%；n/N 为实测白昼时数和可能白昼时数的比值；RH_{min} 为日最低相对湿度，%；Ud 为白天平均风速，m/s。系数 a_0，a_1，a_2，a_3，a_4 和 a_5 分别为 0.819，－0.004 09，1.071，0.065 6，－0.005 97 和 －0.000 597。

2.2 参考蒸散量不同计算方法的结果比较

对不同公式估算的月参考作物蒸散量用 5 年滑动平均值做线性趋势分析，结果如式(5)、式(6)和式(7)。

$$ET_{pt} = -8.3373Y + 17268 \quad R^2 = 0.9493 \tag{5}$$

$$ET_{bc} = -1.9411Y + 4742.8 \quad R^2 = 0.3666 \tag{6}$$

$$ET_{pm} = -1.1892Y + 3273.4 \quad R^2 = 0.0849 \tag{7}$$

式中，Y 为年份。

由相关性来分析不同公式计算的作物参考蒸散量的年际变化趋势，相关性大说明年际下降趋势非常明显，而相关性弱说明下降趋势不明显。因此，由 P－T 方法测定的参考作物蒸散量有着明显的年际下降趋势，而其他两种方法没有显著的变化。这主要是因为 P－T 方法计算的参考作物蒸散量是与辐射有关的，而 stanhill 和 Coher[11] 认为云量和气溶胶的增加导致的近年来全球太阳辐射的下降说明气候变化中净辐射通量有减少的趋势。全球辐射下降但是气温是升高的，这是现在还没有完全解释清楚的问题，而 B－C 模型主要考虑的是日均温度和日照时间，所以变化较小，趋势不明显；P－M 模型则是充分考虑了辐射和空气动力学两个方面的因素，变化趋势不明显。

由图 1 可知，与 P－M 公式计算的结果相比较，B－C 与 P－T 公式计算的参考蒸散量均存在一定的偏差。P－T公式测定的月均参考蒸散量均低于P－M公式计算的值，但是变化趋势是一致的（R^2 =0.82），而B－C公式计算的结果与P－M公式比较一致（R^2 =0.88）。

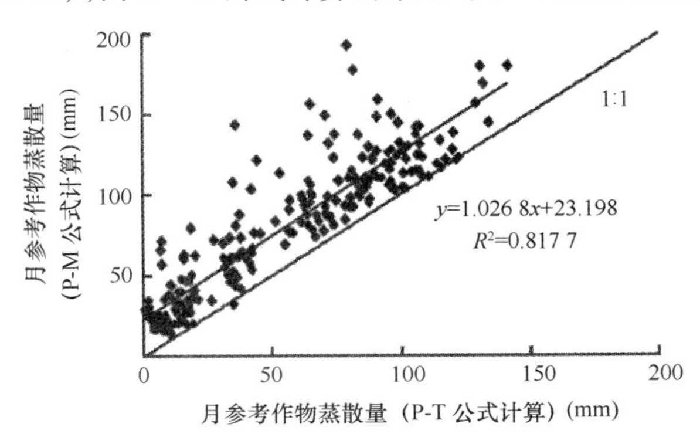

图1　不同公式计算的月均参考作物蒸散量的比较

3　意义

研究结果表明：Penman－Montieth公式和FAO－24Blaney－Criddle公式估算的参考作物蒸散量结果相近，而Priestley－Taylor方法结果偏低；在不同公式基础上计算的作物系数也存在着明显的差异，以Penman－Montieth公式为基础计算的作物系数比较合理，FAO－24 Blaney－Criddle计算的作物系数在4月到10月之间比较合理，Priestley－Taylor公式计算的作物系数偏高。

参考文献

[1]　李新波，孙宏勇，张喜英，等．太行山山前平原区蒸散量和作物灌溉需水量的分析．农业工程学报，2007，23（2）：26－30.

[2]　Allen R G，Jensen M E，Burman R D．Operational estimates of reference evapotranspiration．Agron J，1989，81：650－662.

[3]　Priestley C H B，Taylor R J．On the assessment of surface heatand evaporation using large－scale parameters．Mon Weather Rev，1972，100：81－92.

[4]　Jury W A，Tanner C B．Advection modification of the Priestley and Taylor evapotranspiration formula. Agron J，1975，67：840－842.

[5]　Mukammal E I，Neumann H H．Application of the Priestley－Taylor evaporation model to assess the influence of soil moisture on the evaporation from a large weighting lysimeter and class A Pan．Boundary Layer Meteorology，1977，12：243－256.

[6]　Debruin H A R，Keijman J Q．The Priestley－Taylor evaporation model applied to a large shallow lake in

the Netherlands. Journal of Applied Meteorology, 1979, 18(7):898 - 903.

[7] Davies J A, Allen C D. Equilibrium, potential and actual evaporation from cropped surfaces in southern Ontario. Journal of Applied Meteorology, 1973, 12(4):649 - 657.

[8] Barton I J. A parameterization of the evaporation from non - saturated surfaces. Journal of Applied Meteorolgy, 1979, 18(1):43 - 47.

[9] Mawdsley J A, Ali M F. Estimating non - potential evapotranspiration by means of the equilibrium evaporation concept. Water Resources Research, 1985, 21(3):383 - 391.

[10] 张志明. 湿润下垫面的近地面层内感热和潜热垂直通量的计算. 成都科技大学学报, 1984, (2): 89 - 96.

[11] Stanhill G, Coher S. Global dimming: a review of the evidence for a widespread and significant reduction in global radiation with discussion of its probable causes and possible agricultural consequences. Agric Forest Meteor, 2001, 107:255 - 278.

藻红蛋白的测定公式

1 背景

藻胆蛋白是藻类吸收光能进行光合作用的一种重要捕光色素蛋白。为了解决目前藻红蛋白纯化方法过于复杂，处理量小等问题，马海乐等[1]对条斑紫菜藻红蛋白的分离纯化进行研究，对藻红蛋白浓度和纯度的测定采用比色法[2]进行分析，建立藻红蛋白的测定公式。期望获得食用级和药用级的条斑紫菜藻红蛋白，为高纯度条斑紫菜藻红蛋白的工业化生产提供依据。

2 公式

2.1 藻红蛋白浓度测定方法的确定

据 Bonnet 等报道，可运用 Lowry 等方法测定纯藻胆蛋白（羟基磷灰石柱分离）的浓度（以细胞色素 c 或其他蛋白质做标准曲线），并根据朗伯－比耳（Lambert－Beer）定律计算藻胆蛋白在某一波长处的摩尔消光系数，由此可算出混合藻胆蛋白提取液中各藻胆蛋白的相对浓度。在蓝藻和红藻中，其粗提液中往往含有两种以上的藻胆蛋白，条斑紫菜中含有丰富的藻红蛋白（R－PE）和少量的藻蓝蛋白（PC）及异藻蓝蛋白（APC），其特征吸收波长分别为 561 nm、620 nm 和 652 nm。在此藻红蛋白浓度［R－PE］的测定借鉴参考文献［2］的方法，根据各个特征吸收波长的吸光值（OD），采用如下公式进行计算：

$$[R-PE](\mathrm{mg/mL}) = 0.123OD_{561} - 0.07OD_{620} + 0.015OD_{652} \tag{1}$$

2.2 提取液中藻红蛋白浓度的测定

测定提取液中藻红蛋白浓度时，先将提取液稀释 n 倍，然后分别测其在 561 nm、620 nm、652 nm 处的吸光值。提取液中藻红蛋白的浓度（C）测定按下式计算：

$$C(\mathrm{mg/mL}) = n(0.123OD_{561} - 0.07OD_{620} + 0.015OD_{652}) \tag{2}$$

2.3 藻红蛋白纯度的测定

藻红蛋白的纯度一般用其在可见光范围内的特征吸收峰的吸光值，与其在 280 nm 处的蛋白质吸光值的比值来表示。条斑紫菜中藻红蛋白的特征吸收波长为 561 nm，因此其纯度 M 计算式为：

$$M = OD_{561}/OD_{280} \tag{3}$$

2.4 藻红蛋白回收率的测定

将藻红蛋白的回收率定义为处理液中藻红蛋白的质量与粗提液中藻红蛋白的质量的比值。藻红蛋白的回收率 H 计算式为：

$$H(\%) = \frac{C_2 V_2}{C_1 V_1} \times 100 \tag{4}$$

式中，C_1 为粗提液中藻红蛋白的浓度，mg/mL；V_1 为粗提液的总体积，mL；C_2 为处理液中藻红蛋白的浓度，mg/mL；V_2 为处理液的总体积，mL。

根据以上公式，截留分子量为 1×10^4、5×10^4 Da 的膜纯化藻红蛋白的回收率、纯度见表1。

表1　超滤膜的截留分子量对藻红蛋白回收率和纯度的影响

截留分子量(Da)	藻红蛋白回收率(%)	藻红蛋白纯度(OD_{561}/OD_{280})
1×10^4	94.62	0.61
5×10^4	93.11	0.74

3　意义

通过对藻红蛋白浓度和纯度的测定采用比色法进行计算，利用藻红蛋白的测定公式[1]计算得到：①对藻红蛋白纯度(以 OD_{561}/OD_{280} 表示)为0.365的条斑紫菜粗提物采用盐析法沉淀藻红蛋白时，得到藻红蛋白的纯度为0.45，回收率为90.53%；②采用截留分子量为 5×10^4 Da 的超滤膜对藻红蛋白盐析物进行脱盐和除去小分子杂蛋白处理后，得到的藻红蛋白的纯度为0.74，回收率为93.11%；③进一步分别采用 HA 柱层析和 DEAE－52 柱层析纯化超滤液，藻红蛋白最高纯度分别为2.76和1.74，回收率分别为59.3%和56.81%。而且采用盐析和超滤相结合的方法，可以较为方便和高效地得到食用级藻红蛋白，进一步通过 HA 柱层析，即可达到药用级的要求。

参考文献

[1]　马海乐，肖海芳，骆琳．条斑紫菜藻红蛋白纯化方法的研究．农业工程学报，2007，23(2)：249－253.
[2]　纪明候．海藻化学．北京：科学出版社，1997：494－495.

物料的输送建压模型

1 背景

对水果破碎机输送建压过程中的物料进行了运动和受力分析，罗晓丽等[1]应用球向量函数建立物料在输送建压过程中的数学模型，求出了物料的相对速度和轴向速度，解出螺旋轴所承受的扭矩，并运用 Matlab 软件绘制各参数对物料轴向速度和螺旋轴扭矩的影响曲线，分析其运动规律。为水果破碎机的工作参数和结构设计参数提供理论依据，同时为螺旋输送建压机构的工作参数和结构设计参数提供理论参考。

2 公式

2.1 物料输送建压的数学模型

以自行研制的 PS－10 水果破碎机为例[2]，其工作原理如图 1 所示。假设该螺旋输送器为标准的等螺距、等直径的单头螺旋，其螺距为 S，螺旋轴半径为 r_0，螺旋叶片半径为 R，螺旋长度 L。以距离螺旋轴线为 $r[r_0 < r \leq R$，距入料口长度为 $l(0 < l \leq L)]$ 的质点 A 作为研究对象进行运动及受力分析。

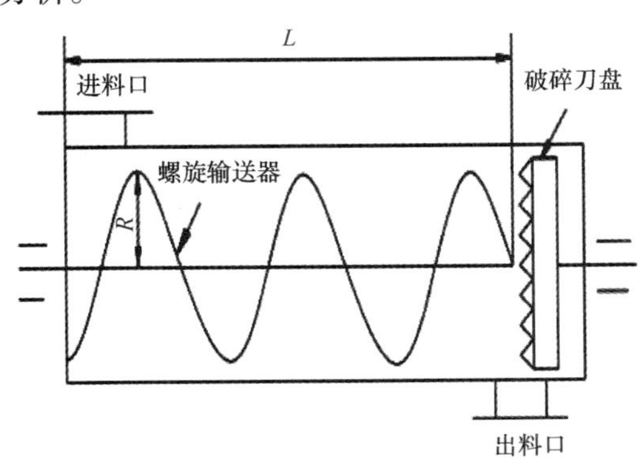

图 1　PS－10 水果破碎机结构示意图

2.2 物料的运动分析

螺旋输送器的工作面为圆柱螺旋面，当螺旋输送器在输送物料过程中，物料沿曲面上的圆柱螺旋线运动[3]。在螺旋轴上建立静坐标系 $o-ijk$,物料的运动关系如图 2 所示。在对应的时间 t 内螺旋轴的转角为 $\varphi=\omega t=\frac{n\pi}{30}t$,式中 ω 为螺旋轴旋转角速度,n 为螺旋轴转速,令 $h=\frac{S}{2\pi}$,运用球向量函数[4]建立从坐标原点 o 至 A 点的向径:

$$r=re(\theta-\varphi)+h\theta k$$

式中,θ 为螺旋转角;$e(\theta-\varphi)$ 为单位向量,$e(\theta-\varphi)=\cos(\theta-\varphi)i+\sin(\theta-\varphi)j$。

该式是关于参数 r、θ 的圆柱螺旋面的矢量方程,由此可计算出螺旋面上 A 点处的单位法向量为:

$$n=\frac{r_r\times r_\theta}{|r_r\times r_\theta|}=-\frac{h}{\sqrt{h^2+r^2}}g(\theta-\varphi)+\frac{r}{\sqrt{h^2+r^2}}k$$

式中,r_r 为 A 点的向径对 r 的一阶求导;r_θ 为 A 点的向径对 θ 的一阶求导;$g(\theta-\varphi)$ 为单位向量,$g(\theta-\varphi)=\sin(\theta-\varphi)i+\cos(\theta-\varphi)j$。

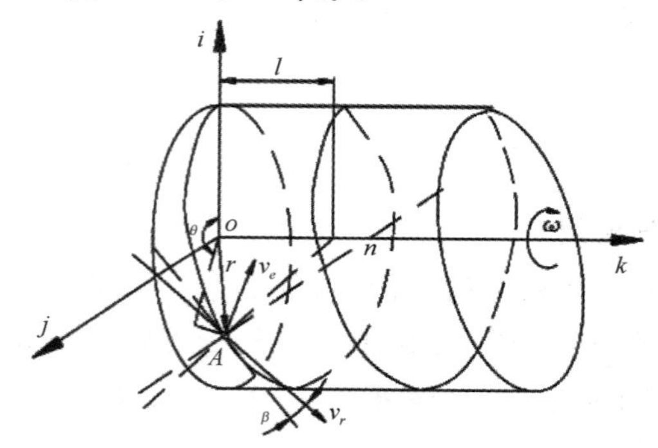

图 2　物料在输送过程的运动分析

在工作过程中,质点 A 的牵连速度为:

$$v_e=\frac{\mathrm{d}r}{\mathrm{d}t}=\frac{\mathrm{d}r}{\mathrm{d}\varphi}\cdot\frac{\mathrm{d}\varphi}{\mathrm{d}t}=-\omega rg(\theta-\varphi)$$

曲率半径 ρ 为:

$$\rho=|r_\theta^3|/|r_\theta\times r''_\theta|=\frac{r^2+h^2}{r}$$

式中,r''_θ 为 A 点向径对 θ 的二阶求导。

该质点在螺旋面上的相对滑动速度大小为 vr,方向垂直于单位法向量 n,并与螺旋线切线的交角为 β,从而可以求得相对速度为:

$$v_r=v_r\left[-\sin\beta e(\theta-\varphi)+\frac{r\cos\beta}{\sqrt{r^2+h^2}}g(\theta-\varphi)+\frac{h\cos\beta}{\sqrt{r^2+h^2}}k\right]$$

质点的绝对速度为:

$$v_a = v_r + v_e$$

则 k 方向的轴向速度大小为：

$$v_z = \frac{v_r h\cos\beta}{\sqrt{r^2 + h^2}}$$

物料的绝对加速度为：

$$a_a = a_e + a_k + a_{rt} + a_{rn} \tag{1}$$

式中，a_e 为牵连加速度：

$$a_e = \frac{\mathrm{d}v_e}{\mathrm{d}t} = -\omega^2 re(\theta - \varphi)$$

a_k 为科氏加速度：

$$a_k = 2\omega_e \times v_r = 2\omega v_r\left[\frac{r\cos\beta}{\sqrt{r^2 + h^2}}e(\theta - \varphi) + \sin\beta g(\theta - \varphi)\right]$$

a_{rt}为相对切向加速度：

$$a_{rt} = \frac{\mathrm{d}v_r}{\mathrm{d}t} = \frac{\mathrm{d}v_r}{\mathrm{d}\theta}\cdot\frac{\mathrm{d}\theta}{\mathrm{d}t} = \frac{v_r}{\sqrt{r^2 + h^2}}\frac{\mathrm{d}v_r}{\mathrm{d}\theta}\left[-\sin\beta e(\theta - \varphi) + \frac{r\cos\beta}{\sqrt{r^2 + h^2}}g(\theta - \varphi) + \frac{h\cos\beta}{\sqrt{r^2 + h^2}}k\right]$$

a_{rn}为相对法向加速度：

$$a_{rn} = \frac{v_r^2}{\rho}n = \frac{v_r^2 r}{r^2 + h^2}\left[-\frac{h}{\sqrt{r^2 + h^2}}g(\theta - \varphi) + \frac{r}{\sqrt{r^2 + h^2}}k\right]$$

2.3 物料的受力分析

破碎机在工作时，螺旋输送器的末端产生的压强为 Q，其轴向建压压力载荷为：

$$P = Q\pi(R^2 - r_0^2)$$

A 点的单位压强为 q，q 的大小可视为与螺旋输送器工作长度 l 成正比的线性变量，即 $q = \frac{Q}{L}l$，A 点受到的轴向力大小为：

$$p = qr\mathrm{d}\theta\mathrm{d}r$$

从而，

$$P = \frac{\mathrm{Pr}\ l\mathrm{d}\theta\mathrm{d}r}{\pi L(R^2 - r_0^2)}$$

则该点的轴向力为：

$$P = -\frac{\mathrm{Pr}\ l\mathrm{d}\theta\mathrm{d}r}{\pi L(R^2 - r_0^2)}k$$

物料颗粒的重力为：

$$G = -mgi$$

单位质点的质量为：

$$m = \rho gr\mathrm{d}l\mathrm{d}\theta\mathrm{d}r$$

螺旋叶片作用在 A 点上的压力大小为 N,方向为单位法向量 n 方向,则压力:

$$N = Nn = N\left[-\frac{h}{\sqrt{h^2+r^2}}g(\theta-\varphi)+\frac{r}{\sqrt{h^2+r^2}}k\right]$$

质点 A 沿螺旋面相对滑动速度所产生的摩擦力为 f,其方向与相对速度的方向相反,如图 3 所示,从而可求得:

$$f = \mu N\left[\sin\beta e(\theta-\varphi)-\frac{r\cos\beta}{\sqrt{r^2+h^2}}g(\theta-\varphi)-\frac{h\cos\beta}{\sqrt{r^2+h^2}}k\right]$$

式中,μ 为物料与螺旋面的摩擦系数。

螺旋面上的质点 A 所受的合力为:

$$F = N+p+G+f \tag{2}$$

$$F = ma_a \tag{3}$$

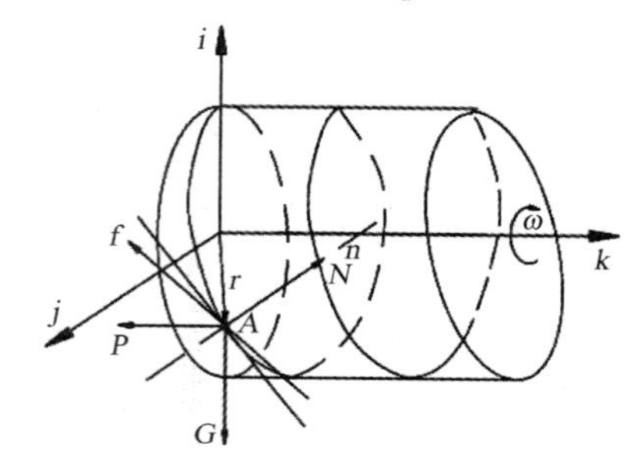

图 3　物料的受力分析

结合式(1)、式(2)、式(3)可得:

$$\begin{aligned}&\left[\frac{2m\omega v_r r\cos\beta}{\sqrt{h^2+r^2}}-m\omega^2 r-\frac{mv_r}{\sqrt{h^2+r^2}}\frac{\mathrm{d}v_r}{\mathrm{d}\theta}\sin\beta\right]e(\theta-\varphi)+\\&\left[mv_r\cos\beta\frac{dv_r}{d\theta}\frac{r}{h^2+r^2}+2m\omega v_r\sin\beta-\frac{mv_r^2rh}{(h^2+r^2)\sqrt{h^2+r^2}}\right]g(\theta-\varphi)+\\&\left[\frac{mv_r^2r^2}{(r^2+h^2)\sqrt{h^2+r^2}}+mv_r\cos\beta\frac{dv_r}{d\theta}\cdot\frac{h}{r^2+h^2}\right]k\\&=\mu N\sin\beta e(\theta-\varphi)-mgi-\frac{\mu Nr\cos\beta+hN}{\sqrt{h^2+r^2}}g(\theta-\varphi)+\\&\left[\frac{rN-\mu Nh\cos\beta}{\sqrt{h^2+r^2}}-p\right]k\end{aligned} \tag{4}$$

该式是以 p、θ、r、μ、ω、h 为参数的向量方程,可以解出以 v_r、N、β 为变量的 3 个未知数,从而在给定各参数时可以解出 F 的大小和方向。用 $e(\theta-\varphi)$ 和 $g(\theta-\varphi)$ 分别与式(4)做数积,经化简可得 v_r 的关系式为:

$$v_r = \frac{g\sin\theta\sin\beta}{2\omega} - g\cos\theta\cos\beta\frac{\sqrt{r^2+h^2}}{2\omega_r} + \omega\cos\beta\frac{\sqrt{r^2+h^2}}{2} - \frac{ph\sin\beta}{2m\omega_r}$$

2.4 螺旋轴受力分析

质点 A 作用在螺旋叶片上的力 F 中，只有 $g(\theta-\varphi)$ 方向的分量 F_g 对螺旋轴产生扭矩，由式(4)可知 F_g 的大小为：

$$F_g = 2m\omega v_r\sin\beta + \frac{mv_r r\cos\beta}{r^2+h^2}\cdot\frac{\mathrm{d}v_r}{\mathrm{d}\theta} - \frac{mv_r^2 rh}{(r^2+h^2)\sqrt{h^2+r^2}}$$

质点 A 对螺旋输送器产生的扭矩大小为：

$$M_A = F_g \cdot r$$

从而，

$$M_A = 2m\omega v_r r\sin\beta + \frac{mv_r r^2\cos\beta}{r^2+h^2}\cdot\frac{\mathrm{d}v_r}{\mathrm{d}\theta} - \frac{mv_r^2 r^2 h}{(r^2+h^2)\sqrt{h^2+r^2}} \tag{5}$$

假设物料均匀分布，其装满系数为 λ，则物料作用于螺旋轴的扭矩为：

$$M = \lambda\int_0^R\int_0^{2\pi}\int_0^L M_A\mathrm{d}r\mathrm{d}\theta\mathrm{d}l \tag{6}$$

3 意义

通过对水果破碎机在输送建压过程中物料的运动、受力分析，得出物料的轴向速度、螺旋轴所承受的扭矩方程，为水果破碎机的设计提供了理论依据。物料在输送建压过程中，螺旋螺距的临界值与建压压力成反比，当螺距增大到其临界值时，螺旋输送器将无法完成对物料的轴向输送，此时物料处于失压状态。螺旋轴扭矩分别随螺旋转速、螺旋叶片直径和建压压力及螺距的增大而增大，轴向建压压力、螺旋转速是螺旋轴扭矩的主要影响因素。

参考文献

[1] 罗晓丽，魏文军，张绍英，等．水果破碎机输送建压机理研究．农业工程学报，2007，23(2)：102－106.
[2] 中国农业大学．水果液力压榨系统关键技术验收文件．2005：1－82.
[3] 胡克勇，戴莉莉，皮亚南．螺旋输送器的原理与设计．南昌大学学报(工科版)，2000，12：29－33.
[4] 董学朱．齿轮啮合理论基础(第1版)．北京：机械工业出版社，1989：1－24.

种籽的运动方程

1 背景

使用机器播种后能取消谷子间苗这一生产环节,不仅节约大批劳动力,而且使谷子(小米)粮食作物种植面积迅速扩大。于是,边胤等[1]根据谷子播种农业技术要求,设计了谷子精密播种机,改变谷子种植的传统耕作方法[2-4],使得谷子播种后就定植、定株,达到谷子出苗后不再间苗的目的。并对往复式排种器的落种斗、定位器内的种籽运动过程进行了分析。

2 公式

由往复式排种器运动分析简图可知(图1),当机器牵引开沟器(连同排种器)以 u_0 速度行走时,摆杆在驱动凸轮的推动下以角速度 ω(0°→19°时)驱动型孔板传动杆由位置1(型孔板充种位置)摆动到位置2(前行排种位置),型孔板摆幅(位移)9 mm,谷粒种籽4由型孔板抛出进入下方底板型孔,与此同时型孔板传动杆带动定位器传动杆转动,使定位器由关闭状态运行到定位器打开位置5,张开幅度达到4.03 mm,定位器倾角(与地面夹角)由23°运行到27°,谷粒种籽在重力与定位器拨动的作用下滚落到种穴实现单粒精密播种。

根据上述工作原理,谷粒种籽从倒置的锥形型孔内抖落抛出进入下方底板型孔后,是否能按照设计要求降落在关闭的落种斗与定位器内,定位器安放完毕谷粒种籽后与落种斗关闭时,会不会夹伤谷粒种籽,为此可做以下假定。

(1)排出的谷粒种籽在空气中做近似弧形运动,其作用力大小可按下式计算:

$$F = kmv^2 \tag{1}$$

式中,m 为谷粒种籽质量;v 为谷粒种籽抛出后由于气流阻碍产生的速度,方向与受力方向相同[5-6],因此有:

$$\vec{v} = \vec{u} - (\vec{u}_1 + \vec{u}_G) \tag{2}$$

式中,$\vec{u}$ 为谷粒种籽从倒置的锥形型孔内抛出进入下方底板型孔后由于机器相对地面运动产生的速度;$\vec{u}_1$ 为谷粒种籽下抛时产生的分速度,方向垂直向下,其大小用 u_1 表示;$\vec{u}_G$ 为谷粒种籽垂直下抛时重力产生的速度,方向垂直向下,其大小用 u_G 表示,根据自由落体运动,u_G 为近似已知速度,设:$y = 0.025$ m,可知 $t_1 = 0.0714$ s,$u_G = 0.7$ m/s,在计算模型中,u_G 暂

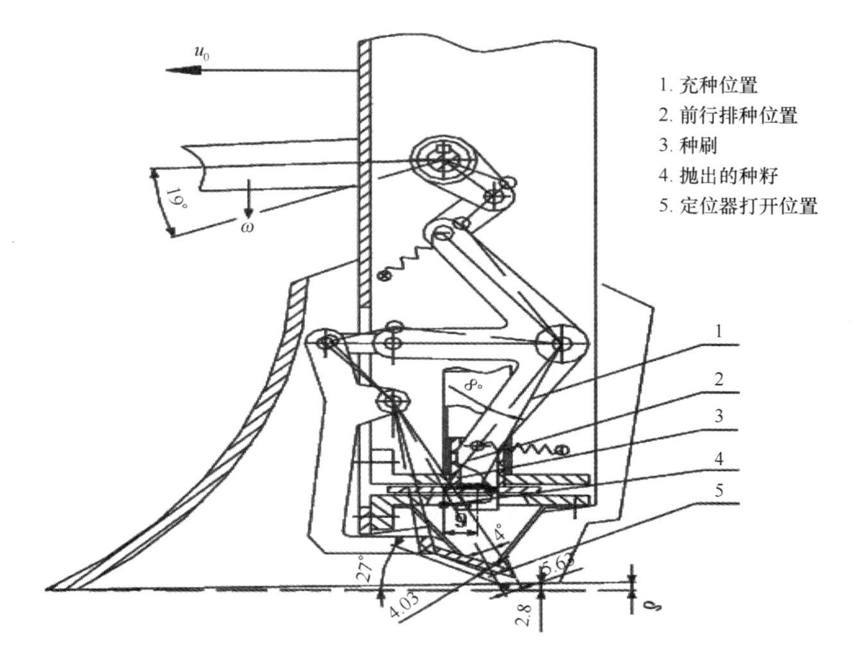

图 1　往复式排种器运动分析简图

且不考虑，在计算总用时间 t 时可合成速度[7] u_G；k 为谷粒种籽降落时空气气流使谷粒种籽做近似弧形运动的漂浮系数，在整个运动过程中保持不变[8]，取 $k=0.08$。

(2) 谷粒种籽从倒置的锥形型孔内抛出后由于机器相对地面运动产生的速度 u 与方向角 β 保持不变，且从 x 轴正向起反时针为正向。

(3) 不考虑排种后的谷粒种籽自身转动，并作为质点 M 运动分析，实际上谷粒种籽有迎风面积[9-10]，气流作用力将对其产生影响。

设种籽从型孔板倒置的锥形型孔内抛出后到定位器的运动轨迹曲线如图 2 所示，作用于谷粒质点 M 上的力有重力 mg 和气流作用力 F：

$$F = kmv^2$$

沿 x、y 方向的分力大小为：

$$\begin{aligned} F_x &= F\sin\theta = kmv^2\sin\theta = kmvv_x \\ F_y &= F\cos\theta = kmv^2\cos\theta = kmvv_y \end{aligned} \tag{3}$$

由于 θ 变化很小，令 $\cos\theta\approx 1$（θ 不大于 25°时，误差小于 10%），则 $v\approx v_y$。

上式可变换为：

$$F_x = kmv_xv_y \quad F_y = kmv_y^2 \tag{4}$$

当气流对质点 M 的相对初速度 $v_{0y}=u_y-u_1>0$ 时，排出的谷粒种籽在 y 方向做加速运动，由式(4)得：

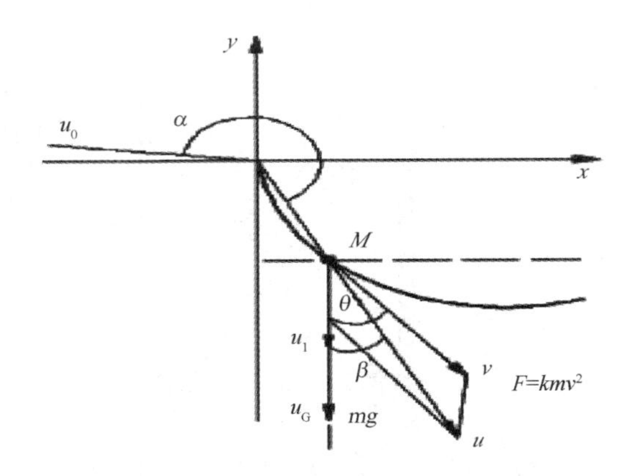

图2　谷粒种籽排出型孔后的运动轨迹

$$\frac{\mathrm{d}u_y}{\mathrm{d}t} = kv_y^2 \text{ 或者 } -\frac{\mathrm{d}v_y}{\mathrm{d}t} = kv_y^2 \tag{5}$$

设 $t=0$ 时，$v_y = v_{0y}$，积分后得：

$$v_y = \frac{v_{0y}}{kv_{0y}t + 1} \tag{6}$$

排出的谷粒种籽沿 y 方向的速度 u_y 为：

$$u_y = u_1 - v_y = u\cos\beta - \frac{v_{0y}}{kv_{0y}t + 1} \tag{7}$$

设 $t=0$ 时 $y=0$，再积分一次得：

$$y = ut\cos\beta - \frac{1}{k}\ln(kv_{0y}t + 1) \tag{8}$$

导出的公式可估算谷粒种籽排出后在 y 方向的参数。当相对初速度沿垂直方向：

$$v_{0y} = u\cos\beta - u_0\cos\alpha \tag{9}$$

机器相对地面运动的速度 u_0 大于气流对质点 M 的相对速度 v_0。当 β 不太大(小于20°)、机器牵引角 α 接近270°时(谷粒种籽接近垂直下落)，有 $\cos\beta = 1$，$u_0\cos\alpha$ 值很小，与 u 相比可忽略不计，因此有 $v_{0y} \approx u$，将其代入式(8)得：

$$y = ut - \frac{1}{k}\ln(kut + 1) \tag{10}$$

当选定谷粒种籽从倒置的锥形型孔内抖落抛出后，谷粒种籽的速度为 u，即：

$$u = \frac{u_x}{\sin\theta} \tag{11}$$

u_x 为机器的行走速度，一般的播种机行走速度为3～5 km/h，取 $u_x = 4$ km/h，$\theta = 10°$，已知谷粒种籽在气流作用下的漂浮系数 $k = 0.08$，落种斗高 $y = 0.025$ m，谷粒种籽间距 $x = 0.100$ m，由式(10)得：

$$t = \frac{y}{u} - \frac{1}{ku}\ln(kut + 1) \tag{12}$$

把 u、y、k 的数值代入后，用迭代法[11]可求得 $t=0.114$ s，由前面所述，已知 $u_x=1.11$ m/s，谷粒种籽间距 $x=0.100$ m，从排种器的定位器安放完毕谷粒种籽到完全关闭落种斗的时间是 0.090 s，速度在 4 km/h 的情况下，谷粒种籽从型孔中排出后到达定位器时，定位器已经完全关闭了 0.024 s。按照人力、畜力牵引的播种机速度在 $u_x=2$ km/h 时，可由上述迭代法求得 $t=0.2070$ s，根据速度 $u_x=2$ km/h、谷粒种籽间距 $x=0.100$ m 可知，完全关闭落种斗的时间是 0.179 9 s，即速度在 2 km/h 的情况下，定位器已经完全关闭了 0.027 1 s，由分析可知，谷粒种籽既不会由定位器漏出也不会夹伤，并有时间准备下一次种籽的投放。

3 意义

根据种籽的运动方程[1]，在精密播种机上使用往复式排种器，可以很好地实现谷子的定植、定株精密单粒播种，从而取消了谷子间苗的手工劳动，为谷子生产推广创造了良好条件，为谷子精密播种机在农业生产中的使用带来广阔前景。

参考文献

[1] 边胤，马永康，张振国．往复式排种器用于谷子精密播种机的初探[J]．农业工程学报，2007，23(2)：122－127.

[2] 贾延明，尚长青，张振国．保护性耕作适应性试验及关键技术研究．农业工程学报，2002，18(1)：78－81.

[3] Hunt，Donnell. Farm power and machinery management. Ames：Lowa State University Press，2001.

[4] 刘宪，李民，李博强．我国免耕播种机具应用及试验方法的研究．中国机械化旱作节水农业国际研讨会，2000：289－293.

[5] 伍先俊，朱石坚．振动能量流的计算方法研究．农业工程学报，2006，22(3)：1－5.

[6] Guo Y P. Attenuation of helical wave radiation from cylindrical shells by viscoelastic layer[J]. JASA，1995，97(1)：298－308.

[7] 胡树荣，马成林，李慧珍，等．气吹式排种器锥孔的结构参数对排种质量影响的研究．长春：吉林工业大学科技情报研究室，1979：1－30.

[8] 刘英．谷物加工工程．北京：化学工业出版社，2005：35－140.

[9] 吉林省农业机械研究所．播种机译文集．吉林，1975：1－54.

[10] 涂澄海，关艳玲．小动力耕耘机动力学分析．农业机械学报，1999，30(4)：116－119.

[11] 郭大钧．大学数学手册．济南：山东科学技术出版社，1985：731－803.

微灌双向毛管的设计模型

1 背景

遗传算法是借鉴生物界自然选择和进化机制发展起来的高度并行、随机、自适应搜索算法,是一种全局优化方法,将其应用于管网优化领域中[1-3],对遗传算法应用于微灌单向毛管水力解析及优化设计进行了研究[4]。在此基础上,王新坤和蔡焕杰[5]借鉴前人研究成果,根据微灌双向毛管的工作特点,应用遗传算法理论与方法,提出一种方便、快捷的微灌双向毛管最佳支管位置设计模型及其求解方法。

2 公式

2.1 数学模型

双向铺设毛管分流点处的压力是相同的,那么分别从两个方向的末端向进口方向递推计算出的两个毛管入口压力也应该是相等的。最佳支管位置实际是要确定左、右两侧毛管的最佳长度(最佳孔口数),使灌水器平均流量等于设计流量,灌水均匀度最大。对毛管孔口和管段进行编号,规定面向支管水流方向划分左右侧毛管,位于支管右侧的毛管为右侧毛管,位于支管左侧的毛管为左侧毛管,可构造如下数学模型:

$$\max C_u = 1 - \frac{\overline{\Delta q}}{\bar{q}} \tag{1}$$

$$s.t.\ \bar{q} - q_d = 0 \tag{2}$$

$$\Delta H = \left| \left(h_{nR} + af\frac{Q_{nR+1}^m}{d^b}S_{nR+1} + I_{nR+1}S_{nR+1} \right) - \left(h_{nL} + af\frac{Q_{nL+1}^m}{d^b}S_{nL+1} + I_{nL+1}S_{nL+1} \right) \right| = 0 \tag{3}$$

$$h_{c\min} \leqslant h_0 \leqslant h_{c\max} \tag{4}$$

$$n_L + n_R + 2 = n \tag{5}$$

其中,

$$\bar{q} = \frac{1}{n_R + n_L + 2}\left[\sum_{i=0}^{n_L} q_i + \sum_{j=0}^{n_R} q_j \right] \tag{6}$$

$$\overline{\Delta q} = \frac{1}{n_R + n_L + 2}\left[\sum_{i=0}^{n_L} | q_i - \bar{q} | + \sum_{j=0}^{n_R} | q_j - \bar{q} | \right] \tag{7}$$

式中,C_u 为灌水器灌水均匀系数;$\bar{q}$ 、q_d 分别为灌水器平均和设计流量,L/h;$\overline{\Delta q}$ 为灌水器流量平均偏差,L/h;n 为毛管总的孔口数;ΔH 为左、右两侧毛管的进口压力差,m;n_{L+1}、n_{R+1}分别为左、右侧毛管孔口个数;h_{nL}、h_{nR}分别为左、右侧毛管入口端第一孔口的压力水头,m;Q_{nL+1}、Q_{nR+1}分别为左、右侧毛管入口流量,L/h;d 为毛管内径,mm;I_{nL+1}、I_{nR+1}分别为左、右侧毛管入口段地形坡度;S_{nL+1}、S_{nR+1}分别为左、右侧毛管入口段长度,m;h_{cmin}、h_{cmax}分别为灌水器的允许最大和最小工作压力水头,m。

2.2 遗传算法模型

构造适应度函数,根据遗传算法优化计算的要求,对上面的数学模型进行无约束化处理。采用惩罚函数法将数学模型转化为如下无约束形式的目标函数:

$$f(n_L, h_{0L}, h_{0R}) = \max\{C_u - \mu \mid \bar{q} - q_d \mid - \mu \Delta H\} \tag{8}$$

式中:$\mu \mid \bar{q} - q_d \mid - \mu \Delta H$ 为惩罚项。

目标函数$f(n_L, H_{0L}, H_{0R})$由优化目标函数与惩罚约束条件组成,表示了一组优化变量(n_L, H_{0L}, H_{0R})所计算出解的优劣程度。满足遗传算法对适应度函数最大化的要求,使适应度函数高的值对应于目标函数的优秀解。为满足遗传算法对适应度函数非负化的要求,将目标函数加上一个足够大的正整数,使适应度函数保证非负,可构造如下的适应度函数:

$$Fit = C + f(n_L, h_{0L}, h_{0R}) \tag{9}$$

式中,C 为满足适应度函数非负而设置的一个足够大的正整数(常数)。

根据以上一系列公式模拟计算结果(表1)表明,用遗传算法仿真计算及退步法验证结果完全相同。计算的精度及可靠性也很高,算法程序具有很强的通用性。

表1 遗传算法最优解及退步法验证值

		n	H(m)	$\bar{q}$ (L/h)	C_u	h_0 (m)	q^0 (L/h)	h_u (m)	q_u (L/h)	h_{min} (m)	q_{min} (L/h)	h_{max} (m)	q_{max} (L/h)
遗传算法仿真	L	175	9.810	2.200	0.985 9	8.626	2.129	9.803	2.297	8.626	2.129	9.803	2.297
	R	225	9.810			9.139	2.203	9.803	2.297	8.978	2.180	9.803	2.297
退步法验证	L	175	9.810	2.200	0.985 9	8.626	2.129	9.803	2.297	8.626	2.129	9.803	2.297
	R	225	9.810			9.139	2.203	9.803	2.297	8.978	2.180	8.803	2.297

3 意义

实验在分析微灌坡地双向毛管水力特性的基础上,提出一种基于遗传算法的双向毛管最佳支管位置的优化设计方法,建立了数学模型,给出了优化算法。该模型与算法能确定最佳支管位置和毛管进口压力,计算出毛管上每个灌水器的压力、流量及特征值,使双向毛管上的平均灌水器流量等于灌水器设计流量,保证最大灌水均匀度。计算表明,该模型的算法求解速度快、精度较高、可靠性强。

参考文献

[1] 吕鉴,贾燕兵. 应用遗传算法进行给水管网优化设计. 北京工业大学学报,2001,27(1):91-95.

[2] 朱家松,龚健雅,郑皓. 遗传算法在管网优化设计中的应用. 武汉大学学报,2003,(3):263-267.

[3] 王新坤,蔡焕杰. 多重群体遗传算法优化机压树状管网. 农业工程学报,2004,20(6):20-22.

[4] 王新坤,蔡焕杰. 微灌毛管水力解析及优化设计的遗传算法研究. 农业机械学报,2005,(8):55-58.

[5] 王新坤,蔡焕杰. 微灌坡地双向毛管最佳支管位置遗传算法优化设计. 农业工程学报,2007,23(2):31-35.

小麦粉的颗粒分离方程

1 背景

对微粒尺寸的测量多采用比较计算方法，即测量标准微粒保持时间，再测量样本保持时间。利用两保持时间之间的关系，通过计算得到样本中各组分的尺寸。但此方法相对复杂且不够直观。针对小麦粉颗粒大小的测量问题，张学军等[1]首先利用重力场流分离方法对小麦粉进行了分离。在分离基础上利用图像处理方法完成了对小麦粉粒径的测量。

2 公式

2.1 试验结果及讨论

在试验过程中通过视频显微镜可观察到不同粒径的微粒在分离流道中的流动速度明显不同，粒径大的微粒流速较快，而粒径小的微粒流速较慢。由于不同粒径的粒子流速上的差异，在通过流道全长后，分离样本中粒径相同的粒子基本在相同的时间段内出现在分离流道的出口处。图 1、图 2、图 3 是利用视频显微镜与 CCD 摄像头拍到的不同时间流道出口处的情况。

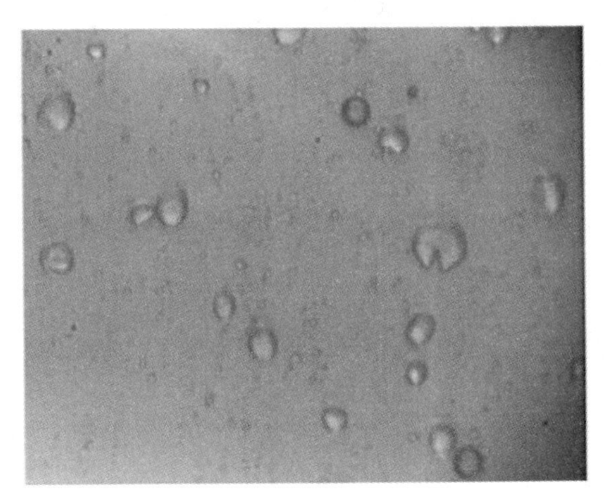

图 1　未分离小麦粉

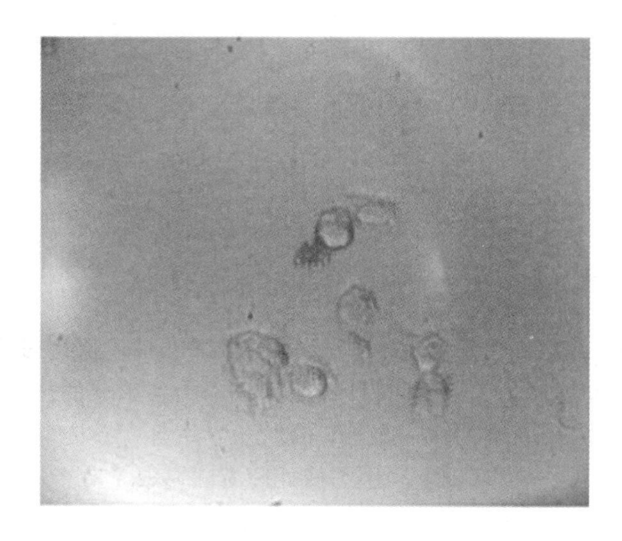

图2　5分钟分离小麦粉

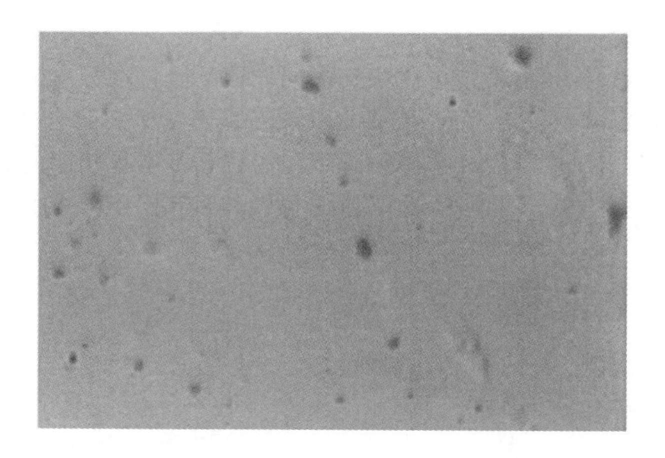

图3　5分5秒分离小麦粉

由上述三幅分离照片可以看出,在不同时间上流道出口处微粒尺寸不同。按时间先后顺序,微粒尺寸由大到小,从而实现了样本的分离。

在重力场流分离过程中,载液中的微粒将受到重力、浮力及水动升力的共同作用。微粒在流道剖面的位置处于三力平衡状态。即:

$$\frac{4}{3}\pi a^{3}G\Delta\rho + F_{L} = 0 \tag{1}$$

式中,a 为刚性球体微粒半径;$\Delta\rho$ 为微粒密度与载液密度差。

水动升力是载液在流动过程中对其中的微粒产生的向上的托举力。它由流动惯性升力 F_{Li} 和近壁升力 F_{Lw} 两部分组成,即:

$$F_L = F_{Li} + F_{Lw}$$ [2]

其中,

$$F_{Li} = 13.5 \frac{\pi a^4 (\upsilon)^2 \rho}{w^2} g\left[\frac{x}{w}\right] \tag{2}$$

$$F_{Lw} = C \frac{a^3 \eta_{s0}}{\delta} \tag{3}$$

式中,(υ) 为平均流速;ρ 为载液密度;x 为微粒中心到积聚壁的距离;w 为流道厚度;η 为载液黏度;$s0$ 为载液在积聚壁处的剪切速率;δ 为微粒表面到积聚壁的距离,$\delta = x - a$;C 为无量纲的经验系数。

式(2)中,函数 $g\left[\frac{x}{w}\right]$ 可近似表达为:

$$g\left[\frac{x}{w}\right] \approx 19.85\left[0.19 - \frac{x}{w}\right]\left[0.5 - \frac{x}{w}\right]\left[0.81 - \frac{x}{w}\right] \times \left\{1 + \frac{16}{25}\frac{x}{w}\left[1 - \frac{x}{w}\right]\right\} \tag{4}$$

由式(1)、式(2)、式(3)及式(4)可知,水动升力随微粒半径的增大而增加,随距积聚壁的距离增加而减小。因此,不同粒径的微粒在距积聚壁不同的高度达到三力平衡。而载液中粒径较大的微粒由于其所受的水动升力较大,这部分微粒的位置较高,即它们处在流速较大的流层内。故它们具有较大的平动速度。同理,粒径较小的微粒其平动速度较小。

2.2 图像的二值化

经降噪后的图像包括物体和背景,对灰度图像通常实施两类分割,一类是阈值法,另一类是梯度法。本系统采用灰度直方图进行二值化处理。设图像 f 的灰度值范围为 $[a,b]$,二值化阈值取 $T(a \leqslant T \leqslant b)$,二值化处理可用下式表示:

$$f_T(x,y) = \begin{cases} 1 & f(x,y) \geqslant T \\ 0 & f(x,y) < T \end{cases} \tag{5}$$

式中,f_T 为二值图像。阈值化是输入图像 f 到输出图像 f_T 的变换,如果像素是物体上的,$f_T(i,j) = 1$,而处于背景上的像素,其 $f_T(i,j) = 0$。由于图片中目标与背景灰度相差不大,因此在二值化处理前先对原图像进行灰度变化。根据直方图选取阈值 $T = 187$。图 5 为对图 4 二值化并进行轮廓提取后的图像。其他图像采用相同的处理方法。图像经过二值化后,图像的目标物与背景已经被很好地分开。

3 意义

根据小麦粉的颗粒分离方程,对小麦粉颗粒大小进行测量时,实验经重力场分离后,小麦粉样本被分为颗粒大小相近的三部分。试验中使用光学显微镜及 CCD 摄像头评定分离

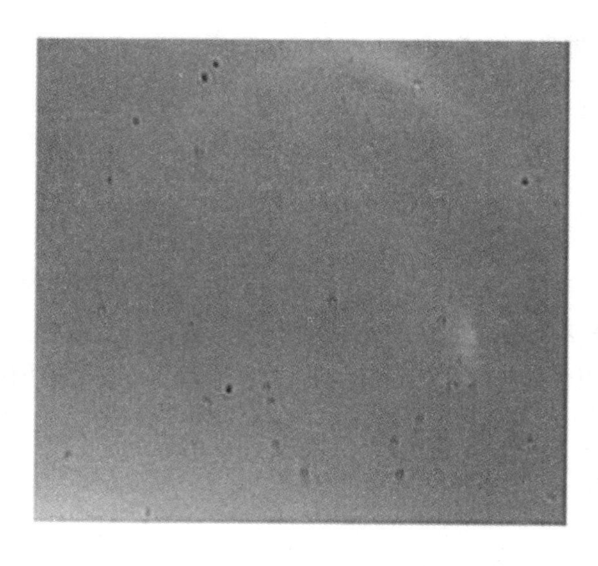

图4　5分10秒分离小麦粉

图5　处理后图片

效果。小麦粉的颗粒分离方程计算表明,试验样本小麦粉的粒径主要分布范围在17.0~18.5 μm、6.7~8.0 μm、2~3.5 μm 3个尺寸段内。该研究为进一步研究小麦粉的特性提供了一种全新的手段。

参考文献

[1] 张学军,左春柽,文伟力. 重力场流分离结合图像处理测定小麦粉粒径的研究. 农业工程学报, 2007, 23 (2): 168 - 172.

[2] Stephen Williams P, Myeong Hee Moon, Giddings J C. Influence of accumulation wall and carrier solution composition on lift force in sedimentation/steric field - flow fractionation. Colloids and Surface A: Physicochemcal ang Engineering Aspects, 1996, 113 :215 - 22.

喷灌机的喷头配置模型

1 背景

中心支轴式喷灌机(Centerpivot irrigation system),也称圆形喷灌机,是自动化程度最高的一种喷灌机。仪修堂等[1]以中心支轴式喷灌机结构尺寸为约束条件,以单位时间灌水深度和机组运行角速度为初始参数,对喷头配置方法进行了系统研究,建立了喷头配置数学模型,并开发出喷头配置软件。利用该方法和数学模型可确定中心支轴式喷灌机的最佳喷头配置方案,同时得出与该方案相匹配的机组入机流量和入机压力。

2 公式

2.1 机组机械长度

中心支轴式喷灌机的机组长度通常是指从中心支轴到末端喷头之间的距离再加上末端喷头的有效射程,根据用户所要灌溉的面积和不同跨距长度的桁架组合选定。为研究方便,实验中的机组长度定义为机组的机械长度 L(m),即中心支轴与末端喷头之间的距离,如图 1 所示。因此,L 表示为:

$$L = sN \tag{1}$$

式中,N 为机组上的配套喷头总数;s 为喷头间距,m。

2.2 数学模型的建立

2.2.1 喷灌机期望入机流量

中心支轴式喷灌机运行一周所需的时间 T(s)和所灌溉的面积 A(m^2)可分别由式(2)和式(3)计算得到:

$$T = \frac{360}{\omega} \tag{2}$$

$$A = \pi L^2 \tag{3}$$

根据灌溉作物的种类、作物的生长阶段以及用户对生产率的要求等确定了单位时间灌水深度 p 后,可利用式(2)和式(3)得出中心支轴式喷灌机的期望入机流量:

$$Q_{\exp} = \frac{\pi \omega_p L^2}{360} \tag{4}$$

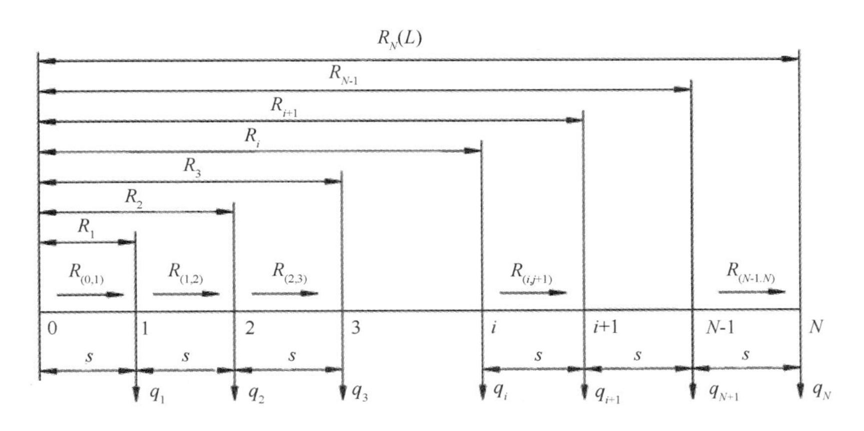

图 1　喷头流量及相关参数示意图

i 为喷头编号，$i=1,2,\cdots,N$；R_i 为第 i 个喷头距中心支轴的距离，m；

$Q_{(i,i+1)}$ 为第 i 到第 $i+1$ 个喷头之间桁架输水管内的流量，m^3/s；

q_i 为第 i 个喷头的流量，m^3/s；s 为喷头间距，m；N 为机组上的配套喷头总数；L 为机组的机械长度，m

式中，Q_{exp} 为中心支轴式喷灌机的期望入机流量，m^3/s。

2.2.2　喷头期望流量

假定相邻两个喷头的流量和射程相等，并且喷洒到互相重叠面积上的水量相同，则第 i 个喷头灌溉的面积 A_i 可表示为：

$$A_i = 2\pi s R_i \frac{\omega}{360} \tag{5}$$

式中，R_i 为第 i 个喷头距中心支轴的距离，m；$R_i = i \times s$；i 为喷头编号，$i=1,2,\cdots,N$。

要想使机组在整个灌溉面积上的灌水均匀度最高（灌水均匀系数最大），实际上应使各个点在单位时间内的灌水深度尽可能相等，即 $p_i = p_{i-1} = p$，则第 i 个喷头的期望流量为：

$$q_{iext} = 2\pi s R_i \frac{\omega_p}{360} \tag{6}$$

式中，q_{iext} 为第 i 个喷头的期望流量，m^3/s。

2.2.3　喷头工作压力

从中心支轴起到末端喷头止的区间内，第 i 到第 $i+1$ 个喷头之间桁架输水管内的沿程水力损失[2]为：

$$H_{f(i,i+1)} = f\frac{s\left[\sum_{k=i+1}^{N} q_k\right]^m}{d^b} \tag{7}$$

式中，$H_{f(i,i+1)}$ 为第 i 到第 $i+1$ 个喷头之间桁架输水管内的沿程水头损失，m；f 为摩阻系数；

d 为桁架输水管内径,mm;m 为流量指数;b 为管径指数;$\sum_{k=i+1}^{N} q_k$ 为通过第 i 和第 $i+1$ 个喷头之间的管段的流量,m^3/s。

桁架输水管内的局部水力损失相对于沿程水头损失而言通常很小,可忽略不计,则第 i 个喷头的工作压力 H_i 为:

$$H_i = H_{i+1} + H_{f(i,i+1)} \tag{8}$$

式中,H_{i+1}为第 $i+1$ 个喷头的工作压力。

2.2.4 喷头配套喷嘴的选择与喷头配置方案的确定

喷头配套喷嘴的选择,实际上是确定中心支轴式喷灌机各个喷头的喷嘴直径。由于实际产品中的喷嘴直径并不是无限连续的,因此除末端喷头外,其他喷头的实际流量不可能与期望流量完全相等。

设第 i 个喷头的实际流量为 q_i。从机组桁架输水管末端的喷头开始,逐次确定各个喷头的喷嘴直径。

令末端喷头的实际流量与期望流量相等,由式(6)得 $q_N = q_{N\exp} = 2\pi s R_N \frac{\omega_p}{360}$。则末端喷头的喷嘴直径可按下式确定:

$$\begin{cases} q_N = 2\pi s R_N \dfrac{\omega_p}{360} \\ d_{ZN} = f(q_N, H_N) \end{cases} \tag{9}$$

式中,H_N 为所选喷嘴的工作压力,它应在被选喷嘴的工作压力范围内;d_{ZN}为所选喷嘴的公称直径,它应在实际备选喷头系列产品中存在。

末端喷头的喷嘴确定后,次末端喷头的喷嘴及其他各喷头的喷嘴可按下式确定:

$$\begin{cases} H_i = H_{i+1} + H_{f(i,i+1)} \\ q_i = f(d_{Zi}, H_i) \\ d_{Zi} = f(\Delta q_i), \Delta q_i = \min \left| \dfrac{q_i - q_{i\exp}}{q_{i\exp}} \right| \end{cases} \tag{10}$$

由式(9)和式(10)确定的全部喷头的喷嘴组合,即为中心支轴式喷灌机的一种喷头配置方案。据式(9),在不同的工作压力下,末端喷头可以选择的喷嘴不止一种。凡是在工作压力范围内能够满足流量要求的喷嘴,都可以作为选择方案。由于末端喷头的喷嘴有多个选择,所以就可以得到多个喷头配置方案。假设有 j 个方案,此时,需要对每个方案都进行详细分析,选择配置最优的一组。优化方法如下。

计算第 j 个方案的实际入机流量:

$$Q_j = \sum_{i=1}^{N} q_{ij} \tag{11}$$

式中,Q_j 为第 j 个方案的实际入机流量,m^3/s;q_{ij} 为第 j 个方案中第 i 个喷头的实际流量,m^3/s。

由于各喷嘴的 Δq_i 不同,在全部配置方案中存在一组配置方案,其 $\left|\frac{Q_i - Q_{exp}}{Q_{exp}}\right|$ 最小,则该方案即为最优喷头配置方案。

2.3 机组入机流量和入机压力

为了使中心支轴式喷灌机发挥最佳灌水性能,各喷头的喷嘴最终选定后,除了正确配置喷头外,还必须为其提供与该配置方案相匹配的机组入机流量和入机压力。

入机流量为最优配置方案中的全部喷头流量之和,即:

$$Q = \sum_{i=1}^{N} q_{iopt} \tag{12}$$

式中,Q 为中心支轴式喷灌机入机流量,m^3/s;q_{iopt} 为最优喷头配置方案中第 i 个喷头的实际流量,m^3/s。

入机压力为中心支轴式喷灌机进水口处的压力,即:

$$H = H_{1opt} + H_{f(0,1)opt} + Z \tag{13}$$

式中,H_{1opt} 为最优喷头配置方案中第一个喷头的工作压力;$H_{f(0,1)opt}$ 为最优喷头配置方案中第一个喷头与机组进水口之间的管路水头损失;Z 为喷头与机组进水口之间的高程差。

3 意义

实验利用喷头配置方法和喷灌机的喷头配置模型,可确定中心支轴式喷灌机的最佳喷头配置方案。同时,通过喷灌机的喷头配置模型得出与该方案相匹配的机组入机流量和入机压力。该喷头配置模型和软件通用性强,可方便地用于各种长度的中心支轴式喷灌机,这对提高中心支轴式喷灌机的灌水均匀度,发挥机组及配套水泵的最佳性能具有重要意义。

参考文献

[1] 仪修堂,窦以松,兰才有,等. 中心支轴式喷灌机喷头配置方法及其数学模型. 农业工程学报, 2007, 23 (2): 117 - 121.

[2] GBJ85 - 85,喷灌工程技术规范. 1986.

蒸发蒸腾量的多种遥感模型

1 背景

蒸发蒸腾量是地球表面水量和能量平衡中的重要分量。蒸发蒸腾通过水文循环影响着区域乃至全球的气候、生态及农业生产。与传统的地面点观测手段相比,利用遥感监测区域蒸发蒸腾具有快捷、宏观、经济等优势和特点。张晓涛等[1]在阐述利用遥感研究蒸发蒸腾的基本原理和方法的基础上,综述了国内外常用的遥感蒸发蒸腾模型,并着重对SE-BAL、VITT等模型进行了评述和对比分析。

2 公式

2.1 利用遥感估算蒸发蒸腾的基本原理及方法

2.1.1 基本原理

利用遥感技术估算蒸发蒸腾量(ET)已发展了许多模型和方法,总的来说,遥感技术并不能直接测得蒸发蒸腾量。遥感研究区域蒸发蒸腾量中,地表能量平衡方程和Penman – Monteith阻力模型是物理基础较坚实且应用最广泛的两种方法[2]。

1)能量平衡方程

在不考虑由平流引起的水平能量传输的情况下,地表单位面积的垂向净收入能量的分配形式主要包括用于大气升温的感热通量,用于水在物态转换时(如蒸发、凝结、升华、融化等)所需的潜热通量,用于地表加热的土壤热通量,还有一部分消耗于植被光合作用、新陈代谢活动引起的能量转换和植物组织内部及植冠空间的热量贮存,这一部分能量通常比测量主要成分的误差还要小,常常忽略不计。因此,地表蒸发蒸腾面的能量平衡方程为[3]:

$$\lambda ET = R_n - G - H - P - M \qquad (1)$$

式中,λET为潜热通量(λ为汽化潜热,ET为蒸发蒸腾量);R_n为净辐射量;G为土壤热通量;H为感热通量;P(Photosynthesis)和M(Metabolism)分别表示光合作用和由于新陈代谢活动而引起的各种能量转换。所有通量单位均为W/m^2。

利用遥感数据计算ET时,一般在分别计算出R_n、G及H后,将潜热通量作为余项求出(图1)。R_n可由遥感方法得出,G通常是找出与R_n的经验关系,但求解区域的H较复杂,需要区域分布的气温、地表粗糙长度及风速等地面资料,一般较难获得。因而,H的精确反演,一直为遥感蒸发蒸腾模型研究的热点[4-6]。

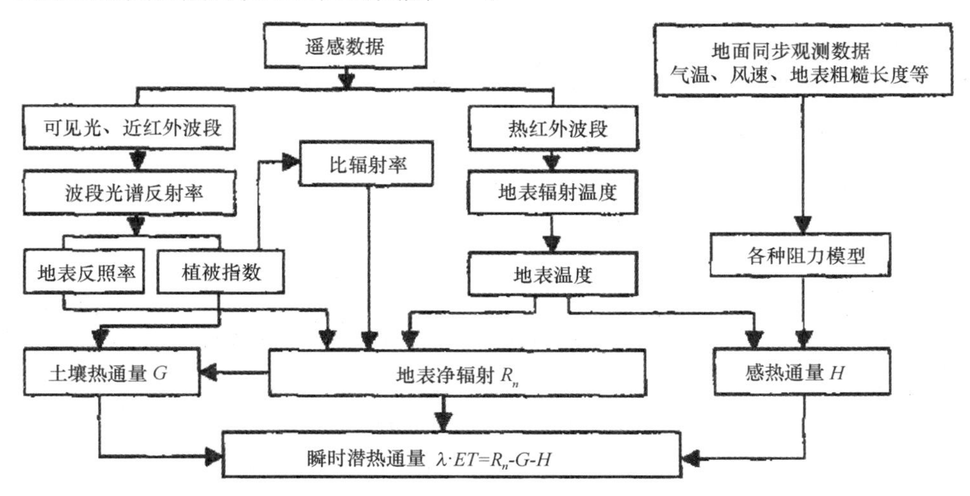

图1　能量平衡原理估算瞬时 ET 流程图

考虑到 Landsat 传感器只有一个热红外波段,图中所示比辐射率的计算采用修正的 NDVI 阈值法(NDVITHM)计算

2) Penman - Menteith(P - M)模型

P - M 模型的基本方程为[7]:

$$\lambda ET = \frac{\Delta(R_n - G) + \rho C_P(e_s - e_a)/r_a}{\Delta + \gamma(1 + r_s/r_a)} \tag{2}$$

式中,R_n 为净辐射量;G 为土壤热通量;$(e_s - e_a)$表示饱和水汽压差;ρ 为空气密度;C_P 为空气定压比热;Δ 为饱和水汽压—温度曲线的斜率;γ 为干湿表常数;r_s、r_a 分别为表面阻力和空气动力学阻力。

2.1.2　基本方法

1) 单层模型

单层模型把土壤和植被作为一个整体、一个边界层来研究其传输过程,假设所有传输发生在地表有效粗糙长度。此类模型首先将感热通量用一个一维通量梯度表达式模拟,然后由能量平衡方程用"余项法"计算蒸发蒸腾量。

单层模型中,感热通量的表达式为:

$$H = \rho C_P(T_0 - T_a)/r_a \tag{3}$$

式中,T_0 为空气动力学温度,是冠层热量源汇处的空气温度;T_a 为参考高度处的空气温度;r_a 为空气动力学阻力。

2)附加阻力模型

由于用遥感地表温度代替空气动力学温度计算感热通量会带来误差,尤其在半干旱区与部分植被覆盖区,将得到过高的感热通量估计值[8-9]。因而,许多学者引入"附加阻力"来改善其计算准确度(需要指出,这里的"附加阻力"不同于微气象领域中的"空气动力学附加阻力"[10])。此时,感热通量的表达式为[2]:

$$H = \rho C_P(T_r - T_a)/(r_a + r_x) \tag{4}$$

$$r_x = kB^{-1}\frac{1}{k^2 u}\left[\ln\left(\frac{z - d_0}{z_{0m}}\right) - \psi_m\right] \tag{5}$$

式中,r_x 为附加阻力;k 为卡曼常数(约等于0.4);u 为高度 z 处的风速,m/s;z_{0m} 为动力传输粗糙长度;Ψ_m 为动量稳定度校正项;kB^{-1} 为经验因子,用来调整地表温度代替空气动力学温度及地表温度观测角度的不同所带来的计算误差,同时也反映了植被内部热辐射的垂向分布及部分植被覆盖下土壤和植被产生的能量交换。

kB^{-1} 值随地表类型的不同而变化,理论上为一正值。Stewart 等计算得出位于半干旱区的8块不同试验田的 kB^{-1} 值在3.8~12.4之间。Kustas 等提出 kB^{-1} 的经验表达式为:

$$kB^{-1} = S_{kb}u(T_r - T_a) \tag{6}$$

式中,S_{kb} 为介于0.05~0.25之间的常数。

kB^{-1} 的引入改善了单层模型的计算结果,但大多数研究仅限于经验值的确定与模拟,因而需要建立适于复杂地形及部分植被覆盖下的机理性较强的 kB^{-1} 模型[9,11]。

2.1.3 双层模型

单层模型通过单一的表面温度、表面阻力及空气动力学阻力计算能量通量,未考虑土壤表面和植被冠层各自的能量平衡、温度及水汽压系统之间的区别;在将非均匀下垫面较为复杂的动力传送和热量传输过程进行简化的同时,也牺牲了计算精度。

为了更精确地表达自然蒸发蒸腾过程,Shuttleworth 和 Wallace[12] 假设土壤表面和植被冠层的能量通量符合相加原理,土壤和植被二源既相互独立,又相互作用,由此提出了计算蒸发蒸腾量的双层模型(以下称 S-W 模型)。

S-W 模型将非均匀下垫面的土壤表面和植被冠层作为两个边界层分别进行能量平衡计算,即:

$$LE_s = R_{ns} - H_s - G \tag{7}$$

$$LE_v = R_{nv} - H_v \tag{8}$$

式中,下标 s、v 为分别代表土壤和植被。

同时,根据能量守恒原理,从参考高度处散发的总能量通量是各层能量通量之和。如以感热通量为例,从土壤表面输送到源汇层界面的感热通量加上从冠层表面输送到该界面的感热通量应该等于从该界面输送到参考高度的感热通量,即:

$$H = H_v + H_s \tag{9}$$

$$\frac{\rho C_P}{r_a}(T_0 - T_a) = \frac{\rho C_P}{r_{as}}(T_s - T_0) + \frac{\rho C_P}{r_{av}}(T_v - T_0) \tag{10}$$

式中，r_{as}、r_{av}分别为土壤表面和空气的热汽交换阻力及植被冠层表面与植被冠层中空气的热汽交换阻力；T_s 为土壤表面温度；T_v 为植被冠层表面温度。

在将该模型综合遥感信息进行计算时，一种思路是：遥感源汇层界面向上的通量，即在确定 R_n、G 后，通过联解参考高度处的感热平衡方程[式(10)]及总能量平衡方程[式(11)]，求得 ET。从而实现了用一层界面向上的通量代替土壤、植被冠层界面的二层通量。这里的关键问题是，需将热红外遥感所得的表面混合温度 T_r 分解为 T_v、T_s[式(12)]；另外，阻力的推算也较为棘手[13]。

$$LE = R_n - G - \rho C_P(T_b - T_a)/r_a \tag{11}$$

由式(10)，得：

$$T_0 = \frac{r_{av}r_aT_s + r_{as}r_aT_v + r_{as}r_{av}T_a}{r_ar_{av} + r_ar_{as} + r_{as}r_{av}} \tag{12}$$

S－W 模型将土壤和植被叶片看做连续的湍流输送源，被称为系列模型，但应用仍局限于农业气象的田间尺度上。

Lhomme 等[14]基于 S－W 模型，并假设热红外表面温度为土壤与植被冠层表面温度的加权平均值，权重因子分别为土壤和植被的覆盖率，推导出一种感热通量双层模式：

$$H = \rho C_P[(T_r - T_a) - c\delta T]/(r_a + r_e)$$

$$c = [1/(1 + r_{av}/r_{as})] - f$$

$$\delta T = T_s - T_v$$

式中，r_e 为等效阻力，$r_e = r_{av} \cdot r_{as}/(r_{av+r_{as}})$；$f$ 为植被覆盖率。因 f 与植被指数相联系，使得模型中的又一参数可以从遥感资料中得出。

Norman 等[10]对系列模型进行了简化，提出了应用遥感数据的平行模式（以下简称 N95 模型），该模式假设土壤通量和冠层通量互相平行，土壤表面和植被冠层分别与上层大气进行独立的能量和水汽交换。Norman 等认为，这种假设在半干旱地区、较低或中等叶面积指数及中等风速的情况下是成立的，研究表明，在植被稀疏且分布不均匀时，中等风速情况下，土壤表面蒸发与植被冠层蒸腾只有微弱的耦合关系。这种简化的平行模式综合利用遥感数据和地面数据，易于求解，适用于半干旱区较为常见的稀疏植被条件，因而促使双层模型在区域尺度上的应用。

N95 模型将各层通量分别计算后，采用系列模型的相加原理得到界面总通量。如感热通量的表达为：

$$H_v = \rho C_P(T_v - T_a)/r_a \tag{13}$$

$$H_s = \rho C_P(T_s - T_a)/(r_a + r_s) \tag{14}$$

式中，r_s 为紧接土壤表面的边界层内热传输阻力。界面总感热通量的表达式同式(9)。

该模型利用遥感所获多角度或单角度亮度温度反演或进行迭代计算得出表面组分温度,在将经典双层模型进行简化的同时,保持了一定的精度;而且,模型所需输入的参数较少,因此实际操作性较强。但在植被较为稀疏的情况下,土壤热辐射对净辐射的贡献取决于土壤表面温度,这时将净辐射通量在土壤和冠层间采用比尔定律进行分配,会产生较大的系统误差。Kustas 和 Norman[15]对模型进行了改进,建立了机理性更强的净辐射量分配的算法;另外,当植被叶片呈如行播作物的聚集簇生时,叶面只能截留稀疏散布叶片所接受太阳辐射量的 70% ~80%,因而改进的模型引入一个聚集因子进行修正,同时,该因子也可修正簇生带来的冠层内部风速的改变。

上述系列模式属于"分层模型"(Layer model)[16],即土壤层在植被冠层之下,各源通量在冠层顶部汇合,相互耦合;而将土壤蒸发和植被蒸腾分开考虑的还有一种"补丁"模式(Patch model),即植被呈斑块状镶嵌在裸露的土壤表面,各源通量只有与空气的垂直作用,而无相互作用,蒸腾和蒸发并列放置,不存在耦合关系,因而被称为"分块模型"[17]。

分层模型中,各组分通量为单位地表面积的平均值,因而总通量为组分通量的简单相加:

$$F = F_v + F_s \tag{15}$$

但在分块模型中,总通量为组分通量的面积权重之和,因为组分通量为各组分单位面积的平均值,而非单位地表面积的平均值[18]:

$$F = fF_v9 + (1 - f)F_s \tag{16}$$

式中,F 为感热或潜热通量。

2.2 植被指数—温度梯形模型

Jackson 等利用 P-M 公式和能量平衡单层模型计算得出能代表最小和最大蒸腾速率的叶面最高和最低温度。然后将这些值与实际叶面温度进行比较,得出实际蒸发蒸腾与潜在蒸发蒸腾之比。基于此,提出了作物水分胁迫指数(Crop Water Stress Index,简称 CWSI),该指数在灌溉制度的制定、作物估产及植物病虫害监测等领域有着广泛的应用。但计算该指数需要叶温,而大多数航天航空遥感器所能测得的是地表的混合温度。因此 CWSI 仅限于在农田等植被密集区应用。

为克服 CWSI 的弱点,Moran 等[19-20]基于能量平衡双层模型,引入水分亏缺指数(Water Deficit Index, WDI),提出植被指数—温度梯形模型(Vegetation Index/Temperature Trapezoid,简称 VITT),成功地将 Jackson 等提出的作物水分胁迫模型扩展到部分植被覆盖的区域。植被指数—温度梯形由地表—空气温差与其对应的植被覆盖度的散点图的包络线形成(如图 2 所示,图中"植被指数"特选"土壤调整植被指数 SAVI"),梯形的 4 个顶点分别代表:①植被完全覆盖充分供水;②植被完全覆盖水分亏缺;③完全湿润的裸露土壤;④完全干燥的裸露土壤。由于此 4 个顶点,分别代表了两种均匀地表的极端干湿状况,因而,可以使用 P-M 及单层能量平衡模型计算出它们的($T_r - T_a$)值。由图 2 可以看出,对于其他实测的地表—空气温差，从理论上可以推导出，线段 CB 与 AB 之比等于实际蒸发蒸腾与潜在蒸发蒸腾之比，而线段 AC 与 AB 之比即为 *WDI*。

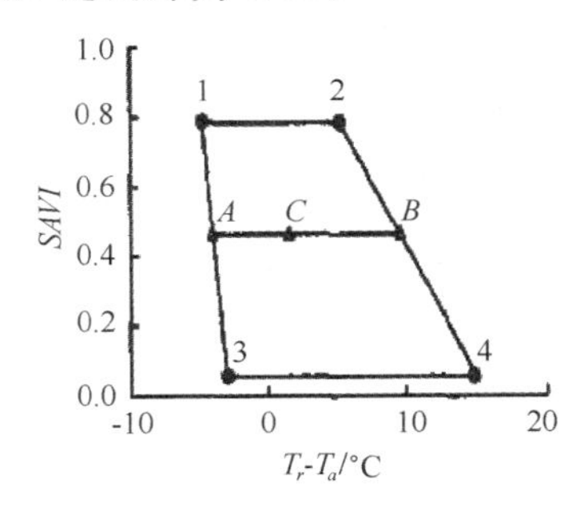

图 2　地表—空气温差（$T_r - T_a$）与土壤调整植被指数（*SAVI*）梯形示意图

水分亏缺指数（*WDI*）的计算建立在以下假设基础上[20]。

（1）植被覆盖度 f_v 与 *NDVI*、*SAVI* 等植被指数呈线性关系；

（2）$T_r - T_a$ 与植被覆盖度 f_v、叶气温差 $T_c - T_a$ 及土壤气温差 $T_s - T_a$ 呈线性关系：

$$T_r - T_a = f_v(T_c - T_a) + (1 - f_v)(T_s - T_a) \tag{17}$$

（3）对于给定的净辐射量、水汽压差和空气动力学阻力条件下，$T_c - T_a$ 和 $T_s - T_a$ 分别与植被的蒸腾和土壤的蒸发呈线性关系：

$$T_c - T_a = a + B(T) \tag{18}$$

$$T_s - T_a = a' + b'(E) \tag{19}$$

式中，a、b、a'、b'为均为半经验系数。

因此：

$$WDI = 1 - \frac{LE}{LE_P} = \left[\frac{(T_r - T_a)m - (T_r - T_d)_r}{(T_r - T_a)m - (T_r - T_d)_x}\right] \tag{20}$$

式中，LE_P 为潜在潜热通量；下标 m，x，r 分别指示最小，最大及实际值。

从而，得到实际潜热通量：

$$LE = LE_P(1 - WDI) \tag{21}$$

2.3　半经验模型

半经验模型一般是用从遥感信息容易获得的参数得出瞬时或日蒸发蒸腾量。其中，应用最广泛的是由瞬时地表—空气气温差得出日蒸发蒸腾量的简化模型（Simplified Method）［式(22)］[21]。该模型最早由 Jackson 等于 1977 年提出，以后又有许多学者对其进行研究和改进。尽管模型所需输入的参数较少，但可以很好地模拟由不同植被覆盖度的各种下垫面的复杂蒸发蒸腾机理。利用模型可以估算出合理的蒸发蒸腾量值，结果误差在毫米级。

$$R_{n24} - LE_{24} = B(T_{r13} - T_{a13})^n \tag{22}$$

式中，R_{n24}，LE_{24}分别为日净辐射量和日蒸发蒸腾量；T_{r13}，T_{a13}分别为地方时 13:00 时的地表温度和地表上 50 m 处的气温；B 为日感热通量的平均总传导率，Seguin 认为，B 约在 0.01 ~ 0.06 之间，并且随着植被覆盖度的增加而增大；n 为非中性层结静力稳定度修正系数。在稳定或近似中性条件下，n 等于 1.0；在非稳定层结条件下，n 等于 1.5[22]。风速、粗糙度及植被覆盖度等均对 B、n 值有影响，其中，植被覆盖度对其影响较大。

R_{n24} 可以通过地面数据或由 Shaw 和 Shuttleworth 提出的公式得出；由于参考高度处的气温略微低于密集植被区的地表温度，因而 T_a 可以通过地表温度和 $NDVI$ 构成的散点图的三角形包络线顶点近似得出，T_{a13} 为所得（$T_a - 1$）（单位：℃）。Gillies 和 Carlson 引入比值 $NDVI$（Scaled NDVI，用 N^* 表示）计算植被覆盖率 f、B 和 n 的值[21]：

$$N^* = \frac{(NDVI - NDVI_0)}{(NDVI_{100} - NDVI_0)} \tag{23}$$

式中，$NDVI_{100}$ 为植被覆盖度为 100% 的 $NDVI$ 值；$NDVI_0$ 为裸土的 $NDVI$ 值。N^* 受观测角度，传感器飘移及大气校正的不确定性的影响较小。

$$f \approx (N^*)^2 \tag{24}$$

$$B = 0.0109 + 0.05(N^*) \tag{25}$$

$$n = 1.067 - 0.372(N^*) \tag{26}$$

该模型的不足之处在于：首先，参数 B 和 n 需要确定；其次，在自然界，一天中不时有云层穿过，风速变化，此时各气象因子会随之发生改变，使得地表温度的日变化幅度较大。因此用地方时 13:00 时的瞬时地表温度得出的日通量，其精度会受到影响[23]。

Rivas 和 Caselles[24] 将 P - M 公式中的辐射项与空气动力学项分离，并应用参考作物（Reference Crop）数据分析，发现辐射项中除去含有地表温度项的剩余项与空气动力学项之和在年内变化极其微弱，几乎为一常数；并在假设将含有地表温度项随时间的变化归为与 T_s 相关的线性变化后，提出一种区域参考作物蒸发蒸腾量与地表温度的简单线性关系模型。表达式为：

$$ET_0 = a''(T_s) + b'' \tag{27}$$

式中，a''、b'' 均为经验常数。a'' 表示对于给定大气状况的参考作物的平均辐射效应；b'' 表示参考作物接受一定量的太阳辐射后的平均空气动力学效应。该模型在区域的适用性取决于地面上空大气层的空间均一性。

2.4 瞬时蒸发蒸腾量的时间尺度扩展

遥感获得的是卫星过境时的地面瞬时影像数据，从而使反演得到的地表反照率、地表温度和比辐射率等参数只代表那个瞬间的值，因而估算得到的蒸发蒸腾量也是瞬时值。在实际应用中需要的至少是日蒸发蒸腾量。因此需要对瞬时蒸发蒸腾量进行时间尺度扩展。普遍采用的一种方法是权重法，是一类简便且准确度较好的方法。假设：在晴朗无云的天气条件下，蒸发蒸腾量的日际变化与太阳辐射照度的变化过程相似，二者可以近似表达为正弦关系[25]：

$$\frac{E_d}{E_i} = \frac{S_d}{S_i} = \frac{2N}{\pi sin\ (\pi t/N)} \tag{28}$$

式中，E_d 为日蒸发蒸腾量；E_i 为 i 时刻的蒸发蒸腾量；S_d 为单位面积上的日太阳辐射总量；S_i 为 i 时刻的太阳辐射照度；N 为日出到日落的时间长度；t 为从日出到 i 时刻的时间间隔。N 的计算方法为：

$$N = 0.945\{c + d\sin^2[\pi(D + 10)/365]\} \tag{29}$$

$$c = 12.0 - 5.69 \times 10^{-2}L - 2.02 \times 10^{-4}L^2 + 8.25 \times 10^{-6}L^3 - 3.15 \times 10^{-7}L^4 \tag{30}$$

$$d = 0.123 \times L - 3.10 \times 10^{-4}L^2 + 8.00 \times 10^{-7}L^3 + 4.99 \times 10^{-7}L^4 \tag{31}$$

式中，c 为一年中最短的白昼长度；d 表示为得到一年中最长的白昼长度所需增加到 a 的时间长度；D 为年中的天数；L 为当地纬度值。

利用遥感数据进行日蒸发蒸腾量计算时，该法简便易行。

另一种方法的假设条件是：在晴空无云条件下，蒸发比在白天为一常数。蒸发比的表达式为[25]：

$$f_e = \frac{\sum_i^n E_i}{\sum_i^n (E_i + H_i)} \tag{32}$$

式中，i 为观测次序；n 为日观测总次数。则日蒸发蒸腾量的计算式为：

$$E_d = f_e Q_d \tag{33}$$

$$Q_d = \int_1^{t2} (R_n - G)\,\mathrm{d}t \tag{34}$$

式中，Q_d 为日可利用能量；$(t_2 - t_1)$ 为日蒸发蒸腾时间长度，如将其作为所求蒸发蒸腾总量的时间间隔，则此式也可用来求得日间任一时段（蒸发比稳定时）的蒸发蒸腾量。因蒸发比在清晨会有降低，傍晚有升高趋势，且可用能量在 200 W/m^2 时，蒸发比才趋于稳定，所以实际运用中，须对蒸发比进行多次计算求取平均值，以提高该方法的计算精度。

3 意义

根据蒸发蒸腾量的多种遥感模型，对蒸发蒸腾的计算方法进行探讨和分析。认为蒸发蒸腾的传统计算方法基于气象站的点测资料估算 ET，由于 ET 的区域变异性，使得估算所得的 ET 只能代表局地而不能将其扩展到大尺度范围。与传统的地面点观测手段相比，利用遥感监测区域蒸发蒸腾具有快捷、宏观、经济等优势和特点。

参考文献

[1] 张晓涛，康绍忠，王鹏新，等．估算区域蒸发蒸腾量的遥感模型对比分析．农业工程学报，2006，

22(7):6 - 13.

[2] Li Fuqin, Lyons T J. Estimation of regional evapotranspiration through remote sensing . Journal of Applied Meteorology, 1999, 38: 1644 - 1654.

[3] 罗森堡 N J. 小气候——生物环境 . 何章起,施鲁怀等译 . 北京:科学出版社,1982. 179.

[4] Cellier P, Richard G, Robin P. Partition of sensible heat fluxes into bare soil and the atmosphere. Agricultural and Forest Meteorology, 1996,82:245 - 265.

[5] Chehbouni A, Seen D Lo, Njoku E G, et al. Estimation of sensible heat flux over sparsely vegetated surfaces. Journal of Hydrology, 1997,188 - 189:855 - 868.

[6] Bastiaanssen W G M. SEBAL - based sensible and latent heat fluxes in the irrigated Gediz Basin, Turkey. Journal of Hydrology, 2000, 229:87 - 100.

[7] Allen R G, Pereira L S, Raes Dirk, et al. Crop evapotranspiration - Guidelines for computing crop water requirements - FAO Irrigation and Drainage Paper 56. FAO,Rome, 1998.

[8] Lhomme J P, Chehbouni A, Monteny B. Sensible heat flux - radiometric surface temperature relationship over sparse vegetation: Parameterizing B^{-1}. Boundary - Layer Meteorology, 2000,97:431 - 457.

[9] Sun Jielun, Mahrt L. Determination of surface fluxes from the surface radiative temperature. Journal of the Atmospheric Sciences, 1995,52(8):1096 - 1106.

[10] Norman J M, Kustas W P, Humes K S. Source approach for estimating soil and vegetation energy fluxes in observations of directional radiometric surface temperature. Agricultural and Forest Meteorology, 1995, 77: 263 - 293.

[11] Lhomme J P, Troufleau D, Monteny B, et al. Sensible heat flux and radiometric surface temperature over sparse Sahelian vegetation Ⅱ. A model for the kB^{-1} parameter. Journal of Hydrology, 1997,188 - 189: 839 - 854.

[12] Shuttleworth W J, Wallace J S. Evaporation from sparse crops: an energy combination theory. Q. J. R. Meteorol. Soc. , 1985, 111: 839 - 855.

[13] 张仁华 . 实验遥感模型及地面基础 . 北京:科学出版社,1996:235 - 240.

[14] Lhomme J P, Monteny B, Amadou M. Estimating sensible heat flux from radiometric temperature over sparse millet. Agricultural and Forest Meteorology, 1994,68:77 - 91.

[15] Kustas W P, Norman J M. Evaluation of soil and vegetation heat flux predictions using a simple two - source model with radiometric temperatures for partial canopy cover. Agricultural and Forest Meteorology, 1999, 94: 13 - 29.

[16] Kustas W P, Norman J M. Reply to comments about the basic equations of dual - source vegetation - atmosphere transfer models. Agricultural and Forest Meteorology, 1999,94:275 - 278.

[17] Lhomme J P, Chehbouni A. Comments on dual - source vegetation - atmosphere transfer models. Agricultural and Forest Meteorology, 1999,94:269 - 273.

[18] 辛晓洲,田国良,柳钦火 . 地表蒸散定量遥感的研究进展 . 遥感学报, 2003,7(3):233 - 240.

[19] Moran M S, Rahman A F, Washburne J C, et al. Combining the Penman - Monteith equation with measurements of surface temperature and reflectance to estimate evaporation rates of semiarid grassland. Agri-

cultural and Forest Meteorology, 1996, 80: 87 – 109.

[20] Moran M S, Clarke T R, Inoue Y, et al. Estimating crop water deficit using the relation between surface – air temperature and spectral vegetation index. Remote Sensing of Environment, 1994,49:246 – 263.

[21] Carlson T N, Capehart W J, Gillies R R. A new look at the simplified method for remote sensing of daily evapotranspiration. Remote Sensing Environment, 1995,54:161 – 167.

[22] Carlson T N, Buffum M J. On estimating total daily evapotranspiration from remote surface temperature measurements. Remote Sensing Environment, 1989,29:197 – 207.

[23] Courault D, Lagouarde J P, Aloui B. Evaporation for maritime catchment combining a meteorological model with vegetation information and airborne surface temperatures. Agricultural and Forest Meteorology, 1996, 82: 93 – 117.

[24] Rivas Rual, Caselles Vicente. A simplified equation to estimate spatial reference evaporation from remote sensing – based surface temperature and local meteorological data. Remote Sensing of Environment 2003, 93:68 – 76.

[25] Zhang Lu, Lemeur R. Evaluation of daily evapotranspiration estimates from instantaneous measurements. Agricultural and Forest Meteorology, 1995, 74: 139 – 154.

文丘里施肥器的数值模型

1 背景

文丘里施肥器(图 1)以其结构简单、操作方便、无需动力等优点而被广泛应用,现今国内产品大多仿照国外制造,由于方法、技术等原因,其性能不是很理想。王森等[1]利用计算流体动力学 CFD(Computational Fluid Dynamics)数值计算方法对文丘里施肥器性能进行数值模拟研究。通过各结构参数(喉管直径、收缩段长度、凹槽直径、凹槽位置)对性能影响的单因素、二因素和全因素的数值模拟研究,得到文丘里施肥器结构参数与性能之间的影响关系以及性能优化的结构参数。

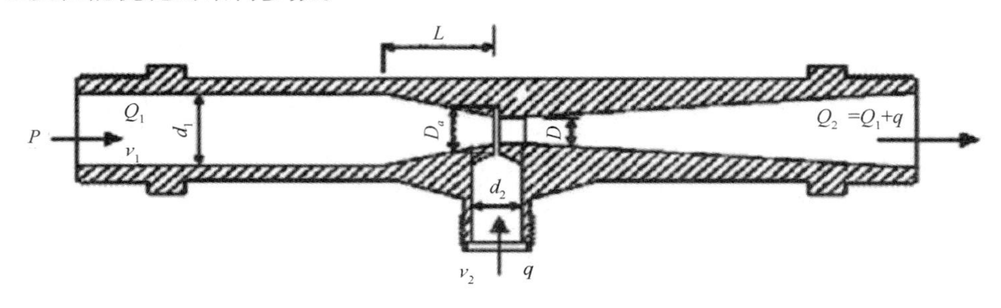

图 1　文丘里施肥器结构示意图

L 为收缩段长度;D 为喉管直径;D_a 为凹槽直径;d_1,d_2 分别为进口和吸肥口直径;P 为进口压力;Q_1,Q_2,q 分别为进口,出口和吸肥口处的流量;v_1,v_2 分别为进口和吸肥口处的流速

2 公式

采用目前较通用的 CFD 软件 FLUENT 6. 1. 22 进行模拟分析。它是采用有限体积法化微分方程为代数方程,用一阶迎风差分格式;对离散方程组的压力速度耦合采用经典的 SIMPLE 算法求解[2],收敛标准均取各因变量相邻两次迭代残差[3]。用 GAMBIT 2. 04 建立三维几何模型,网格划分除中间的凹槽采用尺寸为 1 mm 的非结构网格外,其他各部分均采用尺寸为 1 mm 的完全结构化六面体网格,生成网格数为 162 138 个。

文丘里施肥器的进口流速为:

$$v_1 = 4Q_1/(\pi d_1^2) = 4 \times (6.27/3\,600)/(\pi \times 0.03^2) = 2.46 \text{ m/s}$$

吸肥速度为：$v_2 = 4q/(\pi d_2^2) = 4 \times (0.68/3\,600)/(\pi \times 0.018^2) = 0.742 \text{ m/s}$

从而进水口、吸肥口的雷诺数值（取 $\gamma = 0.010\,1 \text{ cm}^2/\text{s}$）分别为：

$$\mathrm{Re}_1 = v_1 d_1/\gamma = (2.46 \times 100) \times (30/10)/0.010\,1 = 73\,069 > 2\,000$$

$$Re_2 = v_2 d_2/\gamma = (0.742 \times 100) \times (18/10)/0.010\,1 = 13\,224 > 2\,000$$

因此两者的水流均属于紊流状态。据此可认定该文丘里施肥器的流动状态为不可压缩的湍流流动，湍流模型选用 $k-\varepsilon$ 湍流模型[4]，代入湍流强度计算公式 $I = 0.16Re^{-0.125}$ 得：

$$I_1 = 3.9\%, I_2 = 4.8\%$$

基本控制方程除连续性方程（也叫质量守恒方程）和 Navier – Stokes 方程（即动量方程）外，还需加入湍流方程。在笛卡尔坐标系下[5-6]有如下方程。

连续性方程：

$$\frac{\partial u}{\partial x} + \frac{\partial v}{\partial v} + \frac{\partial w}{\partial z} = 0 \tag{1}$$

Navier – Stokes 方程：

$$\begin{aligned}
\frac{\partial(\rho_u)}{\partial t} + \nabla(\rho_u u) &= -\frac{\partial p}{\partial x} + \mu \nabla^2 u + F_x \\
\frac{\partial(\rho_v)}{\partial t} + \nabla(\rho_v u) &= -\frac{\partial p}{\partial y} + \mu \nabla^2 u + F_y \\
\frac{\partial(\rho_w)}{\partial t} + \nabla(\rho_w u) &= -\frac{\partial p}{\partial z} + \mu \nabla^2 u + F_z
\end{aligned} \tag{2}$$

式中，t 为时间；u 为速度矢量；u, v, w 表示 u 在 x, y, z 方向的分量；ρ, μ 分别为水的密度和动力黏度系数；p 为流体微元体上的压力；F_x、F_y, F_z 为微元体上的质量力，若质量力只有重力，且 z 轴竖直向上，则 $F_x = 0, F_y = 0, F_z = -\rho g$。

湍流模型采用标准 $k-\varepsilon$ 模型。模型中湍动能 k 和耗散率 ε 的表达式[5-6]为：

$$k = \frac{1}{2}(\overline{u'^2} + \overline{v'^2} + \overline{w'^2}) \qquad \varepsilon = \frac{\mu}{\rho}\overline{\left(\frac{\partial u'_i}{\partial x_k}\right)\left(\frac{\partial u'_i}{\partial x_k}\right)} \tag{3}$$

标准 $k-\varepsilon$ 模型中，k 和 ε 是 2 个未知量，与之相对应的输运方程[2]为：

$$\frac{\partial}{\partial t}(\rho k) + \frac{\partial}{\partial x_i}(\rho k u_i) = \frac{\partial}{\partial x_j}\left[\left(\mu + \frac{\mu_t}{\sigma_k}\right)\frac{\partial k}{\partial x_j}\right] + G_k - \rho\varepsilon \tag{4}$$

$$\frac{\partial}{\partial t}(\rho\varepsilon) + \frac{\partial}{\partial x_i}(\rho\varepsilon u_i) = \frac{\partial}{\partial x_j}\left[\left(\mu + \frac{\mu_t}{\sigma_\varepsilon}\right)\frac{\partial\varepsilon}{\partial x_j}\right] + \frac{C_{1\varepsilon}\varepsilon}{k}G_k - C_{2\varepsilon}\rho\frac{\varepsilon^2}{k} \tag{5}$$

式中，u', v', w' 为流速脉动值的分量；μ_t 为湍流黏性系数；G_k 为平均速度梯度引起的湍动能 k 产生项；$k, \sigma, C_{1\varepsilon}, C_{2\varepsilon}$ 均为常数。方程的具体表达式可参见文献[5]。

根据以上公式，保持进口压力及其他结构参数不变，改变凹槽直径和收缩段长度，模拟计算不同凹槽直径、收缩段长度对应的流量（表 1）。

表 1 不同凹槽直径、收缩段长度对应的流量　　单位:m^3/h

凹槽直径 D_a (mm)	L_{13}			L_{14}			L_{15}		
	进流量	出流量	吸肥量	进流量	出流量	吸肥量	进流量	出流量	吸肥量
15.0		不收敛		5.902	6.593	0.691	5.902	6.570	0.668
17.0				5.902	6.707	0.805	5.902	6.698	0.796
18.5				5.902	6.795	0.893	5.902	6.739	0.837
20.0				5.902	6.816	0.914	5.902	6.795	0.893

凹槽直径 D_a (mm)	L_{20}			L_{27}			L_{32}		
	进流量	出流量	吸肥量	进流量	出流量	吸肥量	进流量	出流量	吸肥量
15.0	5.902	6.537	0.635	5.902	6.511	0.609	5.902	6.498	0.596
17.0	5.902	6.664	0.762	5.902	6.622	0.720	5.902	6.606	0.704
18.5	5.902	6.718	0.816	5.902	6.669	0.767	5.902	6.659	0.757
20.0	5.900	6.769	0.867	5.902	6.720	0.818	5.902	6.696	0.794

3 意义

通过文丘里施肥器的数值模型[1],计算表明:在进口压力和凹槽位置一定的情况下,减小喉管直径和收缩段长度以及增加凹槽直径均能使文丘里施肥器的吸肥量增加;在其他结构参数不变的条件下,随着凹槽右移数值的增加,吸肥量减小;随着进口压力的增加,吸肥量增大。实验通过数值模拟所得的流场分布,可得到文丘里施肥器水力性能如吸肥量等值。该研究结果可为国内文丘里施肥器的优化设计与研制提供一定的理论依据。

参考文献

[1] 王森,黄兴法,李光永. 文丘里施肥器性能数值模拟研究. 农业工程学报,2006,22(7):27-31.

[2] 陈作炳,豆海建,陈思维,等. 文丘里管流场的数值研究. 中国水泥,2005,(4):61-63.

[3] 沈雪民. 介绍100PS-1型文丘里式喷灌施肥装置. 节水灌溉,2000,(11):14-15.

[4] 李百军,毛罕平,李凯. 并联文丘里管吸肥装置的研究及其参数选择. Drainage and Irrigation Machinery, 2001, 19(1):42-45.

[5] 王福军. 计算机流体动力学分析. 北京:清华大学出版社,2004:1-259.

[6] 李永欣,李光永,邱象玉,等. 迷宫式滴头内部流动的CFD数值模拟. 第六届全国微灌大会. 2004:275-282.

玉米对喷灌的水量分配公式

1　背景

为了确定喷灌水量通过作物冠层时的分配规律,定量评价作物冠层对喷灌水利用率的影响,王迪等[1]采用水量平衡法对喷灌条件下的玉米冠层上部、棵间、茎秆下流及冠层截留水量进行了田间观测。利用夏玉米喷灌田间试验,研究作物冠层对喷灌水量空间分布的影响,为进一步提高喷灌水利用率提供参考依据。

2　公式

2.1　冠层截留量

冠层截留量根据水量平衡原理由下式计算:

$$I_p = D_n - T - S \tag{1}$$

式中,I_p 为冠层截留量,mm;D_n 为冠层上部承接水量,mm;T 为棵间水量,mm;S 为茎秆下流水量,mm。

2.2　夏玉米冠层对喷灌水量空间分布的影响

定义平均冠层上部水量、茎秆下流水量、冠层截留量及棵间水量分别为:

$$\overline{D_n} = \frac{1}{N}\sum_{i=1}^{N} D_{ni} \tag{2}$$

$$\bar{S} = \frac{1}{N}\sum_{i=1}^{N} S_i \tag{3}$$

$$\overline{I_p} = \frac{1}{N}\sum_{i=1}^{N} I_{pi} \tag{4}$$

$$\bar{T} = \frac{1}{NM}\sum_{i=1}^{N}\sum_{j=1}^{M} T_{ij} \tag{5}$$

式中,D_{ni},S_i,I_{pi}为分别为第 i 测点的冠层上部水量(mm)、茎秆下流水量(mm)、冠层截留量(mm);T_{ij}为第 i 测点第 j 个承雨筒承接的棵间水量,mm;N 为观测点数;M 为 i 测点处布置的棵间承雨筒数。

表 1 给出了喷灌水量经夏玉米冠层重新分配的情况。由表 1 可知经冠层再分配后喷灌水量各组分占灌水量的比例分别为:棵间水量为 45.4%,茎秆下流水量为 43.0%,平均冠层

截留量为3.6 mm。此外,对比各组分的变异系数 C_v 值可以看出冠层截留量的空间变异性较大。

表1 喷灌水经夏玉米冠层重新分配结果

灌水日期	玉米平均株高(cm)	冠层上部水量		棵间水量			茎秆下流水量			冠层截留量	
		均值(mm)	C_v	均值(mm)	C_v	占冠层上部水量(%)	均值(mm)	C_v	占冠层上部水量(%)	均值(mm)	C_v
8月21日	213.2	30.0	0.3	13.1	0.2	43.5	13.0	0.3	43.4	3.9	0.4
8月31日	212.6	34.8	0.3	16.2	0.4	46.6	14.9	0.4	42.9	3.7	0.5
9月10日	211.8	29.2	0.3	13.4	0.4	46.0	12.5	0.4	42.8	3.3	0.7
平均			0.3		0.3	45.4	13.0	0.4	43.0	3.6	0.5

3 意义

玉米对喷灌的水量分配公式表明,喷灌水经玉米冠层再分配后所形成的棵间和茎秆下流水量分别占冠层上部水量的45.4%和43.0%。截留水量空间分布变化较冠层上部、棵间和茎秆下流水量为大,均值为3.6 mm,变异系数 C_v 平均值为0.5。由相关分析知茎秆下流水量和棵间水量均随冠层上部水量的增加而线性增加,但茎秆下流水量与冠层上部水量的关系更为密切。冠层上部水量、叶面积和株高对截留量的影响较小。

参考文献

[1] 王迪,李久生,饶敏杰. 玉米冠层对喷灌水量再分配影响的田间试验研究. 农业工程学报,2006,22(7):43-47.

泥石流危险性的评价模型

1 背景

随着人类活动的不断加剧，人与自然的矛盾越来越突出，自然环境趋于恶化，自然灾害对人类的危害也不断加深，所带来的危害也逐步加重。次生灾害对灾区人民和社会经济造成严重威胁，由地震引发的崩塌、滑坡等增加了松散碎屑物的累积，为泥石流的形成提供了丰富的物质基础。韩用顺等[1]采用形成因素贡献率、主成分分析和灰色系统等方法，对都汶公路沿线泥石流进行危险性评价，对震后泥石流灾害的危险性评价技术方法体系的研究进行了初步的探索。

2 公式

通过对各因子进行灾害确定性系数（CF）计算，可分析得到各因子之间的相互关系和各因子条件分区对灾害发生的贡献率大小：

$$CF = f(X_i) = \begin{cases} \dfrac{P_a - P_t}{P_a(1 - P_t)}, P_a \geqslant P_t \\ \dfrac{P_a - P_t}{P_t(1 - P_a)}, P_a < P_a \end{cases}$$

式中，P_a 为因子分级 a 中发生灾害的条件概率，可表示 a 单元中的灾害发生面积百分比；P_t 为整个研究区中灾害发生的先验概率，可以表示为整个研究区的灾害面积的百分比值。

设有 n 个样品，每个样品有 p 个参数，将原始参数写成矩阵 $X = (X_1, X_2, \cdots, X_p)$

（1）将原始数据标准化；

（2）建立变量的相关矩阵 R，对 R 进行主成分分析；

（3）求 R 的特征根 $\lambda_1 \geqslant \lambda_2 \geqslant \lambda_3 \geqslant \cdots \geqslant \lambda_p \geqslant 0$ 以及相应特征向量 $a_1, a_1, \lambda_3, \cdots, a_p$；

（4）得出主成分 $F_i = a_{1i}X_i + a_{2i}X_2 + \cdots + a_{ip}X_p, i = 1,2,3,\cdots,p$；

（5）根据各变量在主成分中的特征向量，筛选出主导因子。

具体步骤如下：

（1）选择参考序列 $X_0 = [X_0(1), X_0(2), \cdots, X_0(N)]$；

（2）选择比较序列 $X_i = [X_i(1), X_i(2), \cdots, X_i(N)]$，$i = 1,2,\cdots,m$；

(3)均值化处理 $X'_i(k) = X_i(k) / \frac{1}{n}\sum_{k=1}^{m} X_i(k)$, $i = 1,2,\cdots,m$; $k = 0,1,\cdots,n$;

(4)求绝对差值 $\Delta_i(k) = |X'_i(k) - X'_i(0)|$, $i = 1,2,\cdots,m$; $k = 0,1,\cdots,n$;

(5)求最大差和最小差 $\Delta\min = \min\min\Delta_i(k)$, $\Delta\max = \max\max\Delta_i(k)$

(6)计算关联系数 $\varphi_{ij}(k) = \frac{\Delta\min + k\Delta\max}{\Delta_i(k) + k\Delta\max}$, k 为常数, $0 < k < 1$。

(7)计算关联值 $R_i(X_0, X_i) = \frac{1}{n}\sum_{i=1}^{n}\varphi_{ij}(k)$

结合都汶公路各因子的指标分值和主成分分析法得到的权重,然后建立泥石流危险度评价模型,计算出每条沟的泥石流危险度值:

$$R_d = \sum_{i=1}^{n}\sigma_i\omega_i$$

式中, R_d 为泥石流危险度; σ_t 为泥石流危险度指标分值; ω_i 为泥石流危险度评价指标权重。

3 意义

根据对都汶公路沿线的31条泥石流沟的研究,通过野外考察、遥感图像的解译、查阅相关文献资料等手段获取研究区泥石流沟的基础数据,通过选取地质、地形、气象、水文指标,并利用主成分分析法对关键因子进行筛选和利用灰色系统模型进行权重的确定,建立泥石流危险性评价模型,计算得到每条沟的泥石流危险度值。从而可知,公路沿线31条泥石流沟处于不同泥石流危险等级:极高危险占23%,高危险占35%,中度危险占13%,轻度危险占29%;其中红椿沟、肖家沟、烧房沟等沟属于泥石流极高危险沟道,高家沟、牛圈沟等属于高度危险沟道,公路选线须采取避让或充分的防治对策。

参考文献

[1] 韩用顺,黄鹏,朱颖彦,等. 都汶公路沿线泥石流危险性评价. 山地学报,2012,30(3):328-335.

枫香次生林的多样性模型

1 背景

近年来国际上对退化生态系统恢复研究日渐重视，主要通过群落学分析，探讨次生林与生物多样性保护之间的关系，退化森林生态系统恢复、重建机制，退化生态系统服务供应的恢复，以指导森林经营实践。在我国长江流域、东南地区、台湾岛和海南岛等地，海拔100～1700 m的森林中均有枫香分布，常见于受人类活动干扰形成的次生林中。马志波等[1]以海南五指山市面积最大、分布最广、最有代表性的次生林——枫香次生林为对象，研究其林分结构和树种多样性，旨在为有效保护与科学经营枫香次生林提供基础依据。

2 公式

Shannon—Wiener 多样性指数（H'）、Simpson 多样性指数（P）和 Pielou 均匀度指数（E）计算公式为：

$$H' = -\sum_{i}^{s} P_i \ln P_i$$

$$P = 1 - \sum_{i}^{S} P_i^2$$

$$E = H'/\ln S$$

式中，P_i 是指相对重要值，某个种的相对重要值等于该种的重要值除300.00%。

各树种重要值和各树种所在科的重要值结果如表1和表2所示。

表1 枫香次生林中树种的重要值

树种	相对频度（%）	相对多度（%）	相通地显著度（%）	重要值（%）
枫香树 *Liquidambar formosana*	18.03	34.96	60.24	113.24
犁耙柯 *Lithocarpus silvicolarum*	7.92	8.65	3.89	20.46
中平树 *Macaranga denticulata*	7.38	7.64	5.09	20.11
黄牛木 *Crataxylum cochinchinense*	7.10	6.64	2.29	16.03
艾胶算盘子 *Glochidion lanceolarium*	4.37	4.01	2.34	10.73
厚皮树 *Lannea coromandelica*	4.64	2.63	2.63	9.91

续表 1

树种	相对频度(%)	相对多度(%)	相通地显著度(%)	重要值(%)
余甘子 *Phyllanthus emblica*	4.37	2.51	0.88	7.76
海南薄桃 *Syzygium cumini*	3.55	2.01	2.03	7.58
猴耳环 *Pithecellobim clypearia*	3.55	2.63	1.05	7.24
大果榕 *Ficus auriculata*	1.64	2.63	2.52	6.79
润楠 *Machilus nanmu*	3.28	2.63	0.68	6.60
山铜材 *Chunia bucklandioides*	2.19	3.01	1.28	6.47
白楸 *Mallotus paniculatus*	2.46	1.63	1.47	5.56
三椏苦 *Evodia lepta*	2.19	1.50	1.26	4.95
海南红豆 *Ormosia pinnata*	1.64	1.00	0.88	3.52
小花五椏果 *Dillenia pentagyna*	1.64	0.75	0.96	3.35
银柴 *Aporusa dioica*	1.64	0.88	0.31	2.83
假苹婆 *Sterculia lanceolata*	1.64	0.75	0.38	2.77
野龙眼 *Dimocarpus longan*	0.82	0.75	1.14	2.71
烟斗柯 *L. comeus*	1.09	1.00	0.45	2.54
无患子 *Sapindus saponaria*	1.09	0.63	0.66	2.38
毛银柴 *Aporusa villosa*	1.09	0.50	0.37	1.96
黄杞 *Engelhardtia roxburghiana*	0.82	0.50	0.46	1.78
两广梭罗 *Reevesia thyrsoidea*	1.09	0.50	0.14	1.73
对叶榕 *F. hispida*	0.82	0.38	0.45	1.64
割舌树 *Walsura robusta*	0.27	0.50	0.84	1.61
黄豆树 *Albizia procera*	0.55	0.38	0.64	1.57
水石梓 *Sarcosperma laurinum*	0.82	0.38	0.12	1.32
小花山小橘 *Glycosmis parviflora*	0.55	0.38	0.24	1.16
海南合欢 *Albizia attopeuensis*	0.55	0.25	0.35	1.15
尖锋岭椎 *Castanopsis jianfenglingsis*	0.27	0.38	0.49	1.14
小叶樟 *Cinnamomum camphora*	0.55	0.25	0.28	1.08
光果巴豆 *Croton chumianus*	0.55	0.25	0.25	1.05
小叶榕 *F. microcarpa*	0.27	0.38	0.40	1.05
大叶刺篱 *Flacourtia rukam*	0.27	0.50	0.25	1.02
山杜英 *Elaeocarpus sylvestris*	0.55	0.38	0.09	1.01

表 2 枫香次生林中科的重要值

科	属数(个)	种数(种)	重要值(%)	科	属数(个)	种数(种)	重要值(%)
鑫缕梅科 Hamamelidaceae	2	2	119.71	楝科 Meliaceae	1	1	1.61
大戟科 Euphorbiaceae	7	10	51.48	杜英科 Elaocarpaceae	1	2	1.46
壳斗科 Fagaceae	2	4	24.59	山榄科 Sapotaceae	1	1	1.32
藤黄科 Clusiaceae	1	1	16.03	紫葳科 Bignoniaceae	1	2	1.16
豆科 Fabaceae	5	7	15.76	刺篱木科 Flacourtiaceae	1	1	1.02
樟科 Lauraceae	4	8	11.36	茜草科 Rubiaceae	1	2	1.00
桑科 Moraceae	2	4	10.35	苏铁科 Cycadaceae	1	1	0.85
漆树科 Anacardiaceae	1	1	9.91	山矾科 Symplocaceae	1	1	0.59
桃金娘科 Myrtaceae	1	2	7.58	龙脑香科 Dipterocarpaceae	1	1	0.52
芸香科 Rutaceae	2	2	6.10	野牡丹科 Melastomataceae	1	1	0.48
无患子科 Sapindaceae	3	3	5.69	橄榄科 Burseraceae	1	1	0.47
梧桐科 Sterculiaceae	2	2	4.50	番荔枝科 Annonaceae	1	1	0.43
毒鼠子科 Dichapetalaceae	1	2	3.82	五加科 Araliaceae	1	1	0.42
胡桃科 Juglandaceae	1	1	1.78				

3 意义

根据枫香次生林的多样性模型,对海南五指山市30年生枫香次生林结构和树种多样性进行研究,从而可知乔木层共有64种树种,隶属于27科47属,枫香是优势树种;Shannon - Wiener指数、Simpson指数和Pielou指数分别为2.80、0.84和0.67。乔木层可分出2个亚层,第I亚层有27种树种,Shannon - Wiener指数、Simpson指数和Pielou指数分别为1.65、0.56和0.50,枫香是该亚层的优势种,重要值为197.51%,其他只有中平树的重要值(16.10%)超过10.00%;第II亚层有58种树种,Shannon - Wiener指数、Simpson指数和Pielou指数分别为3.18、0.93和0.78,重要值较大的有枫香、犁耙柯、中平树和黄牛木,分别为52.58%、33.06%、26.55%和25.29%。

参考文献

[1] 马志波,黄清麟,戎建涛,等. 海南五指山市枫香次生林结构和树种多样性. 山地学报,2012. 30(3):276 - 281.

浅层滑坡的变形运动方程

1 背景

滑坡是地质灾害的主要类型,降雨是导致滑坡发生的主要诱发因素,浅层滑坡堆积物特定的物质组成、结构性状及厚度条件决定了区域性浅层滑坡对降雨的特殊敏感性,其分布最广。李德心和何思明[1]将一些方法引入到此研究中,对降雨型浅层滑坡构建位移预测模型进行分析,深化人们对滑坡变形机制的认识,为滑坡的预报监测、预警提供技术支撑。

2 公式

如图1,滑坡土体的垂直厚度为 Z,由达西定律可知,降雨作用下通过某断面的流量 Q 为:

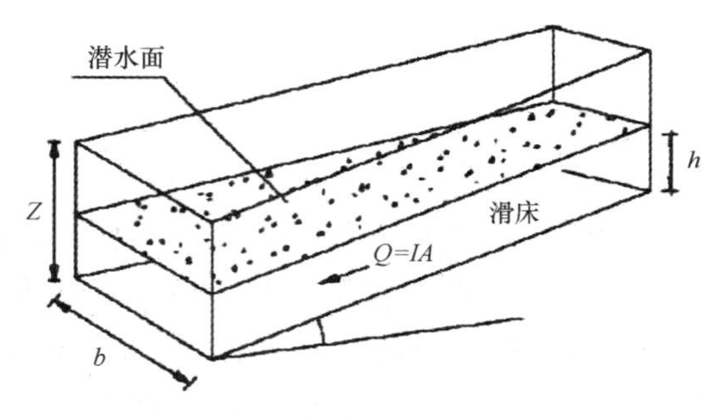

图1 滑坡土体水文模型

$$Q = FV \tag{1}$$

式中,$v = ki$,表示渗流速度;k 为渗透系数;$i = \sin\theta$,表示水力坡度;θ 为边坡体倾角;F 为过水断面,可表达为:

$$F = hb\cos\theta \tag{2}$$

式中,b 为斜坡宽度;h 为滑坡土体中地下水的水层厚度,结合上述两式有:

$$Q = khb\sin\theta\cos\theta \tag{3}$$

随降雨量的增加,滑坡土体中潜水位不断上升。当 $h = Z$ 时,堆积体充满水并达到完全

饱和状态时,滑坡土体中径流流量达到极值:

$$Q_Z = kZb\sin\theta\cos\theta \tag{4}$$

同时,根据水力学公式知饱和滑坡土体的径流等于导水系数 T 与水力梯度 $\sin\theta$ 及斜坡宽度 b 的乘积。表达为:

$$Q_Z = Tb\sin\theta = kZb\sin\theta\cos\theta \tag{5}$$

综合以上各式可推导出特定降雨强度下,滑坡土体中潜水厚度为:

$$h = \frac{Q}{Tb\sin\theta}Z \tag{6}$$

式中,$Q=IA$,A 为滑坡体流域面积,I 为等效降雨强度。

如图 2 所示的简化的黏塑性滑体分析模型,选择单位宽度、长度的单元体,研究其力的平衡关系:滑坡体厚度为 Z,降雨后地下水位高度为 $h(t)$,滑动面倾角为 α,黏滞力剪切带厚度为 d,假定地下水位面、滑动破裂面与地表平行,根据极限平衡原理,考虑静水压力及动水压力(渗透压力),可以表达如下式:

$$F - F_r - F_v = ma \tag{7}$$

式中,F 为下滑力;F_r 为抗滑力;m 为滑体质量;F_v 为剪切带黏滞力;a 为滑坡体运动加速度。

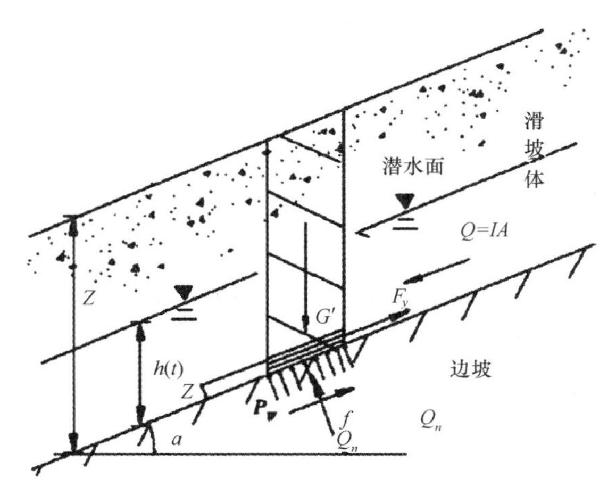

图 2　滑坡土体位移预测计算模型

则平行于斜坡方向上的动量平衡方程可以简化成:

$$\tau - \{c' + [\sigma - p_w(t)]\tan\varphi'\} - \tau_v = ma \tag{8}$$

$$p_{w0}(t) = h(t)\gamma_w\cos^2\alpha \tag{9}$$

式中,τ 为重力沿滑面的剪切力;c'为有效黏聚力(t/m^2);σ 为法向应力(kPa);φ' 为有效内摩擦角(°);τ_v 是黏滞强度(kPa);p_{w0} 是初始孔隙水压力(kPa);$p_w(t)$ 是随时间变化的孔隙水压力(kPa);T_v 为时间因数(s)。

根据摩尔库仑定律将公式(8)化简为：

$$\gamma Z\sin\alpha\cos\alpha - [c' + (\gamma Z\cos^2\alpha - p_w(t)\tan\varphi')] - \tau_v = ma \tag{10}$$

根据宾汉流体模型，黏滞力表示为：

$$\tau_v = \frac{\eta}{d}v(t) \tag{11}$$

式中，γ 为滑坡体天然重度（N/m^3）；γ_w 为水的重度（N/m^3）；η 为黏滞力系数（kPa · S）；$v(t)$ 是随时间变化的速度（m/s）；$h(t)$ 是随时间变化的地下水位高度（m）。

设 m 为单位宽、单位长、厚度为 Z 的土体质量，上式可以表示为：

$$ma(t) + \frac{\eta}{d}v(t) = mg\sin\alpha\cos\alpha - [c' + mg\cos^2\alpha - p_w(t)\tan\varphi'] \tag{12}$$

用 mathmatic 算出滑坡体运动速度和位移的通解为：

$$v = \frac{1}{2}de^{\frac{-t}{T_v}}\left\{-\frac{2e^{\frac{-t}{T_v}}\sec\varphi[c\cos\varphi - mg\cos\alpha\sin\alpha(\alpha-\varphi)]}{\eta} + \frac{2eP_{w0}T_v\tan\varphi}{T_v\eta - md}\right\} + C[1]e^{-\frac{t\eta}{dm}} \tag{13}$$

$$s = -\frac{cdt}{\eta} - \frac{de^{-\frac{t\eta}{dm}}mC[1]}{\eta} - \frac{de^{\frac{-t}{T_v}}eP_{w0}T_v^2\tan\varphi}{T_v\eta - md} + \frac{dgmt\cos\alpha\sec\varphi\sin(\alpha-\varphi)}{\eta} \tag{14}$$

3 意义

通过对降雨型浅层滑坡的变形进行分析，建立了基于功能原理的滑坡一维运动方程，并结合太沙基固结原理，研究滑坡运动过程中孔隙水压力的消散，揭示了滑坡从运动—停止的动力演化过程，构建了降雨型浅层滑坡的位移预测模型，并以都江堰塔子坪滑坡为例进行分析，通过 mathmatic 给出了滑坡运动的速率、位移与降雨量的量化关系式。其研究成果可以为降雨型浅层滑坡位移的预测和预报提供技术支持。

参考文献

[1] 李德心，何思明. 降雨型浅层滑坡的变形预测模型. 山地学报，2012，30(3)：342 – 346.

堆积体的泥石流形成模型

1 背景

在强震条件下,滑坡、崩塌体堆积物质因为地震效应使得堆积体结构疏松多孔,与传统意义上的滑坡、崩塌堆积体的物质结构有所不同。地震滑坡堆积体孔隙比大,密实度低,多以自然休止角堆积在沟道两岸。堆积层整体应力处于平衡状态,系统主要依靠颗粒间内摩擦力维持平衡。屈永平等[1]通过堆积体内的岩土力学性质,分析堆积体的应力状态,探讨了在降雨条件下形成地表径流水深与堆积体稳定性关系及侵蚀方量,为预测堆积体失稳形成泥石流过程提供参考。

2 公式

假设自然休止角堆积时,设松散堆积层斜坡的角度为 α,泥石流沟道坡度为 β,堆积层的斜坡堆积垂直厚度为 h_1,沟道至斜坡坡脚的高度为 h_2;建立 $x-z$ 二维坐标系,由图 1 可知,堆积层的边界条件如下。

基岩斜坡边界 OA 的方程为:$z_1 = \tan \alpha x_1$;

堆积体边界 AC 的方程为:$z_2 = \tan \beta(x_2 - h_1/\tan \alpha) + h_1$;

沟床基岩边界 OC 的方程为:$z_3 = \tan 26.65 x_3$。

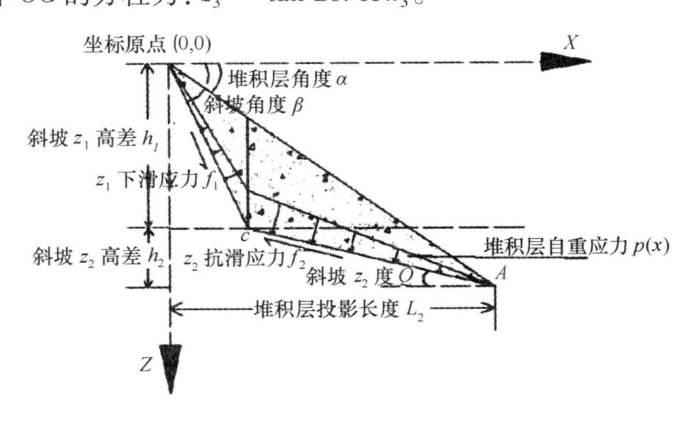

图 1 滑坡堆积体的受力分析示意图

堆积层由于自身性质处于稳定条件,其各个边界的受力情况:①在斜坡面上,沿竖直方向上的自重应力 $p(x)$ 和接触面的摩擦力 f_1;②在沟道接触面上,沿竖直方向的自重应力 $p(x)$ 和沟道的抗滑应力 f_2;③堆积层内部因为颗粒间的摩擦力处于稳定。由土力学可知,堆积层的自重应力为 $\delta = \gamma z$;将堆积层中的自重应力 $p(z)$ 分为两部分(图 1),在 c 点左侧的斜坡面上垂直方向上相同位置 z 处的自重应力为:

$$\delta = \gamma(\tan\alpha - \tan 26.65)x$$

在 c 点右侧时,沟道相同 x 处的自重应力为:

$$\begin{aligned}\delta &= \gamma_s(z_2 - z_3)\\ &= \gamma_s[\tan\beta(x - h_1/\tan\alpha) + h_1 - \tan 26.65x]\end{aligned}$$

在堆积层中,由于任意深度处 z 的竖向应力 δ_z ,水平应力 δ_x ,即:

$$\delta_x = \gamma z\tan^2(45 - \varphi/2)$$

破坏面处的剪应力为:

$$\tau = \frac{1}{2}(\delta_z - \delta_x)\sin 2\varphi = \frac{1}{2}z\gamma[1 - \tan^2(45 - \varphi/2)]\sin 2(45 + \varphi/2)$$

$$\delta = \frac{1}{2}\gamma_s z[1 + \tan^2(45 - \varphi/2)] + [1 - \tan^2(45 - \varphi/2)]\cos 2(45 + \varphi/2)$$

其中,堆积厚度 z 为:

$$\Delta z_1 = (\tan\alpha - \tan 26.65)x$$

$$x \in (0, h_1/\tan\alpha)$$

$$\Delta\delta_2 = [\tan\beta(x - h_1)/\tan\alpha) + h_1 - \tan 26.65]x$$

$$x \in [h_1/\tan\alpha, (h_1 + h_2)/\tan 26.65]$$

沟道两岸松散堆积体在前期降雨作用下达到饱和状态;在饱和条件下,松散堆积层的重度为:

$$\gamma_s = \frac{d_s + e}{1 + e}\gamma_w$$

式中, d_s 为相对密度;e 为孔隙比,龙池地区的孔隙比为 0.58; γ_w 为水的重度,10 kN/m^3;则龙池地区的松散堆积层饱和状态下重度 γ_s 为 20.44 ~ 20.70 kN/m^3。

短时间的强降雨作用不考虑地下渗流力和超孔隙水压力;假设径流力在堆积层传递没有发生扩散效应,径流剪切应力为 F。则在堆积层内的应力平衡条件为:

$$\tau_f = \tau + F\cdot\cos\left(\frac{\pi}{4} + \frac{\varphi}{2} - \alpha\right)$$

$$F = \frac{\gamma_s z\left(\left\{1 + \tan^2\left(45 - \frac{\varphi}{2}\right) + \left[1 - \tan^2\left(45 - \frac{\varphi}{2}\right)\right]\right\}\cos 2\left(45 + \frac{\varphi}{2}\right)\tan\varphi - \left[1 - \tan^2\left(45 - \frac{\varphi}{2}\right)\right]\sin 2\left(45 + \frac{\varphi}{2}\right)\right)}{2\cos\left(\frac{\pi}{4} + \frac{\varphi}{2} - \alpha\right)}$$

在含水量为 100% 时,在堆积体与斜坡接触面上的剪切破坏为不连续介质,塑性剪切破坏时采用宾汉姆剪应力公式：

$$\tau = \tau_B + \eta \frac{\mathrm{d}u}{\mathrm{d}y}$$

式中，τ 为泥石流剪应力；τ_B 为堆积层的屈服剪应力，其中 $\tau_B = \gamma' \cdot g \cdot h \cdot \sin\theta$，$\gamma' = (\gamma_s - \gamma_0)$，$\gamma_s$ 是堆积层的重度（kg /m³），γ_0 为水的重度，$\gamma_0 = 10\ \mathrm{kN/m^3}$；$g$ 重力加速度 9.8 m/s²；θ 是堆积物的坡度（°）；h 为堆积物的最大厚度（m）；η 堆积层的黏滞系数；$\mathrm{d}u/\mathrm{d}y$ 为垂直方向的剪切速率。

由泥石流速度公式：

$$v = \frac{1}{n} H^{\frac{2}{3}} J^{\frac{1}{2}}$$

可知，泥石流流速与水深和糙率相关，则泥石流的剪切力为：

$$\tau = \tau_B + \eta \cdot \frac{2}{3n_c} \cdot h^{\frac{-1}{3}} \cdot J^{\frac{1}{2}}$$

当速度为 0 且加速度 $\mathrm{d}u/\mathrm{d}y$ 为 0 时，取塑性变形体的极限强度是屈服强度的 1.2 倍。则堆积层的抗剪强度为：

$$\tau_{1f} = 1.2\tau_B = 1.2(\gamma_s - \gamma_w) \cdot g \cdot z \cdot \sin 26.65$$

则在地表径流力 F 作用下，接触面的稳定性关系为：

$$\tau_{1f} = f_1 \sin\alpha + F \cdot \cos(\alpha - 26.65)$$

即地表径流 F 力为：

$$F = (\tau_{1f} - f_1 \sin\alpha)/\cos(\alpha - 26.65)$$

在特殊位置 c 点处，由于附加应力，则：

$$p \cdot \sin\alpha + F_1 \cdot \cos(\alpha - 26.65) = 1.2\tau_B$$

地表径流力 F_1' 为：

$$F_1' = (1.2\tau_B - P\sin\alpha)/\cos(\alpha - 26.65)$$

在 Z_2 边界处于极限稳定状态时的地表径流力为：

$$F_2 = (\tau_{2f} - 1.2\tau_B - f_2' - f_2 \sin\beta)/\sin\beta$$

在径流宽度大于径流深度时，水利半径 R 近似为水深 H，则地表径流水深 H 为：

$$H = \frac{F}{4\rho_s g J}$$

因为径流在冲刷过程中，满足动量守恒定律，在单位时间内堆积体的侵蚀量和侵蚀体积为：

$$\mathrm{d}M = (\mathrm{d}mV_0 - F\mathrm{d}t)/V_1$$

$$V = V_s(1 + e),\ \mathrm{d}V = \mathrm{d}M/\gamma_s$$

3 意义

根据堆积体的泥石流形成模型[1],对汶川地震区都江堰市龙池镇典型泥石流灾害进行探讨,分析了地震滑坡、崩塌松散体的堆积形态和堆积体的应力环境。从静力学和动力学角度分析堆积体在强降雨条件下的起动特征,探讨了降雨作用形成的地表径流水深与堆积体失稳时的应力极限状态的关系。分析得出沟道岸坡滑坡堆积体发生侵蚀时的地表径流力,并建立径流水深与地表径流力的关系,分析在动量守恒条件下,堆积体单位时间内的侵蚀体积模型。为了进一步探讨并实际应用,以汶川地震区都江堰市的水打沟泥石流为例,分析发生泥石流时的地表径流水深为0.011 m,其结论与实际调查结果基本一致。

参考文献

[1] 屈永平,唐川,王金亮,等. 强震区泥石流启动机制. 山地学报,2012,30(3):336-341.

混交林的土壤质量评价模型

1 背景

毛竹林是我国南方最典型的森林资源类型之一，在增加经济收益，发挥生态服务功能等方面具有重要作用。长期以来，连年采伐、整株利用、过度施肥、频繁人为干扰等毛竹纯林化集约经营方式，造成毛竹林土壤质量和立地生产力不同程度退化。漆良华等[1]以湘中丘陵区毛竹纯林为对照，对竹杉混交林的土壤质量状况进行研究，以探讨竹杉混交对毛竹林土壤质量的定量影响，为湘中丘陵区毛竹林土壤保育、立地维护和科学经营提供依据。

2 公式

用灰色系统理论的原理与方法，对毛竹纯林和竹杉混交林的土壤质量进行灰色关联评价，根据关联度大小进行关联排序。

数据标准化采用极差正规化法：

$$x_{ij} = \frac{x_{ij} - \min x_{ij}}{\max x_{ij} - \min x_{ij}}$$

关联系数：

$$\xi_{ij}(tk) = \frac{\Delta_{\min} + \Delta_{\max} K}{\Delta_{ij(tk)} + \Delta_{\max} K} \text{（}K\text{ 为常系数）}$$

其中，

$$\Delta_{\min} = \min_{j} \min_{k} |x_i(tk) - x_j(tk)|$$

$$\Delta_{\max} = \max_{j} \max_{k} |x_i(tk) - x_j(tk)|$$

关联度度为：

$$r_{ij} = \frac{1}{N} \sum_{t=1}^{N} \xi_{ij}(tk) \quad (k = 1,2,\cdots,N)$$

土壤容重、孔隙及水分状况等土壤物理性能决定土壤的通气性、透水性和植物根系的穿透性，对土壤质量具有重要作用。毛竹纯林、竹杉混交林 0 ~ 60 cm 土层土壤容重变化范围为 1.021 ~ 1.383 g /cm^3（图 1）。

土壤养分含量方差分析如表 1 所示。

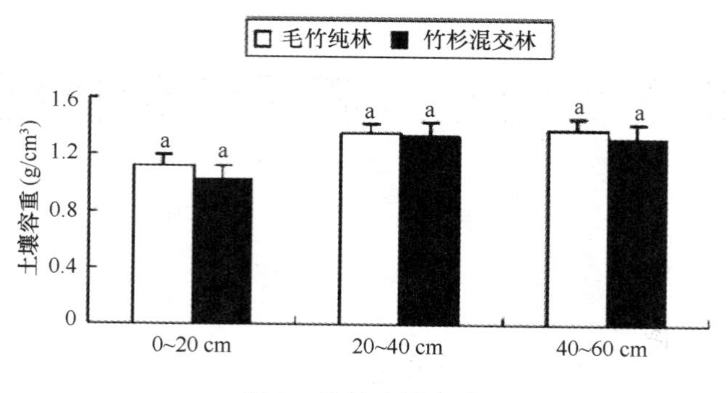

图1　竹林土壤容重

表1　土壤养分含量方差分析

土层(cm)	类型	有机质(g/kg)	全氮(g/kg)	水解氮(g/kg)	全磷(g/kg)	有效磷(g/kg)	全钾(g/kg)	有效钾(g/kg)
0~20	Ⅰ	29.55	1.39	0.09	0.46	0.88	28.14	53.70
	Ⅱ	32.52	1.41	0.18	0.35	1.67	25.19	74.00
	F	0.142 5	0.003 2	3.136 0	6.131 7	4.732 0	0.683 5	1.146 4
	P	0.725 0	0.957 7	0.151 3	0.068 5*	0.095 2*	0.454 9	0.344 6
20~40	Ⅰ	11.94	0.78	0.05	0.38	0.45	21.81	34.90
	Ⅱ	24.80	1.33	0.08	0.31	0.83	21.54	46.98
	F	6.242 6	4.130 7	1.306 5	4.038 2	1.191 5	0.021 2	2.399 8
	P	0.066 9*	0.111 9	0.316 8	0.114 9	0.336 4	0.891 2	0.196 3
40~60	Ⅰ	9.88	0.68	0.04	0.34	0.15	19.13	34.41
	Ⅱ	18.21	0.99	0.07	0.28	0.82	18.66	45.58
	F	69.094 1	16.091 3	1.408 5	5.127 9	7.167 2	0.028 8	4.549 7
	P	0.001 1***	0.016 0**	0.301 0	0.086 3*	0.055 4*	0.873 5	0.099 9*

注：*表示 $p<0.1$；**表示 $p<0.05$；***表示 $p<0.01$。

3　意义

根据混交林的土壤质量评价模型，以毛竹纯林为对照，研究了湘中丘陵区竹杉混交林土壤质量状况。从而可知与毛竹纯林相比，竹杉混交林土壤容重降低1.04%~9.41%，0~

60 cm 土层最大持水量和毛管持水量高出4.17%、0.99%，非毛管孔隙增加9.16%；土壤有机质、全氮、水解氮、有效磷以及有效钾含量比毛竹纯林分别高9.13%~51.85%、1.42%~41.35%、37.50%~50.00%、45.78%~81.71%、24.51%~27.43%；灰色关联度表明，竹杉混交林土壤质量(0.710 1)优于毛竹纯林(0.623 2)。因此，在毛竹林生长经营过程中，应适当混交，提高林分稳定性和立地生产力。

参考文献

[1] 漆良华，范少辉，艾文胜，等．湘中丘陵区竹杉混交对毛竹林土壤质量的影响．山地学报，2012，30(3):314-320.

泥石流的洪峰流量计算公式

1 背景

泥石流是一种特殊的、对人类及其生存环境危害极大的山区自然地质灾害。汶川地震导致大量山体崩塌滑坡、植被毁损，坡体组成物质异常松散，为地震次生泥石流形成和运动提供能量和物源，泥石流防治日益成为重要的研究课题。周海波等[1]以化石板沟谷坊坝群为研究对象，分析其稳固沟床和边坡、削减泥石流峰值流量、降低泥石流密度、改变泥石流性质以及提高上游支沟侵蚀基准面等方面的效益，并对泥石流工程减灾措施提出进一步的建议。

2 公式

谷坊坝体高度4.2～7 m，宽16.5～35 m，其中9#坝最小，坝高仅4.2 m，宽1.5 m(表1)；排水孔均为圆形，直径0.40～0.60 m，开孔间距1.60～2.40 m，其中5#坝坝址位于H2滑坡局部失稳段，坝后松散固体物质颗粒直径0.05～0.5 m，因此坝体开孔数目较多，间距较小，为1.6 m，坝身开设上下2排圆孔共9个，呈“品”字形布。

表1 化石板沟梯级谷坊坝实测参数

坝号	坝宽(m)	坝高(m)	坝间距(m)	回淤长度(m)	已拦沙量(m^3)	淤积状态	防冲肋板悬空高度(m)	坝址径流排泄方式
1#	21.5	5.2	—	50.00	1 677	满库	1.6	坝底渗流和排水孔
2#	21.0	5.0	110.00	44.00	1 386	满库	1.0	溢流口和排水孔
3#	20.0	5.5	79.65	26.28	867	满库	4.0	溢流口和排水孔
4#	31.5	7.8	105.12	34.69	2 556	半库	0	地下渗流
5#	23.0	6.0	105.78	52.89	2 189	半库	2.0	地下渗流
6#	18.5	6.0	81.32	40.71	1 355	半库	3.4	地下渗流
7#	28.0	5.0	83.69	41.85	1 757	半库	2.5	排水孔
8#	22.0	5.0	128.94	42.55	1 404	1/4库	2.5	排水孔
9#	16.5	4.2	146.58	73.29	1 523	满库	1.5	溢流口和排水孔
10#	32.0	6.2	105.04	34.66	2 063	半库	1.0	溢流口和排水孔
11#	26.3	6.0	138.48	45.70	2 163	1/3库	1.5	地下渗流
12#	27.5	5.2	133.25	43.97	1 886	1/4库	0.8	地下渗流
13#	35.0	7.0	369.45	92.36	6 788	满库	1.0	溢流口和排水孔

2008 年 9 月 24 日化石板沟泥石流的激发雨量为 53.1 mm/h，冲出总量 23.5×10^4 m^3，实测峰值流量 199.30 m^3/s，断面流速为 7.77 m/s；泥石流流速受水力半径（R）、沟床糙率（n_c）和沟道比降（I）影响，梯级坝修建后，水力半径和糙率变化不大，伴随坝体回淤，沟道比降（I）减小，因此相同频率暴雨下泥石流流速减小；根据泥石流洪峰流量计算法则：梯级谷坊坝群使松散固体物质回淤，沟道拓宽变缓、比降减小，泥石流堵塞系数（D_c）减小，同时泥石流泥沙修正系数（Φ）随泥石流密度（γ_c）减小而降低，导致泥石流峰值流量减小。

$$V_c = \frac{1}{n_c}R^{\frac{2}{3}}I^{\frac{1}{2}}$$

$$Q_c = (1+\Phi)Q_pD_c$$

式中，V_c 为泥石流流速，m/s；n_c 为沟床的糙率；R 为水力半径，m，按 w/p 计算，w 为过流断面面积，m^2，p 为湿周，m；I 为泥石流水力坡度或沟床纵坡，‰；Q_c 表示频率为 P 的泥石流洪峰值流量，m^3/s；D_c 表示频率为 P 的暴雨洪水设计流量，m^3/s；D_c 为泥石流堵塞系数；Φ 为泥石流泥沙修正系数。

3 意义

通过泥石流的洪峰流量计算公式，对比化石板沟谷坊工程修建前后沟床纵坡比降、沟道两侧斜坡稳定性及泥石流侵蚀速率等方面的差异，展示了谷坊工程能够有效拦蓄松散固体物质、稳固沟床和岸坡、降低沟道纵坡比降、降低泥石流流速和耗散流体能量、抬高沟道上游泥石流侵蚀基准面。泥石流呈现从黏性到稀性，再到含沙水流的发展趋势。对比分析谷坊坝修建前后化石板沟的不同频率泥石流流速、峰值流量和一次固体物质总量，泥石流输沙量减少 35% ~57%，综合防治效益显著。

参考文献

[1] 周海波，陈宁生，卢阳，等. 泥石流沟谷坊坝群治理效应——以地震极重灾区北川县化石板沟为例. 山地学报，2012，30(3)：347－354.

冰湖溃决的危险评价模型

1 背景

冰湖一般指末次冰期冰川后退形成的最新湖泊，它主要分布在河源冰川作用范围附近地区。从20世纪70年代初起，中科院青藏高原综合考察队收集了喜马拉雅山区冰湖溃决历史资料，并讨论了危险性冰湖及其溃决原因，由此展开了在此领域的研究工作。柳金峰等[1]以帕隆藏布流域然乌—培龙段的冰湖为研究对象，在分析其环境背景的基础上，通过遥感解译，分析冰湖的分布现状；在基于指标容易获取的原则上，选取冰湖溃决危险性的评估指标，并利用模糊物元可拓性理论对冰湖溃决危险性进行综合评估。

2 公式

物元分析是用来处理在某些条件下，用通常方法无法达到预期目标的不相容问题的规律的一种分析方法。在物元分析中，物元的表达形式为：

$$R = (M, C, X)$$

式中，R 为物元；M 为所描述的事物；C 为所描述的事物的特征；X 为量值。

如果一个事物 M 需要 n 个特征$(c_1, c_2, \cdots, c_n)$及其相应的量值$(x_1, x_2, \cdots, x_n)$来描述，则称 M 为 n 维物元，并可用物元矩阵来表示：

$$R = \begin{bmatrix} M & c_1 & x_1 \\ & c_2 & x_2 \\ & \vdots & \vdots \\ & c_n & x_n \end{bmatrix}$$

节域对象物元矩阵可表示为：

$$R = \begin{bmatrix} M_P & c_1 & [a_{p1}, b_{p2}] \\ & c_1 & [a_{p2}, b_{p2}] \\ & \vdots & \vdots \\ & c_n & [a_{pn}, b_{pn}] \end{bmatrix}$$

式中，M_P 为由标准事物加上可转化为标准的事物组成的节域对象；x_{pi} 为节域对象关于特征 c_i 的量值范围，$x_{pi} = [a_{pi}, b_{pi}]$。

经典域对象物元矩阵可表示为：

$$R = \begin{bmatrix} M_B & c_1 & [a_{B1}, b_{B1}] \\ & c_1 & [a_{B2}, b_{B2}] \\ & \vdots & \vdots \\ & c_n & [a_{Bn}, b_{Bn}] \end{bmatrix}$$

式中，M_B 为标准对象；$x_{Bi} = [a_{Bi}, b_{Bi}]$，表示标准对象 M_B 关于特征 c_i 的量值范围。显然有 $x_{Bi} \subset x_{pi} (i = 1,2,\cdots,n)$ 。

在物元评价中，关联函数使解决不相容问题的结果量化。若区间 $x_0 = [a,b]$，$x_1 = [c, d]$，且 $x_0 \subset x_1$ ，则关联度为：

$$k_j(x_j) = \begin{cases} -\dfrac{\rho(x_j, x_{ij})}{|x_{ij}|} & x_i \in x_{ij} \\ \dfrac{\rho(x_j, x_{ij})}{\rho(x_i, x_{pi}) - \rho(x_j, x_{ij})} & x_i \notin x_{ij} \end{cases}$$

式中，x_{ij} 为第 i 个评价指标的第 j 个评价类的取值区间；$\rho(x_i, x_{ij})$ 为 x_i 到第 i 个评价指标的第 j 个评价类取值区间端点的距离。

采用层次分析法确定各个因子的权重，首先构造判断矩阵为：

$$y_1 = X_{ij} = \begin{bmatrix} & x_1 & x_2 & x_3 & x_4 & x_5 & x_6 & x_7 & x_8 \\ x_1 & 1 & 2 & 2 & 3 & 3 & 4 & 4 & 5 \\ x_2 & 1/2 & 1 & 2 & 2 & 3 & 3 & 4 & 4 \\ x_3 & 1/2 & 1/2 & 1 & 2 & 2 & 3 & 3 & 4 \\ x_4 & 1/3 & 1/2 & 1/2 & 1 & 2 & 2 & 3 & 3 \\ x_5 & 1/3 & 1/3 & 1/2 & 1/2 & 1 & 2 & 2 & 3 \\ x_6 & 1/4 & 1/3 & 1/3 & 1/2 & 1/2 & 1 & 2 & \\ x_7 & 1/4 & 1/4 & 1/3 & 1/3 & 1/2 & 1/2 & 1 & 2 \\ x_8 & 1/5 & 1/4 & 1/4 & 1/3 & 1/3 & 1/2 & 1/2 & 1 \end{bmatrix}$$

式中，X_{ij} 表示元素 x_i 对 x_j 的相对重要性的判断值。X_{ij} 取值 1 ~ 9，如 x_i 比 x_j 更重要，X_{ij} 的取值越小；元素 x_i 和 x_j 比较时为 X_{ij} ，则 x_j 和 x_i 比较时为 $1/X_{ij}$ 。

3 意义

以帕隆藏布流域然乌—培龙段的冰湖为研究对象，在分析其环境背景的原则上，通过遥感解译，分析研究区冰湖的分布现状。根据冰湖溃决的危险评价模型，在基于指标容易获取的基础上，从冰川特征、冰湖特征和下游沟道特征 3 个类别选取了 8 个冰湖溃决危险性评估指标,并利用模糊物元可拓性理论对研究区的冰湖溃决危险性进行综合评估。通过评估,研究区130个冰湖中,高度危险的有18个,占总数的13.85%;中度危险的有36个,占总数的27.69%;低度危险的有76个,占总数的58.46%;高度危险的冰湖主要集中分布在然乌—松宗区段内。

参考文献

[1] 柳金峰,程尊兰,陈晓清. 帕隆藏布流域然乌—培龙段冰湖溃决危险性评估. 山地学报,2012,30(3):369-377.

劳动力的时空格局模型

1 背景

目前,我国农村劳动力持续地从农业向非农产业、从农村向城镇、从内陆向沿海地区大规模转移,这已成为人口格局变化的重要驱动因素,对农村劳动力研究逐渐成为当代国内人口学领域研究的热点之一。刘焱序和任志远[1]基于区域地形起伏度模型来研究陕西农村劳动力时空格局。

2 公式

在前人的研究中,以 1 km 为栅格分辨率,以 25 km 内高差小于 30 m 为平地,以我国低山海拔 500 m 作为基准山,则起伏表示与基准山的倍数关系。平均海拔除以 1 000 m 消除单位,可得如下公式:

$$RDLS = ALT/1000 + \{[\mathrm{Max}(H) - \mathrm{Min}(H)] \times [1 - P(A)/A]\}/500$$

式中,$RDLS$ 为地形起伏度;ALT 为以某一栅格单元区域内的平均海拔;$\mathrm{Max}(H)$ 与 $\mathrm{Min}(H)$ 分别为该区域内的最高与最低海拔;$P(A)$ 为区域内的平地面积,A 为区域总面积;500 表示我国的中低山高度。

同时,将用以消除单位的 1 000 m 用各评价单元的平均值代替,表示相对高度,可得公式:

$$RDLS = ALT/MALT + [\mathrm{Max}(H) - \mathrm{Min}(H)] \times S(A)/500$$

式中,$MALT$ 为所有评价栅格单元的平均高度;$S(A)$ 为区域内坡地面积的比例。

设源为各个县市政府所在地,成本为该源到栅格图中每个像元的阻力,阻力为该像元的地形起伏度,方向的确定如下:

$$D_p = \frac{1}{2}\sum_{i=1}^{n}(c_i + c_{i+1})$$

$$D_q = \frac{\sqrt{2}}{2}\sum_{i=1}^{n}(c_i + c_{i+1})$$

式中,c_i 表示第 i 个像元的耗费值;c_{i+1} 指沿运动方向上第 $i+1$ 个像元的耗费值;n 为像元总数;D 是指通过某一代价表面到源的累积耗费距离;当通过某一代价表面沿着像元的垂直或者水平方向运动时采用 D_p；当通过某一代价表面沿着像元的对角线方向运动时采用 D_q。

由于重心变化导致其与评价单元的距离改变，以该距离为权重，则可以计算重心所对应的评价单元平均属性，在此取平均地形起伏度。重心的定义公式如下：

$$G(x,y) = \frac{P_i \cdot Q(x_i, y_j)}{\sum P_i}$$

式中，G 表示区域人口重心；Q 表示行政区中心；P 表示人口数量；i 表示统计数量；x，y 表示经纬度。

3 意义

运用改进的区域地形起伏度模型、成本距离模型、重心模型，定量分析 1990—2009 年陕西省农村劳动力时空变化格局，从而可知 20 年间农村劳动力并非简单持续从地形起伏高的地区往起伏低的地区移动，但地形起伏作为农村劳动力分布的重要因素其影响正在不断加强，并表现出进一步加强的趋势；经济因素与地形因素在整体上会拉动或推动人口格局变化，但在年尺度上表现出较强的波动性；研究区整体表现为，地形起伏越低、土地集约度越高，则区域非农化进程越快。

参考文献

[1] 刘焱序，任志远. 基于区域地形起伏度模型的陕西农村劳动力时空格局. 山地学报，2012，30(4)：431－438.

乡村聚落的斑块模型

1 背景

聚落是人类为了生产和生活的需要而集聚定居的各种形式的居住场所，也可称之为居民点。按照性质与规模的不同，聚落通常划分为城市型和乡村型两大类。乡村聚落发展问题是许多国家在城市化快速发展时期所面临的共同问题。马利邦等[1]以地处陇中高原丘陵沟壑区的通渭县为例，利用2008年的遥感影像，解译获取乡村聚落的空间矢量数据，结合密度图、热点识别、数据探测与空间统计等分析方法，深入探讨通渭县乡村聚落的空间格局。

2 公式

变量 $Z(z)$ 在空间位置 x_i 和 $x_i+h[i=1,2,\cdots,N(h)]$ 上的观测值 $Z(x_i)$ 和 $Z(x_i+h)$ 的方差的一半称为区域化变量 $z(x)$ 的半变异函数，记为 $\gamma(h)$，可用下式进行估计：

$$\gamma(h) = \frac{1}{2N(h)}\sum_{i=1}^{N(h)}[Z(x_i) - Z(x_i + h)]^2$$

式中，$N(h)$ 是分割距离为 h 的样本量。

指数 LSI(Landscape Shape Index)是通过分析乡村聚落斑块的形状与相同面积的正方形或圆形之间的偏离程度来表征其形态复杂程度的一种方法，计算方法为：

$$LSI = \frac{0.25P}{\sqrt{A}}$$

式中，A 为聚落的斑块面积；P 为聚落的斑块周长。

设平面的一个离散发生点集 $S=\{p_1,p_2,\cdots,p_n\}$，则任意点 P 的 Voronoi 图定义为：

$$T_i = x:d(x,p_i) < d(x,p_i) \quad p_i \cdot p_j \in S, p_i \neq p_j$$

式中，d 为欧氏距离；x 表示集合 T_i 中的元素。

C_V (Coeficient of variation, C_V)值是 Voronoi 多边形面积的标准差与平均值的比值，它可衡量现象在空间上的相对变化程度，其计算公式为：

$$C_V\text{值} = \text{标准值}/\text{平均值} \times 100\%$$

R 计量(标准最近邻距离指数)为最常用的衡量指标之一，计算公式为：

$$R = \frac{r_a}{r_e} = \frac{(\sum_i d_i)/n}{\sqrt{n/A}/2} = \frac{2\sqrt{p}}{n}\sum_i d_i$$

式中，r_a 为各点平均最近邻距离；r_e 为随机分布条件下的平均最近邻距离的期望值；d_i 为第 i 点与其最近邻点之间的距离；A 为区域的面积；n 为点的总数；p 为点的分布密度。

实际上，可以将尺统计量推广为高阶最近邻指数(R^k)：

$$R^k = \frac{r_a^K}{r_e^K} = \frac{\left(\sum_i d_i^k\right)/n}{\dfrac{K(2K)!}{(2^K K)!\sqrt{n/A}}}$$

分别计算各乡村聚落的景观形状指数 *LSI*，并将其作为计算变差函数的空间变量赋予每个乡村聚落空间单元的几何中心点，应用地统计软件 GS + (Gamma Design Software GSPIus)，对乡村聚落数据采用线性模型、指数模型、球状模型、高斯模型进行拟合，从中选取拟合度较高的模型，拟合结果如表 1。

表 1　通渭县乡村聚落形态分布格局的变差拟合模型参数

拟合模型	变程 (a)	基台值 ($C+C_0$)	块金值 (C_0)	块金系数 [$C/(C_0+C)$]	决定系数 (R^2)
线性模型	36 787.271	0.142	0.128	0.093	0.938
球状模型	2 010.000	0.136	0.005	0.963	0.115
指数模型	1 590.000	0.135	0.012	0.910	0.117
高斯模型	1 610.807	0.135	0.020	0.855	0.115

3　意义

根据乡村聚落的斑块模型，基于 2008 年 SPOT－5 遥感影像解译得出的乡村聚落矢量数据，采用密度图、热点识别、数据探测与空间统计相结合的方法，深入分析了通渭县 2008 年乡村聚落的密度特征和空间分布模式。通过乡村聚落的斑块模型得到，通渭县乡村聚落斑块点集呈“南疏北密、东疏西密、距县城距离近密”的空间分布格局，空间差异显著。基于热点识别、半变异函数、Voronoi 地图和最近邻距离的分析，得出通渭县乡村聚落分布模式呈聚集—随机的分布模式。总体来看，通渭县乡村聚落的空间格局具有明显的空间依赖性。

参考文献

[1]　马利邦，郭晓东，张启媛．陇中黄土丘陵区乡村聚落的空间格局——以甘肃省通渭县为例．山地学报，2012，30(4)：408－416.

气候变化的特征公式

1 背景

作为世界上海拔最高的巨型构造地貌单元，青藏高原对大气环流的动力、热力作用不仅仅只对东亚地区的气候产生巨大影响。因此，对青藏高原现代气候变化的研究一直备受重视。姜永见等[1]利用江河源区典型气象台站的若干常规观测资料，对该区近40年来气候要素的多年变化趋势、年际、年代际变化以及气候要素变化的区域差异等特征进行统计分析，并结合前人研究就气候变化对该区生态环境的影响进行了初步探讨，以期为日后在该区进一步开展气候及生态环境变化研究提供基础资料。

2 公式

利用高桥浩一郎提出的陆面蒸发经验公式[2]估算实际陆面蒸发量，该公式的估算结果具有较好的参考价值，因此被广泛应用于气候以及陆面水资源变化等相关研究中，公式为：

$$E = \frac{3100P}{3100 + 1.8P^2\exp(-\frac{34.4T}{235 + T})}$$

式中，E为月陆面蒸发量，mm；P为月降水量，mm；T为月平均气温，℃。

对同一区域内所有台站的气象要素资料进行主成分分析，以第一主成分中单个台站的因子得分系数与该区所有台站的因子得分之和的比值作为该台站的权重，用w表示，对各台站的气象要素值进行加权求和，得到气象要素的区域平均值时间序列，用x_i表示，则有：

$$x_i = \sum_{i=1}^{m} w_j y_{yj}$$

式中，m为台站数量；w_j为第j个台站的权重，$i = 1, 2, \cdots, n$，n为时间序列的样本量；y_j为i时刻第j个台站的气象要素值。

气候要素的多年变化趋势用变化倾向率表示，以时间t_i为自变量，气候要素x_i为因变量对气候要素时间序列进行直线拟合，则得一元线性回归方程：

$$x_i = a + bt_i (i = 1, 2, \cdots, n)$$

式中，b为回归系数，$b \times 10$即变化倾向率，表示每10年气候要素的变化；b符号的正负分别指示气候要素的上升（增加）和下降（减少）趋势。

表1为江河源区的年代际平均气温,20世纪80年代气温较70年代上升0.13℃;进入90年代,气温上升幅度加大,较70年代和80年代分别偏高0.43℃和0.3℃,较多年平均值偏高0.24℃;21世纪以来,气温进一步大幅上升,2001—2008年间气温较20世纪90年代和多年平均值分别偏高0.73℃和0.97℃。

表1 江河源区不同年代的年均气温

参数	1971—1980年	1981—1990年	1991—2000年	2001—2008年	1971—2000年
年均气温(℃)	-0.84	-0.71	-0.41	0.32	-0.65

如表2所示,20世纪70年代风速较高,均值为2.82 m/s,较多年平均值偏高0.33 m/s;80年代风速较70年代降低0.32 m/s,与多年平均值相近;90年代风速继续大幅降低,较70年代和80年代分别偏小0.65 m/s和0.33 m/s;2001—2008年间风速均值为2.19 m/s,略高于20世纪90年代。

表2 江河源区不同年代的年均风速

参数	1971—1980年	1981—1990年	1991—2000年	2001—2008年	1971—2000年
年均风速(m/s)	2.82	2.50	2.17	2.19	2.49

3 意义

根据江河源区12个气象台站1971—2008年间的逐月气温、风速和降水资料,通过气候变化的特征公式[1],对该区气候变化特征进行了分析,近40年来,江河源区气候持续变暖,年均气温的增温率为0.37℃/(10 a),1987年和1998年气温由低向高突变;年均风速显著降低,每10年降幅为0.24 m/s,1981年和1992年风速由高向低突变,年均风速与年均气温间呈负相关关系;20世纪80年代降水偏多,70年代和90年代偏少,21世纪以来降水量有所回升,增幅因区域而异;年陆面蒸发量整体显著增加。

参考文献

[1] 姜永见,李世杰,沈德福,等. 青藏高原江河源区近40年来气候变化特征及其对区域环境的影响. 山地学报,2012,30(4):461-469.

[2] 高桥浩一郎. 用月平均气温、月降水量估算蒸发量的经验公式. 天气,1979,26(12):29-32.

山地地形的大暴雨预测模型

1 背景

九华山位于我国东部季风区，属北亚热带湿润季风气候，山区小气候特征明显，特别是受海拔、地形地势的影响，降水量时空分布的差异非常大。在强降水的预报预警工作中，不仅要着眼于背景环流形势的分析，同时也要充分地考虑局地因子的影响。汪学军[1]利用九华山风景区和邻近地区气象观测资料及部分区域自动气象站的探测资料，分析山地地形对九华山大暴雨的影响，为山区强降水的预报提供参考和帮助。

2 公式

地形抬升作用所造成的垂直上升运动 w_0 可用下式计算：

$$w_0 = v_n tg\alpha$$

如图 1 所示，α 为地形坡度，v_n 为地形等高线法向风速分量，当地形坡度为 10^{-2}，v_0 为 10 m/s 时，可以计算出 $w_0 = 10$ cm/s。

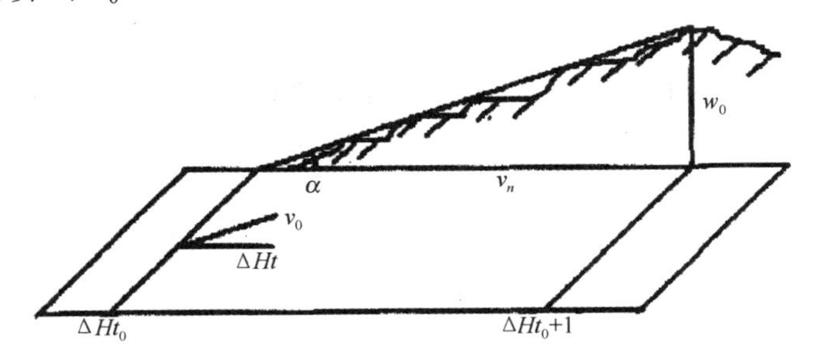

图 1　地形坡度所造成的垂直运动

喇叭口内的垂直上升速度可用下式表示：

$$\omega = \overline{U}(\mathrm{tg}x + 2m\Delta z)$$

式中，$\overline{U}$ 为喇叭口进口处的平均风速；m 为阻碍系数（山地地表 $m > 0$）；X 为近地面层风向与喇叭口开口方向夹角；Δz 为高度差。

设“热岛”空气块内部温度为 T'，周围空气块的温度为 T，可以得到气块垂直加速度和气块内外的水平温度差之间的关系式：

$$\frac{\mathrm{d}w}{\mathrm{d}t} = \frac{(T' - T)g}{T}$$

当 $T' > T$ 时，则 $\frac{\mathrm{d}w}{\mathrm{d}t} > 0$，说明山地表面的空气块受到向上的热力冲击作用，获得向上的加速度，如果气块是静止的，那么气块则做上升运动。

以周边地区环境风代表地转风 V_g，山区实际风 V 与环境风有交角形成地转偏差 D，由摩擦层中的地转偏差公式的向量形式得出：

$$D = V - V_g = \frac{1}{f}K \times F$$

可见地面摩擦力 F 作用的结果引起山区风向与环境风的差异，即风向发生了改变。

3 意义

利用九华山风景区和邻近地区的气象观测资料及区域自动气象站的探测资料，分析山地地形对九华山大暴雨的影响。根据山地地形的大暴雨预测模型，得到迎风坡的强迫抬升、喇叭口地形的辐合和局地热力冲击作用是触发九华山大暴雨天气的重要机制，局地涡漩环流对大暴雨也有加强作用。暴雨是灾害性天气，它出现的时间、地点及强度除与天气因子有关外，还受到地形非常显著的影响。

参考文献

[1] 汪学军．山地地形对九华山大暴雨的影响．山地学报，2012，30(4)：425－430.

林地土壤的水分动态变化模型

1 背景

水是生命之源，是支撑人类社会发展不可缺少和替代的自然资源。森林土壤水分的动态变化是研究坡面、小流域、大流域等各种尺度上植被与水的关系以及水量平衡的关键。王贺年和余新晓[1]采用时间序列分析方法，研究了4种林分内降水与林地土壤水分的相关关系，目的在于进一步了解林地土壤水分的动态变化特征及森林水文效应，为北京山区林地经营与恢复提供理论依据。

2 公式

对于任意两个时间序列，如果在时间上同步，则可以用协方差相关系数来描述它们的相关性。对于两个时间间隔相同的平稳时间序列 X 和 Y，其协相关系数可以用下式计算：

$$\rho_{xy} = \frac{S_{xy}(h)}{\sqrt{S_{xx}(0) \cdot S_{yy}(0)}} = \frac{S_{xy}(h)}{\sigma_x \sigma_y}$$

式中，ρ_{xy} 为序列 X 和 Y 的协相关系数；$S_{xy}(h)$ 为序列 X 和 Y 的协方差；$S_{xx}(0)$，$S_{yy}(0)$ 分别为序列 X 和 Y 的方差；σ_x，σ_y 分别为序列 X 和 Y 的标准差；h 为滞后时间。

对于具有 n 对观测数据的两个时间序列，当时间差为 h 时，其协方差可由下式算得：

$$S_{xy} = \frac{1}{n}\sum_{i=1}^{n-h}(x_i - \bar{x})(y_i - \bar{y}), \quad h = 0,1,2,\cdots$$

式中，$\bar{x}$，$\bar{y}$ 分别是时间序列 x，y 样本的平均值。

从表1中可以看出，4种林地类型土壤含水量自相关系数均随滞后时段的增加呈递减趋势，在滞后1、2个时段情况下均表现显著的自相关性。

表1 各林地类型土壤含水量自相关系数

样地类型	滞后时段（1个月）						
	$h=1$	$h=2$	$h=3$	$h=4$	$h=5$	$h=6$	$h=7$
侧柏	0.780	0.502	0.340	0.271	0.251	0.157	0.003
油松	0.693	0.456	0.405	0.369	0.251	0.108	0.007
刺槐	0.762	0.541	0.511	0.478	0.339	0.148	0.060
栓皮栎	0.692	0.497	0.497	0.430	0.267	0.059	0.002

通过对林地不同土层深度土壤含水量自相关分析,结果(表2)显示各土层深度土壤含水量也表现出微弱的自相关关系($\rho_{0.05}=0.335$),4种林地均表现出表层土壤(0~10 cm)含水量的自相关系数要低于其他土层。

表2　各林地不同土层深度土壤含水量自相关系数

样地类型	土层深度(cm)						
	10	20	30	40	50	60	70
侧柏	0.408	0.696	0.539	0.391	0.392	0.368	0.395
油松	0.387	0.477	0.492	0.464	0.432	0.359	0.363
刺槐	0.276	0.376	0.402	0.336	0.364	0.388	0.394
栓皮栎	0.277	0.460	0.520	0.443	0.447	0.434	0.406

3　意义

根据采用时间序列分析法,对北京山区4种主要林分类型的土壤含水量与降水量之间的相关关系进行了研究。通过林地土壤的水分动态变化模型,从而可知降水序列无明显自相关性,而土壤含水量则具有高度自相关性,其中20~40 cm土层自相关性最大;降水与土壤含水量在时间上有显著的相关性,油松林地和刺槐林地受当月降水的影响最大,侧柏林地和栓皮栎林地则是受前一个月降水量的影响最大;不同土层土壤含水量与降水的相关性不同,说明不同土层受降水的影响有时间上的不同。

参考文献

[1]　王贺年,余新晓. 北京山区林地土壤水分时间序列分析. 山地学报,2012,30(5):550-554.

地形的复杂度模型

1 背景

地形复杂度是描述地表崎岖程度的指标，它不仅是数字地形分析中的重要参数，还广泛地应用在地形数据压缩、地形分类与可视化、土地利用与土壤侵蚀、地形分析不确定性、生物多样性评估、DEM 采样策略和精度评估等领域，建立地形复杂度指标评价体系将为生态、环境保护、灾害评估等应用提供决策支持信息。卢华兴等[1]尝试采用多因子综合评价方法建立基于格网 DEM 的局部地形复杂度模型，并通过实验方法检验模型的有效性。

2 公式

刻画地表沿各个方向的平均曲率，反映局部窗口地形的平均突变程度，其表达式为：

$$c = (r^2 + 2s^2 + t^2)^{1/2}$$

式中，r 表示 x 方向二阶偏导数；t 表示 y 方向二阶偏导数；r 表示 x，y 方向偏导数。

$$\left.\begin{aligned} r &= f_{xx} = \frac{\partial^2 f}{\partial x^2} \\ t &= f_{yy} = \frac{\partial^2 f}{\partial y^2} \\ s &= f_{xy} = \frac{\partial^2 f}{\partial xy} \end{aligned}\right\}$$

9 像元的中心点构成了 8 个三角形，三角形面积总和代表了 9 像元中心点构成区域的表面积（As），设水平投影面积为 Ap（4 个格网面积），于是褶皱度为：

$$T_{LRU} = As/Ap = As/4g^2$$

计算局部全曲率关键是确定中心像元的二阶导数和偏导数，在数字地形分析中，格网 DEM 上的导数可以用数值差分方式近似估计，即：

$$
\left.\begin{aligned}
f_x &= \frac{H_3 + H_6 + H_9 - H_1 - H_4 - H_7}{6g} \\
f_y &= \frac{H_7 + H_8 + H_9 - H_1 - H_2 - H_3}{6g} \\
f_{xx} &= \frac{H_1 + H_3 + H_4 + H_6 + H_7 + H_9 - 2(H_2 + H_5 + H_8)}{3g^2} \\
f_{yy} &= \frac{H_1 + H_2 + H_3 + H_7 + H_8 + H_9 - 2(H_4 + H_5 + H_6)}{3g} \\
f_{xy} &= f_{yx} \frac{H_9 + H_1 - H_7 - H_3}{4g^2}
\end{aligned}\right\}
$$

式中，$H_1, H_2, \cdots, H_9$ 代表局部窗口的像元高度，角标编号与像元编号对应。

对各因子进行归一化处理，即把因子计算值归算到 0～1 的数值范围，计算方法为：

$$
N = (T - \min T)/(\max T - \min T)
$$

式中，T、$\min T$、$\max T$ 分别代表各因子的计算值、最小值和最大值。

由图 1 不难知道，相乘方式在总体上造成 *CTCI* 值压缩，不利于平衡各因子对 *CTCI* 的贡献，因此在此以平均值的方式对各地形因子融合，即 *CTCI* 等于 4 种地形因子和的平均值：

$$
C_T = (N_{LRE} + N_{LSV} + N_{LRU} + N_{LTC})/4
$$

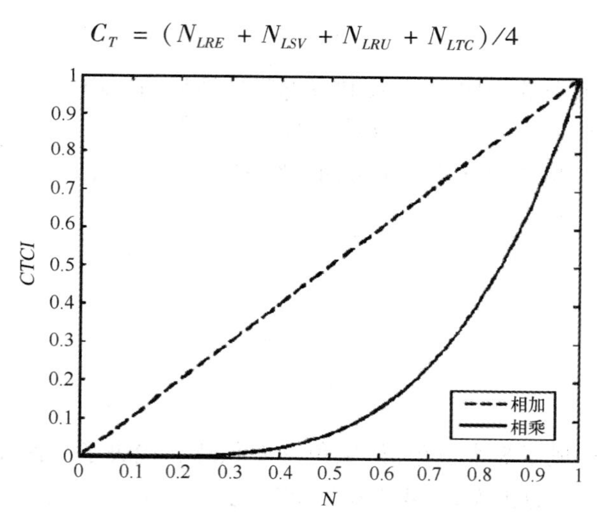

图 1　两种因子融合方式

3　意义

利用多因子评价方法选取 4 种局部地形因子，之后利用局部窗口分析方法获取各指标的计算值，最后融合4种因子得到每个格网的 *CTCI* 值。选取了3个典型地貌样区和1个混合地貌样区，建立了地形的复杂度模型，计算表明：*CTCI* 值能从整体上区分不同典型地貌区的地形复杂程度，同时 *CTCI* 值在局部范围与混合地貌样区的等高线的密度和变化程度有较好的吻合，表明 *CTCI* 值能从整体和局部反映地表的起伏和褶皱变化，是较好的地形复杂度评价指标。

参考文献

[1] 卢华兴，刘学军，汤国安．地形复杂度的多因子综合评价方法．山地学报，2012，30(5)：616－621.

地物形状特征的尺度公式

1 背景

在实际应用过程中,通常需要将不同测量平台上的高空间分辨率数据与时间分辨率高的低空间分辨率数据进行整合,形成不同空间分辨率的系列遥感影像,为地表现象多尺度描述或应用提供丰富的数据源,这就涉及尺度的转换问题。杨旭艳等[1]在借鉴前人研究成果的基础上,采用基于分形维数的方法进行遥感影像的尺度转换,并提出综合形状指数来计算最适合表达典型地物样本形状的适宜尺度。

2 公式

用分形理论进行图像尺度转换的原理是求算图像的分维数,将分维数作为遥感影像空间尺度的转换有效参数。一般地,二维复杂曲面求解分维数的基本模型是:

$$S = Kr^{2-D}$$

式中,S 为在观测尺度 r 下的曲面面积;k 为常数;D 为曲面的分维数。对其两边取对数得到:

$$\lg S = (2 - D)\lg r + \lg K$$

式中给出了描述曲面面积特征随观测尺度变化的规律,是一种对数函数关系。

现设遥感影像曲面的分维数为 D,因为 D 是尺度变化下的不变量,在不同空间分辨率的情况下,根据上式可得到:

$$S_{r1} = Kr_1^{2-D}$$

$$S_{r2} = Kr_2^{2-D}$$

两式相除可得:

$$\frac{S_{r2}}{S_{r1}} = (\frac{r_2}{r_1})^{2-D}$$

由于曲面的分维数 $D \geqslant 2$,所以上式可转换为:

$$\frac{S_{r2}}{S_{r1}} = \left(\frac{r_1}{r_2}\right)^{2-D}$$

地物的形状细节表达可以通过地物形状特征中的形状系数和分维数来计算,当这两个指数的值综合最高时的尺度，就认为是适宜表达该典型地物形状特征的尺度。计算公式为：

$$Q = \frac{P}{2\sqrt{\pi S}} + 2\log\left(\frac{P}{4}\right)/\log S$$

式中，Q 为综合形状指数；P 为典型地物的周长；S 为典型地物的面积。

根据上式计算典型地物的综合形状指数，其结果如表1。

表1 综合形状指数表

分辨率(m)	居民地1	居民地2	水体1	水体2
30	4.897 9	4.817 0	8.889 2	4.228 5
45	4.357 2	4.165 9	8.467 3	4.250 5
60	4.114 2	4.109 9	8.265 8	4.338 8
75	4.235 4	3.698 5	7.902 7	4.183 2
90	3.524 6	3.622 5	8.578 9	4.720 8
120	3.286 2	3.334 6	8.262 4	4.155 6

3 意义

根据地物形状特征的尺度公式，采用基于分维数的尺度转换方法得到以原始图像为基础的大于或小于原尺度的图像，在形成的连续变化的系列图像上提取两种典型地物样本，分别用地物单元周长(P)、面积(S)、面状地物形状系数(F)、斑块分维数(D)这4个表征地物形态特征的因子在各尺度图像上进行对比分析，发现随着遥感图像栅格尺寸的增大，典型地物样本灰度值的灰阶不断减少，形状复杂度不断降低，地物边界钝化，内部纹理结构简单化、粗糙化。综合分析以上现象，提出利用形状综合指数(Q)来计算适宜表达典型地物形状特征尺度的方法。

参考文献

[1] 杨旭艳，王旭红，胡婷，等．典型地物特征提取的适宜尺度选择．山地学报，2012，30(5)：607－615.

丘陵区坡度的提取公式

1 背景

地形因子反映了地形地貌的固有特征,而区域内的地形地貌特征控制着滑坡的空间分布。坡度是地貌学中描述地貌形态的两个重要地形因子之一,与区域滑坡发生和分布存在良好的相关性。在地形起伏变化比较剧烈的区域,DEM 对地形描述的精度受空间分辨率影响很大,直接导致基于不同分辨率 DEM 提取的坡度也各不相同,了解坡度提取误差的成因、大小和空间分布规律有利于提高坡度提取的精度。胡卓玮等[1]在前人研究工作的基础上,以四川省低山丘陵区为研究区,研究 DEM 空间分辨率对提取该区域坡度信息的不确定性影响。

2 公式

当地形曲面 $H = f(x,y)$ 已知时,可通过下列公式计算给定点的坡度:

$$Slope = \arctan(\sqrt{f_x^2 + f_y^2}) \tag{1}$$

式中,f_x 是 X 方向高程变化率;f_y 是 Y 方向高程变化率。

基于 ArcGIS 平台,采用三阶差分算法(图 1)计算 f_x 和 f_y 。计算公式为:

$$f_x = \frac{(z_{i+1,j-1} + 2z_{i+1,j} + z_{i+1,j+1} - z_{i-1,j-1} - 2z_{i-1,j} - z_{i-1,j+1})}{8d} \tag{2}$$

$$f_y = \frac{(z_{i+1,j-1} + 2z_{i,j+1} + z_{i-1,j+1} - z_{i-1,j-1} - 2z_{i,j-1} - z_{i+1,j-1})}{8d} \tag{3}$$

通过上式可以看出 f_x 和 f_y 的精度主要受 DEM 格网分辨率 d 的影响。

设通用的变化曲线为一元一次方程,如下式所示:

$$y = ax + b \tag{4}$$

式中,x 为 DEM 分辨率;a 和 b 为回归方程系数,则不同地貌类型区域内的回归方程为:

$$y = -0.0232x + 15.087 \quad (\text{低海拔中起伏山地})$$

$$y = -0.0219x + 12.624 \quad (\text{低海拔小起伏山地})$$

$$y = -0.0216x + 8.5331 \quad (\text{低海拔剥蚀台地})$$

$$y = -0.0235x + 7.5181 \quad (\text{低海拔丘陵})$$

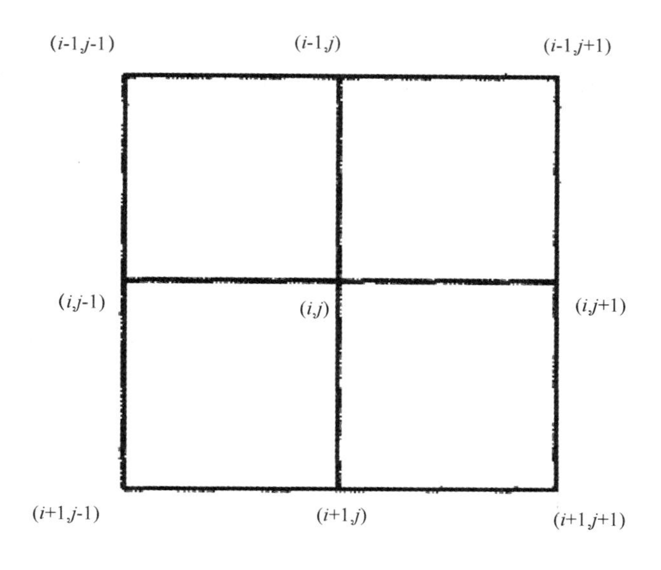

图 1　三阶差分计算示意图

$$y = -0.0236x + 6.3265 \quad (\text{低海拔冲积平原})$$
$$y = -0.025x + 5.6977 \quad (\text{低海拔冲积洪积台地}) \tag{5}$$

通过拟合,回归方程表示为:

$$y = 0.0039x^2 - 0.1020x + 3.6724$$

式中,y 为式(5)中的常数项,x 为不同地貌类型区域内的沟壑密度。四川省低山丘陵区平均坡度的变异特征可通过下式来表征:

$$y = -0.0231x + (0.0039S^2 - 0.1024S + 3.6724)$$

式中,x 为 DEM 的空间分辨率;y 为该空间分辨率的 DEM 所提取的地面坡度值;S 为地面沟壑密度。

设 30 m 分辨率的 DEM 所提取的地面平均坡度 Y 为真值,则在其他分辨率 x 所提取的地面平均坡度的误差 E 为:

$$E = Y - y = 0.0231x - 0.693 \tag{6}$$

式中,E 即为四川省低山丘陵区平均坡度的误差估算模型。

3　意义

针对四川省低山丘陵区,以 GIS 为技术支撑,深入分析研究区坡度提取的不确定性。以平均坡度代表区域坡度的一般水平,采用 6 种地貌类型的 12 组不同分辨率的 DEM 数据,研究平均坡度与 DEM 空间分辨率、区域地貌特征的关系,利用丘陵区坡度的提取公式,定量分析基于 DEM 提取坡度的不确定性。从而可知研究区不同地貌单元内,平均坡度随着 DEM 分辨率的减小而减小,呈现出很强的线性变化规律,其衰减速率基本不变;其回归方程的常数项与所在地貌单元的沟壑密度呈显著的二次曲线变化特征;坡度提取的精度与 DEM 的空间分辨率成正相关关系。

参考文献

[1] 胡卓玮,李洋,王志恒. 基于 DEM 的四川省低山丘陵区坡度提取不确定性分析. 山地学报,2012,30(5):636-640.

库岸滑坡的滑速公式

1 背景

滑坡下滑的过程中，它的高势能释放会转化为动能，滑坡滑动还要克服滑面的摩擦阻力做功，根据动能定理，即合外力对滑体所做的功等于滑体动能的改变量，就可以很容易地求出滑坡下滑的速度。潘家铮计算公式是在滑坡未入水的条件下得到的，公式适用于岸上土条。由于库岸滑坡滑动一般发生在水库蓄水之后，因此，必须考虑库水对滑坡的影响。黄锦林等[1]通过实验对基于垂直条分法改进的库岸滑坡滑速计算式进行了分析。

2 公式

在滑坡体上取出一个垂直分条，设为 i 号，其上除作用有自重 W_i（地下水位以上用湿容重计算，以下用饱和容重计算）外，尚作用有以下各力：滑面上反力，垂直界面上反力，扬压力。

该垂直分条的动力平衡方程为：

$$\frac{W_i}{g}a_x = \Delta H_i + (N_i + U_i)\sin\alpha_i - (f_iN_i + C_i)\cos\alpha_i$$

$$\frac{W_i}{g}a_{yi} = \Delta Q_i + (W_i - U_i\cos\alpha_i) - N_i\cos\alpha_i - (f_iN_i + C_i)\sin\alpha_i$$

式中，a_x 及 a_{yi} 分别指该垂直分条的水平和垂直加速度；α_i 为垂直分条底部倾斜角度。

潘家铮在分析中略去切向力 Q 的作用，相当于假定各条块间完全无摩擦及其他阻力，这一假定将导致偏于安全的结果。于是，以上两式可变为：

$$\frac{W_i}{g}a_x = \Delta H_i + (N_i + U_i)\sin\alpha_i - (f_iN_i + C_i)\cos\alpha_i$$

$$\frac{W_i}{g}a_x\tan\alpha_0 = (W_i - U_i\cos\alpha_i) - N_i\cos\alpha_i - (f_iN_i + C_i)\sin\alpha_i$$

对于每一垂直分条，由上式可得：

$$N_i = \frac{(W_i - U_i\cos\alpha_i) - C_i\sin\alpha_i - \frac{W_i}{g}a_x\tan\alpha_0}{\cos\alpha_i + f_i\sin\alpha_i}$$

对于滑坡整体而言,ΔH_i 为内力,因而有:

$$\sum_{i=1}^{n} \Delta H_i = 0$$

就所有分条取和,可得:

$$\frac{W_i}{g}a_x = \sum_{i=1}^{n} N_i \sin\alpha_i + \sum_{i=1}^{n} U_i \sin\alpha_i - \sum_{i=1}^{n} f_i N_i \cos\alpha_i - \sum_{i=1}^{n} C_i \cos\alpha_i$$

式中,$W = \sum_{i=1}^{n} W_i$,为滑坡体的全部重量;g 为重力加速度。可以解出 a_x 为:

$$a_x = \left[\frac{\sum_{i=1}^{n}(W_i - U_i \cos\alpha_i)D_i - \sum_{i=1}^{n} C_i(D_i \sin\alpha_i + \cos\alpha_i) + \sum_{i=1}^{n} U_i \sin\alpha_i}{W + \sum_{i=1}^{n} W_i D_i \tan\alpha_o}\right] g$$

其中,

$$D_i = \frac{\sin\alpha_i - f_i \cos\alpha_i}{\cos\alpha_i + f_i \sin\alpha_i}$$

库水位以下土条的动力平衡方程为:

$$\frac{W_j}{g}a_x = \Delta H_j + N_j \sin\alpha_j - (f_j N_j + C_j)\cos\alpha_j - R_j$$

$$\frac{W_j}{g}a_{yj} = \Delta Q_j + W_j - N_j \cos\alpha_j - (f_j N_j + C_j)\sin\alpha_j$$

式中,a_x 及 a_{yj} 分别指该水下土条的水平和垂直加速度;α_j 为水下垂直分条底部倾斜角度。

根据潘家铮的计算假定,$\frac{a_{yj}}{a_x} = \tan\alpha_0$,$\alpha_0$ 为这一条块与下一条块中点连线的夹角。略去切向力 Q 的作用,以上两式变换为:

$$\Delta H_j + N_j \sin\alpha_j - (f_j N_j + C_j)\cos\alpha_j - R_j = \frac{W_j}{g}a_x$$

$$W_j - N_j \cos\alpha_j - (f_j N_j + C_j)\sin\alpha_j = \frac{W_j}{g}a_x \tan\alpha_0$$

由上式可推得:

$$N_j = \frac{W_j - C_j \sin\alpha_j - \frac{W_j}{g}a_x \tan\alpha_0}{\cos\alpha_j + f_j \sin\alpha_j}$$

对于库水位以下滑坡体而言,有:

$$\sum_{j=1}^{n} \Delta H_j = T$$

式中,T 为水上、水下交界处由水上土条传给水下土条的水平推力。

设该滑坡体共分为 n 个土条,土条总重量为 W。其中库水位以下共有 n_1 个土条,其总

重量为 $W_{水下}$;库水位以上共有 n_2 个土条,其总重量为 $W_{水上}$,则:

$$n_1 + n_2 = n$$

$$W_{水上} + W_{水下} = W$$

对所有库水位以下土条取和,可得:

$$\sum_{j=1}^{n} \frac{W_j}{g} a_x = T + \sum_{j=1}^{n_1} N_j \sin\alpha_j - \sum_{j=1}^{n_1} f_j N_j \cos\alpha_j - \sum_{j=1}^{n_1} C_j \cos\alpha_j - \sum_{j=1}^{n_1} R_j$$

令:

$$R = \sum_{j=1}^{n_1} R_j$$

$$W_{水下} = \sum_{j=1}^{n_1} W_j$$

式中,R 为水阻力的合力。则有:

$$\frac{W_{水下}}{g} a_x = T + \sum_{j=1}^{n_1} N_j \sin\alpha_j - \sum_{j=1}^{n_1} f_j N_j \cos\alpha_j - \sum_{j=1}^{n_1} C_j \cos\alpha_j - R$$

由前分析可知,对于库水位以上的土条有:

$$\frac{W_{水下}}{g} a_x = \sum_{i=1}^{n_2} N_i \sin\alpha_i + \sum_{i=1}^{n_2} U_i \sin\alpha_i - \sum_{i=1}^{n_2} f_i N_i \cos\alpha_i - \sum_{j=1}^{n_2} C_i \cos\alpha_i - T$$

其中,

$$N_i = \frac{(W_i - U_i \cos\alpha_i) - C_i \sin\alpha_i - \frac{W_i}{g} a_x \tan\alpha_0}{\cos\alpha_i + f_i \sin\alpha_i}$$

左右两侧式子相加可得:

$$\frac{W}{g} a_x = \sum_{i=1}^{n_2} N_i \sin\alpha_i + \sum_{i=1}^{n_2} U_i \sin\alpha_i + \sum_{i=1}^{n_2} f_i N_i \cos\alpha_i - \sum_{i=1}^{n_2} C_i \cos\alpha_i + \sum_{j=1}^{n_1} N_j \sin\alpha_j - \sum_{j=1}^{n_1} f_j N_j \cos\alpha_j - \sum_{j=1}^{n_1} C_j \cos\alpha_j - R$$

则有:

$$a_x = \left[\frac{\sum_{i=1}^{n_2} (W_i - U_i \cos\alpha_i) D_i - \sum_{i=1}^{n_2} C_i (D_i \sin\alpha_i + \cos\alpha_i) + \sum_{i=1}^{n_2} U_i \sin\alpha_i}{W + \sum_{i=1}^{n_2} W_i D_i \tan\alpha_0 + \sum_{j=1}^{n_1} W_j D_j \tan\alpha_0} + \frac{\sum_{j=1}^{n_1} (W_j D_j) - \sum_{j=1}^{n_1} C_j (D_j \sin\alpha_j + \cos\alpha_j) - R}{W + \sum_{i=1}^{n_2} W_i D_i \tan\alpha_0 + \sum_{j=1}^{n_1} W_j D_j \tan\alpha_0} \right] g$$

其中,

$$D_i = \frac{\sin \alpha_i - f_i \cos \alpha_i}{\cos \alpha_i + f_i \sin \alpha_i}$$

$$D_j = \frac{\sin \alpha_j - f_i \cos \alpha_j}{\cos \alpha_j + f_i \sin \alpha_j}$$

对于任一条块,设水平滑动的初速度为 V_{i1x} ,末速度为 V_{i2x} ,水平滑动距离为 L_i ,滑动时间为 T_i ,由物理学知识可得:

$$V_{i2x} = \sqrt{V_{i1x}^2 + 2a_{ix}L_i}$$

$$T_i = \frac{V_{i2x} - V_{i1x}}{a_{ix}}$$

滑速分析时,阻力 R 按下式计算:

$$R = \frac{1}{2}c_w \rho_f V^2 S$$

式中, c_w 为黏滞阻力系数,0.15~0.18,计算时取0.18; ρ_f 为浮容重,g/m ^{3};V 为水下运动速度,m/s,为简便计,计算时取条块初始时刻的运动速度;s 为水中运动条块的迎水表面积,m^2。

对于摩擦系数 f,当滑块仍在滑坡体内的滑床上滑动时,按下式计算:

$$f = tg\varphi$$

式中,φ 为滑带土的内摩擦角(°)。

3 意义

在潘家铮山地滑坡垂直条分法滑速计算式的基础上,黄锦林等[1]考虑库水阻力及受水作用后底摩擦系数减小的影响,推导出适合库岸滑坡滑速分析的垂直条分法改进计算式。利用该式,分析了鹅公带古滑坡失稳工况下的滑动结果,比较了两种算法的差异。并比较计算后的所得鹅公带古滑坡蓄水失稳滑动的最大水平滑速,两种算法的结果有一定差异。垂直条分法改进计算式考虑了库岸滑坡滑动过程中受库水作用的影响,计算结果更符合实际,能提高库岸滑坡滑速计算精度。

参考文献

[1] 黄锦林,钟志辉,张明飞. 基于垂直条分法改进计算式的库岸滑坡滑速分析. 山地学报,2012,30(5):555-560.

景观生态的风险评价模型

1 背景

生态风险评价是评价一种或多种干扰对生态系统及其组分产生有害影响的或然性，是对环境管理中长时间和大区域尺度上的风险可能造成的效应进行辨认并将其联系起来，并对人类活动和环境系统进行综合评估，最终为生态环境风险管理与环境监测提供决策支持。巩杰等[1]以武都区多种地质灾害，如滑坡、泥石流和地震等为风险源，基于景观结构构建生态风险评价模型，探讨武都区的生态风险特征及其时空分布格局。研究可为区域生态环境管理与地质灾害防治提供科学依据。

2 公式

景观结构指数可用来反映不同景观生态系统受到干扰的程度，可通过景观破碎度、景观分离度和景观分维数的权重叠加而获得：

$$S_i = aC_i + bN_i + cF_i$$

式中，S_i 为景观结构指数；C_i 为景观破碎度指数；N_i 为景观分离度指数；F_i 为景观分维数；a、b 和 c 分别为各个指数的权重。

景观破碎度指数（C_i）可以用来描述受到地质灾害的干扰后景观类型的破碎程度，其计算公式为：

$$C_i = n_i/A_i$$

式中，n_i 为景观类型 i 的斑块数；A_i 为景观类型 i 的总面积；

景观分离度指数（N_i）是指某一景观中不同斑块个体空间分布的离散程度。其计算公式为：

$$N_i = I_i \times A/A_i$$

$$I_i = 0.5\sqrt{n_i/A}$$

式中，I_i 为景观类型 i 的距离指数；A 为景观总面积；A_i 为景观类型 i 的总面积；n_i 为景观类型 i 的斑块数；

景观分维数（F_i）描述了景观中斑块形态的复杂性特征，可以反映景观在受到地质灾害的扰动后其形态的复杂程度。其计算公式为：

$$F_i = 2\ln\left(\frac{P_i}{4}\right)/\ln A_i$$

景观生态损失指数表示遭遇干扰时各景观类型所受到的生态损失的差别,是某一景观类型的景观结构指数和脆弱度指数的综合。生态损失指数计算公式为:

$$R_i = S_i \times V_i$$

式中,R_i 为景观类型 i 的生态损失指数;S_i 为景观类型的景观结构指数;V_i 为景观类型 i 的易损性指数。

划分风险小区之后,对每个风险小区内的风险值进行计算,根据每个风险小区内各风险源的严重等级,将其分为三级,分别用数值表示,同时考虑到各风险源的发生概率,通过加权得到每个小区内的综合风险值 P_j,用以下公式表示:

$$P_j = \sum_{l=1}^{l=3} L_{jl} \times W_l \times P_l$$

式中,P_j 是风险小区 j 的综合风险值;L_{jl} 是风险小区 j 内 l 类地质灾害的严重等级;W_l 是 l 类地质灾害的权重;P_l 是 l 类地质灾害的发生概率。

为了建立景观结构与区域综合生态环境状况之间的联系,利用景观组分的面积比重,引入生态环境风险指数,用于描述一个风险小区内综合生态损失的相对大小,以将景观空间结构转化成空间化的生态风险变量。其计算公式为:

$$D_j = \sum_{i=1}^{i=n} \frac{A_{ji}}{A_j} \times R_i$$

式中,D_j 是风险小区 j 的综合生态损失度;A_{ji} 是风险小区 j 内 i 景观类型的面积;A_j 是风险小区 j 的面积;n 是景观类型。

由此,得到生态风险指数,其计算公式为:

$$ERI = P_j \times D_j$$

式中,ERI 为生态风险指数;P_j 为风险小区 j 的综合风险值;D_j 为风险小区 j 的综合生态损失度。

3 意义

根据陇南市武都区的主要地质灾害和景观类型为风险源和受体的分析,以景观结构指数和易损性指数作为评价指标,构建生态风险评价模型,进行生态风险特征评估。从而可知,武都区生态风险特征的分布主要受地质灾害风险分布和景观格局的影响,人类活动、植被覆盖度和海拔梯度也是重要的影响因素。极高风险区和高风险区主要集中分布在东江镇以东的白龙江沿岸及整个白龙江南岸、安化、马街、汉王以及两水镇北部等地;低风险区和较低风险区主要分布在武都区东部和南部以及西部和西北部区域。基于景观结构的多风险源生态风险评价对于区域生态风险管理具有重要的现实和指导意义。

参考文献

[1] 巩杰,赵彩霞,王合领,等. 基于地质灾害的陇南山区生态风险评价——以陇南市武都区为例. 山地学报,2012,30(5):570-577.

下渗的产流方程

1 背景

泥石流起动机理是泥石流研究的核心问题。按泥石流形成的动力条件,可以将泥石流划分为土力类泥石流和水力类泥石流。前者的主要特征是泥石流初期土体运动中无须水体提供动力,而靠自身重力沿坡面的剪切分力发生和维持运动。郭晓军等[1]在前人工作的基础上,选取蒋家沟支流门前沟、大凹子沟、老蒋家沟不同土壤类型和土地利用类型,采用双环法研究其水分入渗特征,在东川泥石流观测站附近的径流小区进行人工降雨试验,分析壤中流中水量成分,服务于该地区的下渗、产流和泥石流起动机理研究。

2 公式

野外双环试验是在充分供水的情况下进行的。在降雨强度足够大的情况下,蒋家沟流域出现超渗产流,根据试验结果拟合出在各种土壤类型下不同土地利用类型中的下渗曲线,发现试验结果较好地拟合成霍顿公式,其基本形式为:

$$f_t = f_c + (f_0 - f_c)\exp(-kt)$$

式中,f_t 为 t 时刻的下渗速率;f_c 为稳定入渗率;f_0 为初始入渗率;t 为时间;k 为系数,反映土壤的下渗性能。各种土壤类型和土地利用类型的稳定下渗率见表 1,各种土壤类型下不同土地利用类型中的下渗曲线见图 1。

表 1 最终稳定下渗率

土地利用	土壤类型		
	燥红土	红黄壤	砾石土
草地	0.056	0.075	—
林地	—	0.149	—
耕地	0.079	0.156	—
灌木丛	0.014	0.115	—
裸地	0.014 0	0.091 0	0.129 6

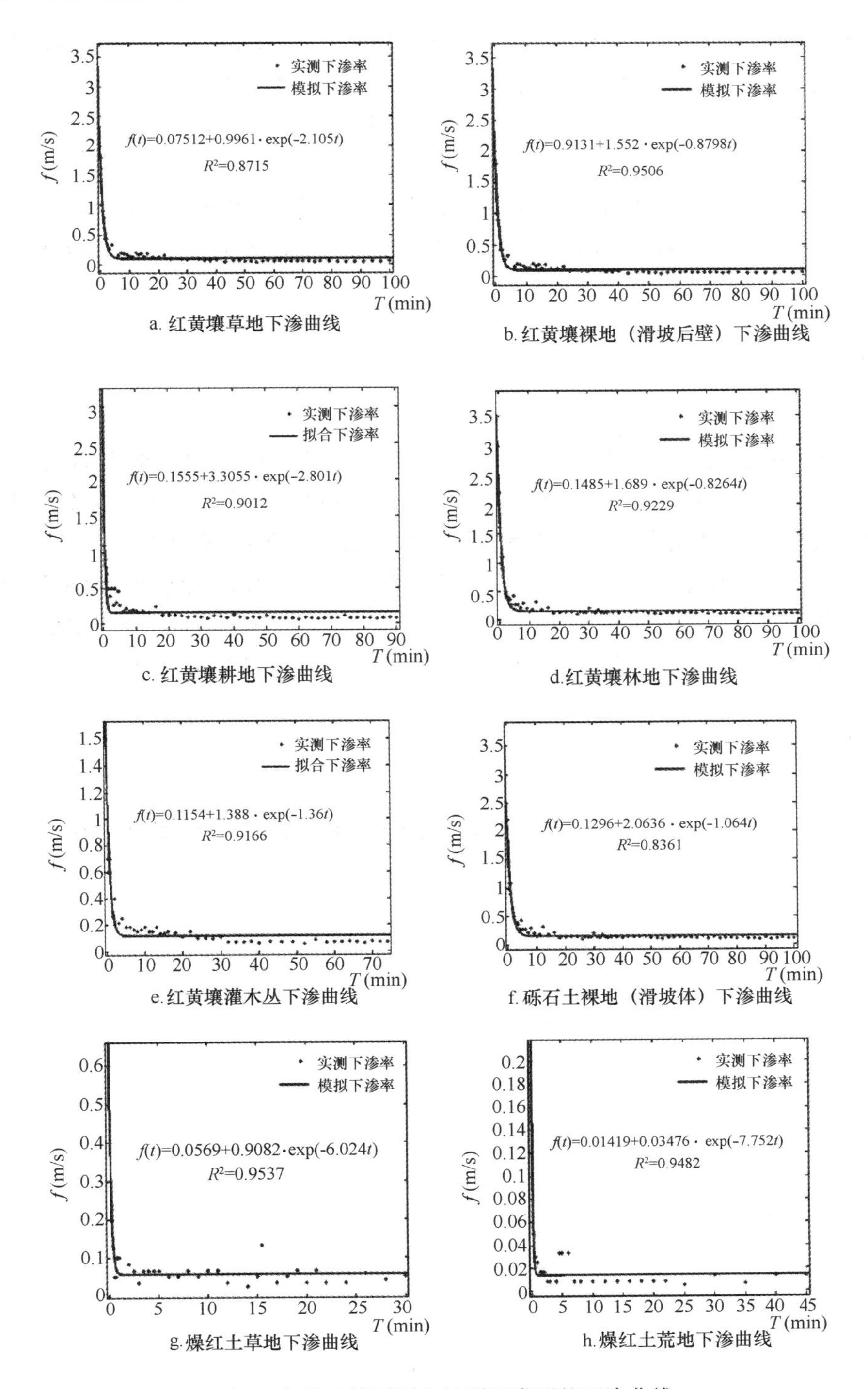

图 1 各种土壤不同土地利用类型的下渗曲线

采用时间源划分方法,即将径流划分为事件水和事件前水,事件水一般由降雨产生,而事件前水指降雨事件前已经储存在土壤中的水分。它的基本方程为:

$$Q_t = Q_{pe} + Q_e$$

$$C_tQ_t = C_{pe}Q_{pe} + C_eQ_e$$

式中,Q_t 为总径流;Q_e 、Q_{pe} 分别为事件水和事件前水总量;其相应的同位素浓度(用某种同位素表示)分别为 C_t C_e 、Q_{pe} ,用质谱仪测试结果表现为 δ 值,δ 为各水源在总水源中所占的比例。

3 意义

根据下渗的产流方程,推测出壤中流在该地区的降雨—产流中占很大的比例,进而对壤中流进行流量划分,来研究该地区的产流特征。目前对于划分径流中各成分最准确的是同位素划分方法,通过稳定同位素可以将径流划分为坡面径流,壤中流,地下径流,栖息饱和径流4 种径流。但由于同位素分割流量方法实现的难度以及蒋家沟地区水文研究基础的薄弱,在此并未对壤中流在该地区产流中的作用做进一步分析与验证。如果能进一步通过对径流的分割,对壤中流在产流中的作用进行验证,则结果将更有说服力。

参考文献

[1] 郭晓军,崔鹏,朱兴华. 泥石流多发区蒋家沟流域的下渗与产流特点. 山地学报,2012,30(5):585 -591.

砾石土的粒度分形公式

1　背景

通过野外调查及室内颗粒分析表明，我国形成泥石流的主要物质来源于一种宽级配砾石土，包含了砾石、砂砾、粉细沙和黏性土等组分，其中粒径大于 2 mm 的成分占整个质量的 50% 以上，其余为沙粒、粉粒和黏粒。黄祺等[1]以 19 条泥石流沟源区的 75 个砾石土试样的颗粒分析数据为基础，以基于质量分布确定土体颗粒大小分布的分形维数方法，求得砾石土粒度分维值，并对粒度分形特征与土体颗粒组成的关系进行了讨论，最后探讨了研究源区砾石土粒度分形的意义。

2　公式

根据分形理论有颗粒粒径 r 与粒径小于 r 的颗粒数目 $N(r)$ 满足分形的一般定义式：

$$N(r) \propto r^{-D}$$

对上式两边求导可得：

$$\mathrm{d}N(r) \propto r^{-D-1}\mathrm{d}r$$

颗粒大小和频度之间满足经验关系 Weibul1 分布：

$$M(<r)/M = 1 - \exp[1 - (r/r_0)^b]$$

式中，$M(<r)$ 为所有小于粒径 r 颗粒的质量之和；M 为整个试样的质量；r_0 为试样的平均尺寸；b 为常数。当 $r \leqslant r_0$ 时，将指数函数进行 Taylor 级数展开，并略去二次项后得：

$$M(<r)/M = (r/r_0)^b$$

两边求导可得：

$$\mathrm{d}M(<r) \propto r^{b-1}\mathrm{d}r$$

颗粒数目的增加和颗粒质量之间存在下列关系：

$$\mathrm{d}M(<r) \propto r^3\mathrm{d}N(r)$$

砾石土粒度分维值的计算式为：

$$D = 3 - b$$

一重分形特征的沟道及相关指标如表 1 所示。

表1　一重分形特征的沟道及相关指标

编号	1	2	3	4	5	6	7	8	9	10	11	12	13	14
D	2.641	2.753	2.768	2.445	2.597	2.557	2.514	2.704	2.720	2.644	2.640	2.719	2.631	2.485
R^2	0.991	0.983	0.990	0.991	0.991	0.984	0.953	0.946	0.961	0.993	0.994	0.995	0.985	0.992
Pc	5.68	7.43	12.05	2.51	2.05	0.99	1.13	4.01	5.01	4.00	4.10	7.07	2.31	1.62
Da	2.682	2.762	2.779	2.601	2.647	2.510	2.530	2.673	2.691	2.662	2.654	2.700	2.600	2.518

3　意义

根据以19条泥石流沟源区75个砾石土试样的颗分数据为基础,应用分形理论研究泥石流沟源区砾石土粒度组成特征,并对粒度分形特征与土体颗粒组成的关系进行了讨论。通过砾石土的粒度分形公式的计算,得到粒度分布具有分形特征,以一重分形特征为主;一重分形特征表明土体各粒组的含量连续分布性较好;二重分形表明土体各粒组的含量连续分布相对较差,某一粒组含量存在突变;所研究的沟道平均粒度分维值 Da 在2.45～2.78间,且平均粒度分维值 Da 随黏粒含量 Pc 增加逐渐增大。最后探讨了研究源区砾石土粒度分形特征的意义。

参考文献

[1]　黄祺,陈宁生,朱云华,等. 泥石流源区砾石土的粒度分形特征. 山地学报,2012,30(5):578-584.

退化植被的恢复潜力公式

1 背景

植被消失导致的南方石漠化已经成为一个与北方沙漠化相匹敌的科学、经济和社会问题。对退化生态系统进行恢复潜力评价是合理地进行恢复实践的基础，无论是研究者、实践者还是政策制定者，当面对一个已经退化的生态系统，首先考虑的是确定它重新恢复到某种目标生态系统的能力，这样可以及时把握生态系统自然恢复的现状和程度，为调控恢复进程和预测恢复轨迹等生态系统可持续管理及恢复实践提供理论基础。唐樱殷等[1]通过实验对黔西北喀斯特退化植被恢复潜力进行了评价。

2 公式

通过构建数学形式将各指标的信息综合起来，最后得到一个综合指数(表1)。各评价集指数及综合恢复潜力指数的计算如下。

地上群落恢复潜力指数：

$$PI_V = \frac{V_1 + V_2 + V_3}{3}$$

繁殖体库恢复潜力指数：

$$PI_R = \frac{V_4 + V_5 + V_6 + V_7}{4}$$

土壤基质恢复潜力指数：

$$PI_S = \frac{V_8 + V_9 + V_{10} + V_{11} + V_{12}}{5}$$

干扰指数：

$$DI = V_{13}$$

综合恢复潜力指数：

$$PI = [PI_V \times PI_R \times PI_S(1 - DI)]^{\frac{1}{4}} V_1 - V_{13}$$

表 1　毕节喀斯特区域各退化群落和参照群落的评价指标原始数据

评价指标		样地号											
		1	2	3	4	5	6	7	8	9	10	11	12
地上群落	$DBH \geqslant 3$ 的乔木数量 X_1	0	0	1	3	0	27	31	39	5	3	6	103
	$DBH < 3$ 的乔木数量 X_2	0	0	1	8	3	11	13	2	3	28	24	17
	生物量(kg/hm^2)X_3	2 793	2 834	23 095	28 492	28 936	57 373	59 922	52 283	38 321	52 459	35 441	77 959
繁殖体库	木本种子密度(粒/m^2)X_4	57	63	100	60	140	200	140	140	240	220	440	144 2
	木本种子物种丰富度 X_5	2	2	3	3	4	4	9	6	6	9	10	14
	种子库更新潜力度 X_6	0. 03	0. 02	0. 04	0. 02	0. 06	0. 11	0. 1	0. 12	0. 12	0. 1	0. 09	0. 12
	乔木萌生量 X_7	0	0	5	34	0	35	78	17	17	68	29	69
土壤基质	有机质含量(g/kg)X_8	38. 22	63. 74	83. 92	88. 96	79. 5	93. 97	73. 03	49. 84	75. 73	85. 7	110. 8	120. 62
	全磷含量(g/kg)X_9	0. 687	1. 115	0. 824	0. 706	0. 712	0. 874	0. 605	0. 623	0. 547	0. 592	0. 774	0. 49
	全钾含量(g/kg)X_{10}	12. 71	11. 42	10. 37	9. 66	10. 19	14. 12	10. 2	15. 75	7. 2	6. 29	7. 09	2. 706 7
	全氮含量(g/kg)X_{11}	2. 35	3. 87	4. 49	4. 38	4. 34	4. 74	3. 65	2. 79	3. 55	4. 32	5. 19	5. 73
	有效氮含量(mg/kg)X_{12}	150	241	315	331	323	376	305	182	271	365	393	500. 67
干扰	干扰强度 X_{13}	0. 7	0. 7	0. 6	0. 6	0. 5	0. 3	0. 2	0. 3	0. 4	0. 4	0. 4	0

3　意义

根据地上群落、繁殖体库、土壤基质和干扰状况 4 类指标群信息的 13 个指标，构建综合评价模型，对该区域自然恢复过程中处于不同演替阶段的 11 个群落进行恢复潜力评价。总体来看，与地上群落和繁殖体库相比，土壤基质状况较好且变异较小，说明土壤基质不是该区域植被恢复的限制因子，充足的木本植物繁殖体源将发挥越来越重要的作用。该模型可作为一个有效的技术来监测喀斯特退化植被的恢复进程。

参考文献

[1]　唐樱殷，谢永贵，余刚国，等．黔西北喀斯特退化植被恢复潜力评价．山地学报．2011，30(5)：528－534.

降雨频率对泥石流的影响公式

1 背景

泥石流是山区地震后的主要次生灾害之一,地震后泥石流暴发的临界降雨条件较地震前有所降低,泥石流有至少 5 ~ 10 年的相对活跃期,影响时间可能长达 30 ~ 40 年。受强降雨诱发,汶川地震震中四川省汶川县映秀镇及附近岷江两岸于 2010 年 8 月 14 日凌晨暴发了 8 处坡面泥石流和 13 处沟谷型泥石流。刘清华等[1]通过研究四川省部分泥石流沟的泥石流规模和相应降雨频率的数据资料,得到泥石流规模与降雨频率之间的关系式。

2 公式

根据表 1 和图 1 拟合得到规模系数 K 与降雨频率 P 之间的关系式,即:

$$K = 0.24P^{-0.3} \qquad R^2 = 0.9868$$

表 1 泥石流沟参数及泥石流规模系数

沟名	位置	所在流域	流域面积	不同降雨频率下的泥石流规模系数 K								
			(km^2)	0.2%	0.5%	1%	2%	3.3%	4%	5%	10%	20%
大水沟	四川省北川县	涪江支流通口河	0.45	1.47	1.17	1.0	0.85	0.75	–	0.68	0.55	0.42
小水沟	四川省北川县	涪江支流通口河	0.36	1.63	1.19	1.0	0.85	0.74	–	0.66	0.53	0.41
无名沟	四川省北川县	涪江支流通口河	0.07	1.64	1.20	1.0	0.84	0.74	–	0.66	0.53	0.39
海尔沟	四川省石棉县	大渡河	24.84	1.36	1.15	1.0	0.85	0.77	–	0.64	0.49	0.36
龙达沟	四川省康定县	大渡河	4.72	–	1.28	1.0	0.81	0.66	–	0.58	0.44	0.31
深启低沟	四川省汉源县、甘洛县	大渡河	0.63	1.51	1.18	1.0	0.78	–	–	0.59	0.46	0.34
大桥沟	四川省西昌市、盐源县	雅砻河	170.06	1.36	1.15	1.0	0.84	–	–	0.64	0.50	0.38
喇嘛溪沟	四川省汉源县	大渡河支流流沙河	4.30	1.36	1.17	1.0	0.85	–	–	0.67	0.54	0.40
深家沟	四川省泸定县	大渡河	3.86	1.64	1.23	1.0	0.79	–	–	0.57	–	–
大寨沟	云南省巧家县、宁南县	金沙河	28.73	–	–	1.0	0.75	–	–	0.56	0.41	0.29
石膏厂沟	四川省美姑县	金沙江支流美姑河	2.13	–	–	1.0	0.88	–	–	–	0.40	0.30
罗家坝沟	四川省黑水县	岷江支流黑水河	18.6	–	–	1.0	0.80	–	0.60	–	–	–
海流沟	四川省石棉县	大渡河	61.24	1.55	–	1.0	0.74	–	–	–	–	–

续表 1

沟名	位置	所在流域	流域面积	不同降雨频率下的泥石流规模系数 K								
			(km^2)	0.2%	0.5%	1%	2%	3.3%	4%	5%	10%	20%
邛山沟	四川省丹巴县	大金川河	32.3	-	-	1.0	0.85	-	0.69	-	-	-
牛尾沟	四川省美姑县	金沙江支流美姑河	1.08	-	-	1.0	0.80	-	-	-	-	-
年年坡沟	四川省美姑县	金沙江支流美姑河	1.18	-	-	1.0	0.83	-	-	-	-	-
三飞下沟	四川省美姑县	金沙江支流美姑河	1.30	-	-	1.0	0.86	-	-	-	-	-
格尔鲁沟	四川省美姑县	金沙江支流美姑河	1.50	-	-	1.0	0.85	-	-	-	-	-
尔马落西沟	四川省美姑县	金沙江支流美姑河	8.8	-	-	1.0	0.88	-	-	-	-	-
佐过依打沟	四川省美姑县	金沙江支流美姑河	4.57	-	-	1.0	0.82	-	-	-	-	-
以曲姑沟	四川省美姑县	金沙江支流美姑河	1.00	-	-	1.0	0.76	-	-	-	-	-
新桥工委沟	四川省美姑县	金沙江支流美姑河	1.06	-	-	1.0	0.76	-	-	-	-	-
洛高依打沟	四川省美姑县	金沙江支流美姑河	42.80	-	-	1.0	0.90	-	-	-	-	-

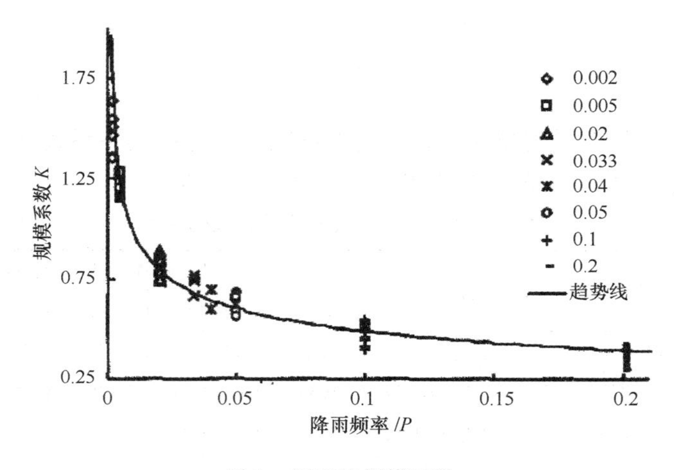

图 1　泥石流规模系数

采用改进的单沟泥石流危险性评价方法,以泥石流在堆积扇上的平均堆积厚度、泥石流发生频率、流域面积、主沟长度、流域相对高度、流域切割密度和不稳定沟床比例为危险性判断因子,对岷江两岸 13 泥石流沟在不同降雨频率下的泥石流危险性进行评价,泥石流综合危险度(H)计算公式为:

$$H = 0.29D + 0.29F + 0.14S_1 + 0.09S_2 + 0.06S_3 + 0.11S_6 + 0.03S_9$$

式中,D 为泥石流堆积扇平均堆积厚度 d 的转换值;d 为泥石流规模与堆积扇面积的比值,为主要危险因子;规模越大,d 值越大,遭受泥石流损害的可能性就越大。

3 意义

在研究四川省部分地区的泥石流和对应降雨频率资料的基础上,得到泥石流规模和降雨频率之间的关系式。通过泥石流规模和降雨频率之间的关系式推算得到附近岷江两岸13条泥石流沟在不同降雨频率下的泥石流规模。以泥石流在堆积扇上的平均堆积厚度、泥石流发生频率、流域面积、主沟长度、流域相对高度、流域切割密度和不稳定沟床比例为危险性判断因子,分别对映秀及邻近地区的13条泥石流沟在100年、50年、20年、10年和5年一遇5种不同频率降雨条件下的泥石流危险性进行评价。从而可知在5种降雨频率下,8条沟的泥石流危险性为高度,4条沟为中度到高度,1条沟为中度。

参考文献

[1] 刘清华,唐川,常鸣,等. 汶川地震强震区映秀地区泥石流的危险性. 山地学报,2012,30(5):592-598.

林地土壤肥力的分形模型

1 背景

桉树是世界四大速生树种之一。随着短周期工业原料林迅速发展,南方各省营造了大面积的桉树人工林。由于单一或少数无性系集中成片种植、短期采伐、连栽和大量施用无机肥料等不合理的营林制度造成了桉树林病虫害严重、产量下降、地力衰退等系列问题。林武星等[1]在前人研究的基础上,运用分形理论对福建南部丘陵山地不同密度桉树人工林土壤结构进行分形维数研究,并建立桉树土壤结构分形维数与土壤理化性质关系模型,为桉树林造林密度选择和林地土壤评价提供科学依据。

2 公式

具有自相似结构的多孔介质——土壤,由大于某一粒径 $d_i(d_i > d_{i+1}, i = 1,2,\cdots,n)$ 的土粒构成的体积 $V(\delta > d_i)$ 可由类似 Kat_z 公式表示:

$$V(\delta > d_i) = A[1 - (d_i/K)^{3-D}] \tag{1}$$

式中,δ 是码尺;A,K 是描述形状、尺度的常数。

通常粒径分析资料是由一定粒径间隔的颗粒重量分布表示的,以 $\bar{d}_i$ 表示粒级 d_i 与 d_{i+1} 间粒径的平均值,忽略各粒级间土粒比重 p 的差异,即 $p_i = p(i = 1,2,\cdots,n)$,则:

$$W(\delta > \bar{d}_i i) = V(\delta > \bar{d}_i)p = pA[1 - (\bar{d}k)^{3-D}] \tag{2}$$

式中,$W(\delta > \bar{d}_i)$ 为大于 d_i 的累积土粒重量。以 W_0 表示土壤各粒级重量的总和,由定义 $\lim\limits_{i\to\infty} d_i = 0$,则由式(2)得:

$$W_0 = \lim_{i\to\infty} W(\delta > \bar{d}_i) = pA \tag{3}$$

由式(2)和式(3)导出:

$$W(\delta > d_i)/W_0 = 1 - (d_i/k)^{3-D} \tag{4}$$

设 $\bar{d}_{max}$ 为最大粒级土粒的平均直径,$W(\delta > \bar{d}_{max}) = 0$,带入式(4)有 $K = d_{max}$。由此得出土壤颗粒的重量分布与平均粒径间的分形关系式:

$$W(\delta > \bar{d}_i)/W_0 = 1 - (\bar{d}_i/d_{max})^{3-D} \tag{5}$$

或

$$(\bar{d}_i/d_{\max})^{3-D} = W(\delta < \bar{d}_i)/W_0 \tag{6}$$

采用一元线性和非线性回归方程建立土壤理化性质(Y)与分形维数(D)相关模型:

$$Y = a + bD \tag{7}$$

$$Y = aD^b \tag{8}$$

$$Y = aEXP^{bD} \tag{9}$$

式中,Y 为林地土壤理化性质指标含量;D 为不同类型林分土壤结构分形维数;a,b 为参数。

通过不同密度桉树林土壤理化性质测定结果与相应的土壤水稳性团聚体的分形维数输入计算,得到土壤理化性质各种指标与土壤水稳性团聚体的分形维数之间相关模型(表1),从中可知土壤理化性质与土壤水稳性团聚体的分形维数存在显著相关,所以可应用这些模型预测各土壤结构分形维数对应的土壤理化性质状况。

表1　不同密度土壤理化性质与分形维数相关模型

项目	模型	相关系数	项目	模型	相关系数
容重	$y=2.583D-5.9928$	0.882 6	脲酶	$y=-3.6384D+14.042$	0.955 6
	$y=0.0017D^{6.4137}$	0.892 2		$y=49.234D^{-2.4734}$	0.950 9
	$y=0.0018e^{2.3368D}$	0.892 4		$y=48.111e^{-0.9014D}$	0.951 4
有机质	$y=-131.66D+378.31$	0.808 6	转化酶	$y=-10.523D+33.504$	0.973 9
	$y=6E+12D^{-26.46}$	0.727 7		$y=2799.8D^{-6.3496}$	0.967 2
	$y=5E+12e^{-9.6628D}$	0.729 6		$y=2647.6e^{-2.3152D}$	0.968 2
全氮	$y=-4.8576D+14.41$	0.709 4	淀粉酶	$y=-5.9845D+18.719$	0.996 7
	$y=3E+06D^{-14.560}$	0.638 6		$y=3323.5D^{-7.2145}$	0.995 3
	$y=554.07e^{-2.2602D}$	0.825 3		$y=3098.6e^{-2.6282D}$	0.995 4
全磷	$y=-2.1144D+6.3728$	0.906 4	磷酸酶	$y=-7.3163D+22.923$	0.984 2
	$y=24258D^{-10.569}$	0.881 4		$y=3856D^{-7.1493}$	0.980 0
	$y=22105e^{-3.8537x}$	0.882 4		$y=3606.8e^{-2.6054D}$	0.980 6
速效磷	$y=-62.768D+183.77$	0.806 3	过氧化氢酶	$y=-63.718D+187.09$	0.989 7
	$y=3E+08D^{-16.982}$	0.752 9		$y=4E+07D^{-14.885}$	0.977 0
	$y=3E+08e^{-6.1995D}$	0.754 6		$y=4E+07e^{-5.426D}$	0.977 8
速效钾	$y=-241.97D+742.85$	0.718 0	多酚氧化酶	$y=-31.72D+95.083$	0.986 3
	$y=875158D^{-9.2368}$	0.671 4		$y=495272D^{-10.939}$	0.985 5
	$y=819685e^{-3.3736D}$	0.673 3		$y=443716e^{-3.9834D}$	0.985 3

3　意义

根据分形理论对闽南山地造林密度分别为 1 125 株/hm^2、1 225 株/hm^2、1 325 株/hm^2、

1 625 株/hm^2 和 2 225 株/hm^2 的桉树人工林土壤结构和理化性质进行研究，建立桉树人工林土壤水稳性团聚体含量与其分形维数相关关系式以及土壤水稳性团聚体的分形维数和对应的土壤理化性质指标的回归模型。从而可知桉树林土壤水稳性团聚体的分形维数与土壤水稳性团聚体含量及理化性质呈显著回归关系，土壤水稳性团聚体含量与分形维数呈负相关。造林密度为 1 325 株/hm^2 的桉树林土壤水稳性团聚体的分形维数最小，林地水稳性团聚体含量最高，土壤结构和稳定性最好。分形理论在林地土壤肥力研究上的应用为林地评价提供了新方法。

参考文献

[1] 林武星，黄雍容，郑郁善，等. 闽南山地不同密度桉树人工林土壤肥力的分形研究. 山地学报，2012，30(6):663－668.

铁路沿线的安全评估模型

1 背景

人类社会已经进入风险社会。近年来,人们对安全与灾害管理的认识已出现新的变化,即强调由“减轻灾害”转向“灾害风险监管”,由“危机管理”转向“危机风险监管”。在新的风险理念指引下,社会各行业、各领域对风险关注和研究逐渐增多。席建超等[1]以风险理论为基础,在充分考虑高原旅游风险评估复杂性和不确定性的基础上,构建了评价指标体系和评估模型,科学认识和评估青藏铁路沿线旅游安全风险。

2 公式

首先建立事件集 A = {湟水谷地,青海湖盆地,柴达木盆地东北亚高山,柴达木盆地盐湖戈壁,昆仑高山,可可西里—长江源宽谷,唐古拉极高山,怒江源宽谷,念青唐古拉宽谷盆地,拉萨河谷} = $\{a1, a2, a3, a4, a5, a6, a7, a8, a9, a10\}$,将景观段旅游安全风险性评价分为4类,便构成了对策集:

$$B:B = \{\text{风险很高},\text{风险高},\text{风险一般},\text{风险低}\}$$
$$= \{0 - a1, a1 - a2, a2 - a3, a3 - a4\}$$

以危险性量化值(目标1)对10个景观段风险安全等级的白化函数为例,灰类模型为:

$$f_{i1}(x) = \begin{cases} 1 & (x \leqslant x_m) \\ (x_h - x)/(x_h - x_m) & (x_m \leqslant x \leqslant x_h) \\ 0 & (x \geqslant x_h) \end{cases}$$

$$f_{i(h-1)}(x) = \begin{cases} 1 & (x \leqslant x_m) \\ (x - x_0)/(x_m - x_0) & (x_0 \leqslant x \leqslant x_m) \\ (x_h - x)/(x_h - x_m) & (x_m \leqslant x \leqslant x_h) \\ 0 & (x \geqslant x_h) \end{cases}$$

$$f_{ih}(x) = \begin{cases} 1 & (x \geqslant x_m) \\ (x - x_0)/(x_m - x_0) & (x_0 \leqslant x \leqslant x_m) \\ 0 & (x \leqslant x_0) \end{cases}$$

上述公式中$f_{in}(x)$指第i类指标的灰类n的白化函数;x_0,x_m,x_h指分级指标不同级数的界限值。

下面具体分析各景观段的旅游安全风险:

$$D_1 = \begin{vmatrix} \frac{1}{S_{11}} & \frac{0.575}{S_{12}} & \frac{0}{S_{13}} & \frac{0}{S_{14}} \\ \frac{0.425}{S_{21}} & \frac{0.425}{S_{22}} & \frac{0}{S_{23}} & \frac{0}{S_{24}} \\ \frac{0.575}{S_{31}} & \frac{0}{S_{32}} & \frac{0}{S_{33}} & \frac{0}{S_{34}} \\ \frac{1}{S_{41}} & \frac{0}{S_{42}} & \frac{0}{S_{43}} & \frac{0}{S_{44}} \\ \frac{0.325}{S_{51}} & \frac{0.675}{S_{52}} & \frac{0}{S_{53}} & \frac{0}{S_{54}} \\ \frac{0}{S_{61}} & \frac{0.465}{S_{62}} & \frac{0.535}{S_{63}} & \frac{0}{S_{64}} \\ \frac{0}{S_{71}} & \frac{0.515}{S_{72}} & \frac{0.485}{S_{73}} & \frac{0}{S_{74}} \\ \frac{0}{S_{81}} & \frac{0.99}{S_{82}} & \frac{0.01}{S_{83}} & \frac{0}{S_{84}} \\ \frac{0.515}{S_{91}} & \frac{0.97}{S_{92}} & \frac{0}{S_{93}} & \frac{0}{S_{94}} \\ \frac{1}{S_{101}} & \frac{0}{S_{102}} & \frac{0}{S_{103}} & \frac{0}{S_{104}} \end{vmatrix} \qquad D_2 = \begin{vmatrix} \frac{0.9}{S_{11}} & \frac{0.2}{S_{12}} & \frac{0}{S_{13}} & \frac{0}{S_{14}} \\ \frac{0.7}{S_{21}} & \frac{0.3}{S_{22}} & \frac{0}{S_{23}} & \frac{0}{S_{24}} \\ \frac{0.9}{S_{31}} & \frac{0.1}{S_{32}} & \frac{0}{S_{33}} & \frac{0}{S_{34}} \\ \frac{0}{S_{41}} & \frac{0.8}{S_{42}} & \frac{0.2}{S_{43}} & \frac{0}{S_{44}} \\ \frac{0}{S_{51}} & \frac{0}{S_{52}} & \frac{0.6}{S_{53}} & \frac{0.4}{S_{54}} \\ \frac{0}{S_{61}} & \frac{0}{S_{62}} & \frac{0.6}{S_{63}} & \frac{0.4}{S_{64}} \\ \frac{0.6}{S_{71}} & \frac{0.4}{S_{72}} & \frac{0}{S_{73}} & \frac{0}{S_{74}} \\ \frac{0.6}{S_{81}} & \frac{0.4}{S_{82}} & \frac{0}{S_{83}} & \frac{0}{S_{84}} \\ \frac{0.6}{S_{91}} & \frac{0.4}{S_{92}} & \frac{0}{S_{93}} & \frac{0}{S_{94}} \\ \frac{1}{S_{101}} & \frac{0}{S_{102}} & \frac{0}{S_{103}} & \frac{0}{S_{104}} \end{vmatrix}$$

$$D_3 = \begin{vmatrix} \frac{1}{S_{11}} & \frac{0}{S_{12}} & \frac{0}{S_{13}} & \frac{0}{S_{14}} \\ \frac{0.56}{S_{21}} & \frac{0.44}{S_{22}} & \frac{0}{S_{23}} & \frac{0}{S_{24}} \\ \frac{1}{S_{31}} & \frac{0}{S_{32}} & \frac{0}{S_{33}} & \frac{0}{S_{34}} \\ \frac{1}{S_{41}} & \frac{0}{S_{42}} & \frac{0}{S_{43}} & \frac{0}{S_{44}} \\ \frac{1}{S_{51}} & \frac{0}{S_{52}} & \frac{0}{S_{53}} & \frac{0}{S_{54}} \\ \frac{0.44}{S_{61}} & \frac{0.56}{S_{62}} & \frac{0}{S_{63}} & \frac{0}{S_{64}} \\ \frac{0}{S_{71}} & \frac{0.44}{S_{72}} & \frac{0.56}{S_{73}} & \frac{0}{S_{74}} \\ \frac{1}{S_{81}} & \frac{0}{S_{82}} & \frac{0}{S_{83}} & \frac{0}{S_{84}} \\ \frac{0.56}{S_{91}} & \frac{0.44}{S_{92}} & \frac{0}{S_{93}} & \frac{0}{S_{94}} \\ \frac{0.56}{S_{101}} & \frac{0.44}{S_{102}} & \frac{0}{S_{103}} & \frac{0}{S_{104}} \end{vmatrix} \qquad D_{综}(\sum) = \begin{vmatrix} \frac{0.97}{S_{11}} & \frac{0.26}{S_{12}} & \frac{0}{S_{13}} & \frac{0}{S_{14}} \\ \frac{0.56}{S_{21}} & \frac{0.39}{S_{22}} & \frac{0}{S_{23}} & \frac{0}{S_{24}} \\ \frac{0.84}{S_{31}} & \frac{0.03}{S_{32}} & \frac{0}{S_{33}} & \frac{0}{S_{34}} \\ \frac{0.67}{S_{41}} & \frac{0.27}{S_{42}} & \frac{0.07}{S_{43}} & \frac{0}{S_{44}} \\ \frac{0.44}{S_{51}} & \frac{0.23}{S_{52}} & \frac{0.2}{S_{53}} & \frac{0.13}{S_{54}} \\ \frac{0.15}{S_{61}} & \frac{0.34}{S_{62}} & \frac{0.38}{S_{63}} & \frac{0.13}{S_{64}} \\ \frac{0}{S_{71}} & \frac{0.32}{S_{72}} & \frac{0.55}{S_{73}} & \frac{0.13}{S_{74}} \\ \frac{0.2}{S_{81}} & \frac{0.46}{S_{82}} & \frac{0.003}{S_{83}} & \frac{0}{S_{84}} \\ \frac{0.558}{S_{91}} & \frac{0.63}{S_{92}} & \frac{0}{S_{93}} & \frac{0}{S_{94}} \\ \frac{0.85}{S_{101}} & \frac{0.15}{S_{102}} & \frac{0}{S_{103}} & \frac{0}{S_{104}} \end{vmatrix}$$

3 意义

以风险理论为基础，在充分考虑旅游风险评估复杂性和不确定性的基础上，构建了青藏铁路沿线旅游风险评级指标体系，通过层次分析法（AHP）和模糊综合评判方法，对青藏铁路沿线 10 大区段旅游旺季的风险进行评估。通过铁路沿线的安全评估模型发现：低风险区段有 6 个，即湟水谷地区段、拉萨河谷区段、柴达木盆地东北亚高山区段、柴达木盆地盐湖戈壁区段、青海湖盆地区段、昆仑高山区段；一般风险区段有 2 个，即念青唐古拉宽谷盆地区段、怒江源宽谷区段；高风险区段有 2 个，即可可西里—长江源宽谷区段、唐古拉极高山区段。

参考文献

[1] 席建超，张瑞英，赵美风．青藏铁路沿线旅游安全风险评价．山地学报，2012，30(6)：737－746.

杉木生长的动态模型

1 背景

杉木是我国南方最重要的造林树种之一，在人工林发展中占有重要地位。更直观、生动地模拟山地杉木人工林生长动态和择伐经营措施对杉木生长的影响，对解决复杂的管理规划问题、科学地制订高效合理的经营管理方案具有重要理论意义和应用价值。周成军等[1]以中亚热带杉木人工林为研究对象，在不同择伐强度下，利用长期固定样地的连续实测数据，构建单木生长模型，然后运用 Onyx TREE 和 3Ds MAX 技术，实现择伐后不同时期的生长动态仿真，直观地体现不同择伐强度对林分生长动态变化的影响，为确定合理择伐强度和制订最优经营措施提供科学的决策依据。

2 公式

应用单木生长模型可模拟林分生长和各种森林经营措施对林木生长的影响。Weibull 单木胸径生长模型具有适应性强、精度高、参数少等优点，其表达式为：

$$y = a[1 - \exp(-bt^c)]$$

式中，y 为林木胸径生长因子；t 为树龄；a,b,c 为待定参数，其中 a 为胸径渐近线，b 为尺度，c 为形状参数。

单木的树高、枝下高、冠幅参数多为估测数据，结合福建省杉木人工林主要分布区的标准地资料，构建树高与胸径、枝下高与胸径、冠幅与胸径关系模型，表达式为：

$$Y = a_1 + b_1 D + c_1 D^2$$

式中，Y 为林木生长因子，枝下高或冠幅；D 为胸径；a_1,b_1,c_1 为待定系数。

模型拟合精度采用以下指标进行检验：

$$RSS = \sum_{i=1}^{n} (y_i - \hat{y}_i)^2$$

$$RMSE = \sqrt{\frac{\sum_{i=1}^{n} (y_i - \hat{y}_i)^2}{n - p}}$$

$$R^2 = 1 - \left[\frac{\sum_{i=1}^{n} (y_i - \hat{y}_i)^2}{\sum_{i=1}^{n} (y_i - \hat{y})^2} \right]$$

$$CV = \frac{RMSE}{\bar{y}} \times 100\%$$

式中，RSS 为剩余残差平方和，用来估算模型的系统偏差；$RMSE$ 为回归标准差，用来估计测量的准确程度；R^2 为决定系数，用来说明回归模型对真实模型的拟合程度；CV 为变动系数，用来检验模型的稳定性；y_i 为第 i 株树相应测树因子实测值；$\hat{y}$为第 i 株树相应测树因子预测值；$\bar{y}$ 为第 i 株树相应测树因子平均值；n 为观测值的数量；p 为模型参数的个数。

不同强度择伐下，单木胸径生长方程拟合参数见表 1。

表 1　不同强度择伐下单木胸径生长模型

择伐类型	相关参数			模型拟合			模型验证		
	a	b	c	R^2	$RMSE$	CV	R^2	$RMSE$	CV
NC	76.962	0.032	0.707	0.999 6	0.139	0.005	0.998 9	0.227	0.009
LI	87.738	0.030	0.680	0.999 7	0.112	0.004	0.998 9	0.176	0.006
MI	103.430	0.027	0.652	0.999 6	0.129	0.005	0.999 1	0.277	0.010
HI	65.689	0.033	0.752	0.999 0	0.290	0.011	0.998 6	0.293	0.011
OHI	52.640	0.036	0.816	0.999 0	0.221	0.010	0.997 9	0.296	0.013

不同强度择伐下，单木树高、枝下高和冠幅与胸径的关系模型拟合结果见表 2。

表 2　不同强度择伐下单木树高、枝下高和冠幅与胸径的关系模型

关系模型	择伐类型	相关参数			模型拟合			模型验证		
		a_1	b_1	c_1	R^2	$RMSE$	CV	R^2	$RMSE$	CV
树高与胸径	NC	10.006 1	0.329 3	-0.000 9	0.833	0.823	0.046	0.706	1.244	0.070
	LI	11.479 9	0.242 7	0.000 3	0.845	0.753	0.040	0.761	1.022	0.055
	MI	15.303 2	0.115 0	-0.000 1	0.797	0.299	0.016	0.692	0.691	0.037
	HI	2.454 7	0.945 7	-0.012 0	0.832	1.148	0.061	0.748	1.412	0.075
	OHI	-8.078 9	1.824 0	-0.030 1	0.822	1.355	0.080	0.822	1.355	0.080
枝下高与胸径	NC	12.524 9	-0.607 9	0.015 0	0.733	0.764	0.100	0.702	1.554	0.204
	LI	7.506 3	0.084 6	0.003 6	0.747	0.991	0.079	0.717	1.215	0.097
	MI	-49.639 2	4.162 8	-0.068 6	0.695	2.132	0.199	0.672	2.249	0.210
	HI	-9.074 1	1.758 4	-0.030 9	0.761	1.343	0.096	0.716	1.411	0.101
	OHI	1.252 1	0.559 7	-0.009 4	0.719	0.503	0.057	0.718	0.617	0.069

续表 2

关系模型	择代类型	相关参数			模型拟合			模型验证		
		a_1	b_1	c_1	R^2	*RMSE*	*CV*	R^2	*RMSE*	*CV*
冠幅与胸径	NC	1.278 2	0.027 6	0.001 1	0.752	0.317	0.111	0.739	0.595	0.208
	LI	-0.849 3	0.258 8	-0.002 6	0.771	0.312	0.072	0.706	0.498	0.116
	MI	10.482 9	-0.615 2	0.012 3	0.695	0.624	0.188	0.630	0.823	0.248
	HI	0.664 9	0.035 3	0.002 4	0.792	0.598	0.187	0.703	0.827	0.259
	OHI	0.669 1	0.113 5	0.000 3	0.780	0.353	0.103	0.739	0.520	0.152

3 意义

基于山地杉木人工林择伐长期固定样地实测数据,构建了单木胸径生长模型以及树高、枝下高、冠幅与胸径的关系模型,结合 Onyx TREE 和 3Ds MAX 技术,实现了不同择伐强度下,不同时期的林分生长动态仿真,可直观、生动地观察杉木的生长状态,对山地杉木人工林的科学经营决策具有实用价值。在今后的建模中还应考虑到树木的光合生理特性、林分的空间结构变化、季节变化和环境条件等对林木枯损率的影响。

参考文献

[1] 周成军,巫志龙,周新年,等. 山地杉木人工林不同强度择伐后生长动态仿真. 山地学报,2012,30(6):669-674.

地形调节的气温空间分布模型

1 背景

山区气温的空间分布由于受到海拔、坡度、坡向、地形起伏和遮蔽度等地形因素的影响而呈现显著的地域性差异。利用气象站观测资料研究复杂地形因子(特别是坡度、坡向等微观地形因子)对气温空间分布的影响往往非常困难。李军[1]以浙江省仙居县为实验区，收集了10个气象站(哨)的气温资料,并数字化了1:10000的地形图(等高线和高程点)，建立了12.5 m×12.5 m的DEM,定量研究和探讨DEM空间尺度对山区气温空间分布模拟的影响,这对于根据需要选择合适的空间分辨率的DEM数据以获得精确的气温空间分布模拟具有重要的指导意义。

2 公式

在考虑微观地形(坡度、坡向)特征的情况下,根据面辐射与地形的函数关系,气温可由以下函数公式得到:

$$T_T = T_R \cos i / \cos z$$

式中, T_T 为地形调节统计模型模拟的气温; T_H 为常规统计模型模拟的气温,可利用下式求得;i 为地球表面法线与太阳光线之间的角度,可利用公式求得;z 为太阳天顶角。

$$T_H = a_0 + a_1\lambda + a_2\varphi + a_3 h$$

式中, λ 为经度; φ 为纬度;h 为海拔; a_0 为常数; a_1, a_2, a_3 为偏回归系数。

$$\cos i = \cos \alpha \cos z + \sin \alpha \sin z \cos(\phi - \beta)$$

式中, α 为坡度;z 为太阳天顶角; ϕ 为太阳方位角; β 为坡向。

对于我国的地理位置特点和气温模拟方法,可把太阳天顶角设为45°,太阳方位角设为180°(约为正午时间),因此,上述的地形调节模型可归纳为:

$$T_T = T_H(\cos\alpha - \sin\alpha\cos\beta)$$

利用仙居县10个气象站(哨)30年(1961—1990年)历年平均气温数据及各站点的经度、纬度和海拔等,进行多元线性逐步回归分析(信度5%),建立了年平均气温空间分布的常规统计模型(表1)。

表 1　仙居县年平均气温与经度、纬度和海拔之间的回归关系

回归系数				复相关系数	F
a_0	a_1	a_2	a_3		
74.64		-1.98	-0.005 5	0.997 5	686.52

3　意义

以浙江省仙居县为实验区,通过地形调节的气温空间分布统计模型,并使用了 10 个气象站(哨)的气温资料和不同空间分辨率的 DEM(均来源于 1∶ 10000 的数字化地形图),模拟了不同空间尺度的年平均气温空间分布,比较了它们的误差大小以及随宏观地形(海拔)和微观地形的分布差异。基于不同空间分辨率 DEM 模拟的平均气温呈现较大的空间分布差异性;随着 DEM 空间分辨率的减小,误差逐渐增加,且空间差异性降低,而且微观地形因子随着空间分辨率的变化产生显著变化,进而明显影响气温的空间分布。

参考文献

[1]　李军. 山区气温空间分布模拟的 DEM 尺度影响. 山地学报,2012,30(6):688-695.

非饱和粉质土的抗剪强度公式

1 背景

降雨诱发滑坡及其触发的泥石流问题是地质灾害的常见形式。近年来,此类自然地质现象引发的非饱和土灾害问题频发,造成大量损失。非饱和土抗剪强度是分析降雨诱发滑坡问题的一个关键参数,且与饱和度和基质吸力有关。由于基质吸力较难测量,国内外的许多学者采用饱和度来描述非饱和土的抗剪强度。马田田等[1]基于以上存在的问题,设计了不同水力路径下非饱和粉质土的抗剪强度试验,得出其破坏特征。同时提出可以考虑毛细滞回的变形特性。

2 公式

运用一维 HYDRUS - 1D 水分运移模型进行反算,拟合出试样吸湿段溢出水量随时间的关系曲线,采用 VGM 模型,拟合参数如下:

$$\text{VG 模型}:\Theta = S_e = \left[\frac{1}{1+(\alpha S_c)^n}\right]^m$$

式中,$m = 1 - \dfrac{1}{n}$;$\alpha = 0.01$;$m = 0.565$;$n = 2.3$;$S_r^{irr} = 0.089$;S_e 为有效饱和度;S_c 为基质吸力;S_r^{irr} 为残余饱和度;α,m,n 为参数。

当采用 Bishop 有效应力时,若将参数取为χ饱和度,即:

$$\sigma' = (\sigma_n - u_a) + S_r(u_a - u_w)$$

可以自然地将基质吸力和饱和度同时引入抗剪强度理论中,因此能够描述毛细滞回效应对抗剪强度的影响。

由 Bishop 有效应力得出的抗剪强度理论为:

$$\tau_f = c' + [(\sigma_n - u_a) + S_r(u_a - u_w)]\tan\phi'$$

通过试验发现,屈服应力随着吸力的增加、饱和度的减小而增大,因此假设用如下表达式来考虑吸力和饱和度对屈服应力的作用:

$$p_c = p_{c0}(\varepsilon_v^p)h(\varepsilon_v^p, S_r, S_c)$$

式中,p_c 为非饱和土的屈服应力;p_{c0} 为饱和土的屈服应力,是塑性体变的函数;h 为硬化参数,是塑性体变、饱和度、基质吸力的函数。

采用类似 Alonso 提出的压缩曲线斜率与吸力的关系,定义函数为:

$$h(\varepsilon_v^p, S_r, S_c) = r - (r-1)\exp\left\{-m\left(1 - \frac{\varepsilon_v^p}{\varepsilon_{v\max}^p}\right)\frac{(1-S_r)}{(1-S_r^{ir})}\frac{S_c}{S_b}\right\}$$

式中,r 为非饱和土处于残余饱和度时的强度与饱和土屈服强度的比值;m 为屈服应力随饱和度和吸力增长的速度;ε_v^p 为塑性体积应变;$\varepsilon_{v\max}^p$ 为最大的塑性体积应变;S_r^{ir} 为残余饱和度;S_b 为非饱和土的进气值;S_c/S_b 为吸力比。〈 〉为 Macauley 大括号,定义为:

$$\langle x \rangle = xH(x)$$

其中 $H(x)$ 为 Heaviside 公式。

模型将有效应力作为应力变量,采用修正剑桥模型,屈服函数为:

$$f = q^2 + M^2 p'(p' - p_c)$$

式中,f 为屈服函数;q 为广义剪应力;M 为临界状态线的斜率;p' 为平均有效应力;p_c 为前期屈服应力。

硬化准则为:

$$p_c(\varepsilon_v^p, S_r, S_c) = P_{c0}(\varepsilon_v^p) h(\varepsilon_v^p, S_r, S_c)$$

3 意义

通过压力板仪、temple 仪和直剪仪对非饱和粉土经过脱湿之后和不同含水量状态分别进行抗剪强度试验研究,根据非饱和粉质土的抗剪强度公式,得到:如果采用净应力来描述,非饱和土的有效黏聚力随着含水量的增大而减小,或增大,但有效内摩擦角基本保持不变。如果采用有效应力来描述,抗剪强度曲线则归一化为一条临界状态线,而与含水量大小和水力路径无关,从而证明了采用有效应力的合理性与有效性。在修正剑桥模型基础上,将饱和度和基质吸力作为内变量,提出屈服强度的硬化函数,建立渗流与变形耦合模型,从而可以考虑前期降雨历史对非饱和土边坡稳定性的影响。

参考文献

[1] 马田田,韦昌富,魏厚振,等. 不同水力路径下非饱和粉质土的破坏与变形特性. 山地学报,2013,31(1):108-113.

植物群落的结构模型

1 背景

植物群落结构和物种多样性是重要的群落功能复杂性的量度指标。群落结构表征着群落的组成特征、发展阶段、稳定程度和生境差异。植物群落结构和物种多样性研究是泥石流沉积区植被恢复的重要理论基础,为受损泥石流沉积区生态系统的恢复提供了科学可行的途径。喻武等[1]通过对不同发生年限泥石流沉积区植物群落特征和物种多样性的研究,探讨泥石流沉积区植物群落结构和物种多样性特征,以期为泥石流沉积区的生物治理措施提供科学理论依据。

2 公式

物种多样性采用物种丰富度、多样性指数、均匀度和优势度等指标表示。计算公式如下。

Shannon—Wiener 物种多样性指数:

$$H = -\sum Pi\ln Pi$$

Margalef 丰富度指数:

$$Ma = \frac{S-1}{\ln N}$$

Simpson 多样性指数:

$$D = 1 - \sum Pi^2$$

Pielou 均匀度指数:

$$J_{sw} = H/\ln S$$

优势度指数:

$$C = \sum Pi^2$$

式中, $Pi = Ni/N$, Pi 为第 i 种的相对重要值;N 为样带植物重要值总和;Ni 样方中第 i 种植物的重要值;S 为所在样方的物种总数。

主要植物群落类型的物种多样性指数如表 1 所示。

表 1 主要植物群落类型的物种多样性指数

样地	群落类型	Ma	H	D	J_{sw}	C
扎西岗	云南沙棘+云南锦鸡儿+蕨试林萎陵菜 A	20.203 ±2.31a	2.675 ±0.46a	0.888 ±0.06b	0.821 ±0.11a	0.112 ±0.03a
鲁朗定位站	糙皮桦+高丛珍珠梅+西南草莓 B	21.086 ±2.16a	2.807 ±0.51a	0.922 ±0.07a	0.872 ±0.09a	0.078 ±0.02b
芽依	糙皮桦+云南锦鸡儿+西南草莓 C	10.815 ±1.38b	2.265 ±0.33b	0.875 ±0.05b	0.858 ±0.12a	0.125 ±0.03a

注:A,B,C 分别表示扎西岗、鲁朗定位站和芽依泥石流沉积区植物群落;a,b,c 表示不同处理间的多重比较,a 表示最大值,b 表示中间值,c 表示最小值,下同。

通过对样地中乔木层、灌木层和草本层多样性指数的计算(表 2):3 个植物群落中层次多样性差异显著。

表 2　泥石流沉积区植物群落层次多样性

样地	群落	层次	Ma	H	D	J_{sw}	C
扎西岗	A	乔木层	1.121 ±0.07c	0.670 ±0.02c	0.480 ±0.03b	0.970 ±0.07a	0.510 ±0.03a
		灌木层	7.447 ±0.46b	1.667 ±0.15b	0.725 ±0.03a	0.818 ±0.06b	0.235 ±0.01b
		草本层	16.778 ±0.31a	2.125 ±0.17a	0.791 ±0.04a	0.766 ±0.06b	0.209 ±0.01b
鲁朗定位站	B	乔木层	1.393 ±0.43c	0.603 ±0.04c	0.413 ±0.02b	0.870 ±0.05a	0.587 ±0.04a
		灌木层	8.024 ±1.33b	1.886 ±0.24b	0.825 ±0.04a	0.859 ±0.04a	0.175 ±0.02b
		草本层	15.132 ±3.21a	2.236 ±0.32a	0.850 ±0.04a	0.847 ±0.04a	0.150 ±0.01b
芽依	C	乔木层	3.398 ±2.31b	0.943 ±0.11b	0.581 ±0.03b	0.858 ±0.05a	0.419 ±0.04b
		灌木层	1.068 ±2.31c	0.530 ±0.08c	0.346 ±0.02c	0.765 ±0.05b	0.654 ±0.05a
		草本层	15.938 ±2.31a	1.791 ±0.25a	0.788 ±0.03a	0.815 ±0.06a	0.212 ±0.03e

3　意义

对林芝县扎西岗、鲁朗定位站和芽依 3 个不同年代形成的泥石流沉积区植物群落结构和物种进行了多样性调查,根据植物群落的结构模型,计算得到:泥石流沉积区形成时间越长,群落物种多样性水平有下降趋势,群落优势度 C 值有一定程度的提高。泥石流沉积区植物群落层次多样性表现为一般草本层多样性水平较高,乔灌层较低。乔灌草均匀度指数 J_{sw} 值略大于草本层。泥石流暴发时间过长或过短,J_{sw} 值较小。优势度 C 值与丰富度指数 Ma 值呈负相关性,与泥石流沉积区形成时间呈正相关系。

参考文献

[1]　喻武,万丹,汪书丽,等. 藏东南泥石流沉积区植物群落结构和物种多样性特征. 山地学报,2013,31(1):120－126.

竹根的抗拉公式

1 背景

竹林是一种特殊的森林植被,具有生长迅速、经营简单、加工利用率高及观赏效果好等特点,经济效益及观赏价值显著。与普通林木相比,竹林地下组织形态结构复杂,根系在土壤中密集网状分布团聚土壤,并通过竹连鞭、鞭生笋、笋长竹、竹养鞭这一盘根错节、错综复杂的连接特点连接为整体,形成庞大的地下网络覆盖到大片竹林地下土壤。惠尚等[1]选择根系较发达且分布较深的丛生竹根系为研究对象,对在云南分布较为广泛的4种丛生竹根系进行探讨。

2 公式

通过记录的实验数据,能直接得到根系断裂时的最大抗拉力及最大变形量,并可建立应力—应变本构关系曲线。由于根系直径、测量标距已知,可以计算出根系的抗拉强度、极限应变、弹性模量等参数。计算公式如下:

$$\sigma_{max} = \frac{4F_{max}}{\pi D^2}$$

$$\varepsilon_{max} = \frac{\nabla L_{max}}{L}$$

$$E = \frac{\sigma_{0.5}}{\varepsilon_{0.5}}$$

式中,σ_{max} 为根系的最大抗拉强度(MPa);D 为根系直径(mm);F_{max} 为最大抗拉力(N);ε_{max} 为极限应变;∇L_{max} 为根系的最大变形量(mm);L 为测量标距(mm);E 为根系的拉伸弹性模量(MPa)。

通过回归分析发现,4种竹根间关系都近似满足幂函数关系,相关系数超过0.8,分析结果如表1。

表 1　4 种竹根抗拉力与直径的回归方程

种类	直径范围(mm)	拟合方程	R^2	平均抗拉力(N)
绿竹	0.8～2.26	$y=21.904x^{1.4168}$	0.812 9	40.8
龙竹	0.56～2.22	$y=25.304x^{1.5781}$	0.915 6	43.51
香竹	0.64～3.72	$y=18.286x^{1.4884}$	0.887 1	58.65
料慈竹	0.48～3.19	$y=24.711x^{1.3362}$	0.828 8	59.47

在归一化平均抗拉强度指标方面,龙竹最高,数值由大至小依次为龙竹(30.24 MPa),料慈(23.14 MPa),绿竹(22.83 MPa),香竹(18.14 MPa),分析结果如表 2 所示。

表 2　4 种竹根系平均抗拉强度

种类	拟合方程	R^2	抗拉强度(MPa)	
			范围	归一化均值
绿竹	$y=27.889x^{-0.5832}$	0.424 1	15.9～39.45	22.83
龙竹	$y=32.218x^{-0.4219}$	0.436 5	18.77～47.04	30.24
香竹	$y=23.282x^{-0.5116}$	0.481 5	11.51～35.43	18.14
料慈竹	$y=31.493x^{-0.6639}$	0.543 3	12.62～45.47	23.14

由表 3 可以看出,4 种竹根的平均极限应变基本相同,在 14%～18% 范围之间。

表 3　4 种竹根的应力应变参数

种类	极限应变(%)		弹性模量(MPa)	
	范围	归一化均值	范围	归一化均值
绿竹	7～27	16.29	55.93～346.8	158.36
龙竹	10.92～31.43	18.6	115.82～345.3	169.86
香竹	2.49～25.89	14.8	56.65～345.92	135.56
料慈竹	6.41～46.73	16.57	40.30～380.59	166.37

3　意义

利用自制的植物根系抗拉力学特性野外便携实验系统,对料慈竹、绿竹、龙竹、香竹 4 种丛生竹根系进行了现场拉伸实验,测量 4 种丛生竹不同直径根系的抗拉力、应变,并通过计算得到抗拉强度和弹性模量。通过竹根的抗拉公式,计算得到 4 种丛生竹根系最大抗拉力与根直径的关系呈幂函数正相关增长,抗拉强度与根直径的关系呈幂函数负相关增长。

比较4种丛生竹根系,龙竹根系的综合抗拉力学性能最好,其次是料慈竹和绿竹,最后是香竹。与常见造林树种油松、落叶松、白桦相比,丛生竹根系具有较好的抗拉力学性能。这对开展竹林根系固体护坡作用的研究有着实际的科学意义。

参考文献

[1] 惠尚,张云伟,刘晶,等. 丛生竹根系抗拉力学特性. 山地学报,2013,31(1):65-70.

泥石流的地貌信息熵模型

1　背景

2008 年“5·12”汶川 Ms 8.0 级地震之后，地震灾区泥石流灾害十分活跃，处于一个强烈活动的时期。因此，亟须对流域内的泥石流灾害进行评价，查明每条沟道发生泥石流灾害的可能性大小，以便服务于当地的旅游业、居民生产生活和震后的恢复重建及经济发展。王钧等[1]通过实验对地貌信息熵在地震后泥石流危险性评价中的应用展开了探讨。

2　公式

松散堆积物(为位于深溪沟左岸的沟谷，距离流域出口约 820 m)颗粒粒径级配曲线如图 1 示。

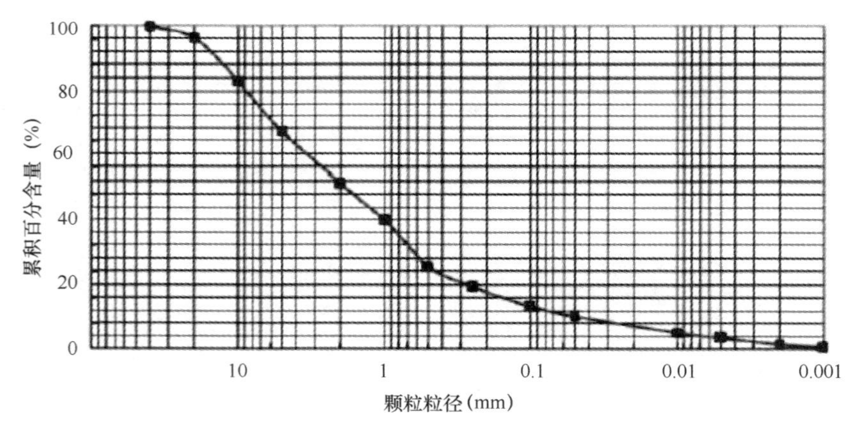

图 1　锅圈岩沟样品颗粒级配图

从图 1 级配曲线可以得出：不均匀系数 $C_u = \dfrac{d_{60}}{d_{10}} = 70$，说明土级配良好，粗颗粒分布较广；曲率系数 $C_u = \dfrac{d_{30}^2}{d_{60} \times d_{10}} = 2.41$，累计曲线整体形状良好，不缺乏中间某种粒径的颗粒，粗细颗粒分布较均匀。

地貌信息熵作为判断地貌演化阶段的量化指标之一，是在 Strahler 面积—高程曲线和

Strahler 面积—高程积分的基础上通过类比信息熵原理导出的，最早由我国的艾南山提出，其数学表达式为：

$$H = S - \ln S - 1 = \int_0^1 f(x)\,dx - \ln\left[\int_0^1 f(x)\,dx\right] - 1$$

式中，H 为地貌系统信息熵；S 为 Strahler 面积—高程积分值；$f(x)$ 为 Strahler 面积—高程曲线。

3 意义

根据流域系统地貌信息熵的原理和方法，采用 GIS 技术和 Matlab、SPSS 软件，对汶川地震后都江堰市深溪沟流域内 41 个子流域的面积—高程积分值和地貌信息熵进行计算，研究了各个子流域的地貌发育演化基本特征和泥石流发育情况，并将分析结果和地震后野外实际调查的成果进行了对比研究。而通过“地貌信息熵”这种方法却无法表达丰富物源的变化和沟道地貌的突变，因此，根据地貌信息熵判断地震后泥石流的危险性具有一定的局限性。

参考文献

[1] 王钧，欧国强，杨顺，等. 地貌信息熵在地震后泥石流危险性评价中的应用. 山地学报，2013，31(1)：83－91.

降雨侵蚀力的估算模型

1 背景

水土流失治理成功与否,取决于是否根据当地实际情况进行针对性治理,对于不同流失程度的土地,防治的侧重点有所不同。凉山州幅员面积大,各小流域自然条件千差万别,加之经济欠发达,给水土流失治理带来了很大的困难。为此,定量地分析区域土壤侵蚀及其空间分布特征,对合理利用土地资源和采取相应措施开展退化土地治理具有重要意义。黄凤琴等[1]拟采用年均 $rain_{10}$ 和 $days_{10}$ 这两个参数建立我国西南地区年均降雨侵蚀力简易计算模型。

2 公式

土壤可蚀性因子(K)为标准小区上单位降雨侵蚀力引起的土壤流失率。目前土壤可蚀性因子多采用1995 年 Williams 等在 EPI 模型中提出的 K 因子估算方法:

$$K = \left\{0.2 + 0.3\exp\left[-0.0256S_d\left(1 - \frac{S_i}{100}\right)\right]\right\} \times \left(1.0 - \frac{0.25C}{C + \exp(3.72 - 2.95C)}\right) \times \left(\frac{S_i}{C_i + S_i}\right)^{0.3} + \left[1.0 - \frac{0.75_n}{S_n + \exp(-5.51 + 22.95_n)}\right] \times 0.1317 \quad (1)$$

式中,$S_n = 1 - S_d/100$;S_d,S_i,C_i 分别为土壤沙粒、粉沙和黏粒含量(%);C 为土壤有机碳含量(%);0.1317 为单位换算系数。

在实际工作中,一般将坡度因子与坡长因子结合起来,作为一个复合因子(即地形因子 LS),较单因子计算更方便,计算公式如下:

$$LS = \left(\frac{L}{20}\right)^{0.24}\left(\frac{S}{S_0}\right)^{1.32} \quad (2)$$

式中,S 为坡度(°);L 为坡长(m)。坡长 L 在 ArcInfo 软件中采用非累积流量法计算。

水土保持措施因子是指在特定水土保持措施的土壤流失与起伏地耕作的相应土壤流失之比。对于复杂地区,可以根据前人的研究结果,结合研究区的水土保持措施进行人为赋值(表 1)。

表 1　凉山州不同土地利用类型的 P 值

土地利用分类	山地、陡坡旱地	丘陵旱地	平坝旱地	水田	其他土地
P	0.55	0.4	0.3	0.03	1

选择其中的最佳回归方程来计算凉山州及周边18个气象站1971—2010年的年均降雨侵蚀力，以此增加年均降雨侵蚀力的空间分布密度，提高空间插值精度。回归关系式为：

$$R = 13.1102 \times rain_{10} - 313.7792 \times days_{10} - 336.962 \tag{3}$$

$$R = 3.7375 \times 10^{-3} rain_{10}^{3.0564} \times days_{10}^{-2.1149} - 937.9719 \tag{4}$$

式中，$rain_{10}$ 为月降雨量不小于10 mm的年均降雨(mm)；$days_{10}$ 为日降雨量不小于10 mm的年均天数。

通过相关系数(R^2)、显著性检验(F_s - test)，均方根误差($RMSE$)和相对误差(Re)对回归方程进行了评价(表2)。

表 2　回归方程的统计检验表

回归方程	R^2	F 值	$RMSE$	Re
式(3)	0.912	176.68	386.22	0.000%
式(4)	0.901	154.55	410.37	-0.002%

3　意义

为提高连续性降雨强度、降雨量、雨滴动能等数据缺乏地区使用通用土壤侵蚀方程(RUSLE)的计算精度，提出了针对我国西南地区基于日降雨的年均降雨侵蚀力估算模型。进而结合RUSLE与GIS技术，剖析了四川省凉山州的土壤侵蚀空间分布特征。结合土地利用和坡度分析，凉山州大于6°的旱地土壤侵蚀最严重，而林地和草地土壤侵蚀的强弱主要取决于植被覆盖程度。

参考文献

[1] 黄凤琴，第宝锋，黄成敏，等．基于日降雨量的年均降雨侵蚀力估算模型及其应用——以四川省凉山州为例．山地学报，2013，31(1)：55-64.

雷电的风险评估模型

1 背景

雷电灾害是一种严重的自然灾害，它不仅威胁人身安全和财产安全，还会造成不可复原的文化遗产损失。武当山不仅拥有奇特绚丽的自然景观，而且拥有丰富多彩的人文景观。因此加强对武当山的雷电灾害风险分析，采取有效措施降低风险，对保障风景区游客人身安全，保护古建筑文化遗产的可持续性具有重要意义。段振中等[1]利用闪电定位系统资料并结合 Google 地理信息数据，对武当山风景区雷电特征进行分析，所获得的闪电活动特征、闪电参数在雷电防护、雷击风险评估等领域具有一定的应用价值。

2 公式

（1）当闪电发生于一座古建筑附近时，其内部电子敏感设备处感应的磁场强度计算如下。

A. 当无屏蔽时，处于 LPZ0A 和 LPZ0B 区内电子设备上产生的磁场强度计算公式为：

$$H_0 = i_0/(2\pi s_a)$$

式中，H_0 为无屏蔽时产生的无衰减磁场强度（A/m）；i_0 为雷电流；S_a 雷击点与屏蔽空间之间的平均距离。

B. 当有采取屏蔽时，LPZ1 区内的磁场强度的计算公式为：

$$H_1 = H_0/10^{SF/20}$$

式中，H_1 为栅格形、大空间屏蔽内的磁场强度（A/m）；SF 为屏蔽系数，此处假设为首次雷击，且屏蔽材料为铜或铝，则 $SF = 20 \times \log(8.5/w)$，$w$ 为栅格形屏蔽的网格宽度。

（2）当闪电直接击中古建筑的接闪器时，其内部 LPZ1 区电子敏感设备处感应的磁场强度计算公式为：

$$H_1 = k_H \cdot i_0 \cdot w/(d_w \cdot \sqrt{d_r})$$

式中，H_1 为安全空间内某点的磁场强度（A/m）；d_r 为所确定的点距 LPZ1 区屏蔽顶的最短距离（m）；d_w 为所确定的点距 LPZ1 区屏蔽壁的最短距离（m）；k_H 为形状系数，取 $k_H = 0.01$ $(1/\sqrt{\text{m}})$。

地上部分的安全距离为（由于古建筑的特殊性，部分防护措施可能采取第一类防雷建筑物的措施，故采用了其相应的计算公式）：

$$S_a = IR_i/E_R + (L_0 \cdot h_x \cdot \mathrm{d}i/\mathrm{d}t)/E_L$$

式中，S_a 为地上部分安全距离（m）；I 为雷电流幅值（kA）；R_i 为接地装置的冲击接地电阻（Ω）；E_R 为电阻电压降的空气击穿强度，取值为500 kV/m；L_0 为引下线的单位长度电感，取值为1.5 μH/m；h_x 为被保护物或计算点的高度（m）；di/dt 为雷电流陡度（kA/μs）；E_L 为电感电压降的空气击穿强度（kV/m）。

同样采用2008年8月8日00:14监测到的负闪电强度为193.5 kA，陡度为28.2 kA/μs的数据，根据上式可求得地上安全距离：

$$\begin{aligned} S_a &= IR_i/E_R + (L_0 \cdot h_x \cdot \mathrm{d}i/\mathrm{d}t)E_L \\ &= 193.5 \times 30/500 + (1.5 \times 10 \times 28.2)/523.66 = 4.67(\mathrm{m}) \end{aligned}$$

同理，按照上述监测到的强闪电计算地下部分的安全距离：

$$\begin{aligned} Se &= TR_i/500 = 193.5R_i/500 \\ &= 0.387R_i \geqslant 200R_i/500 = 0.4R_i \end{aligned}$$

3 意义

根据截取风景区的地闪数据，以1 km^{2}范围为基本单元，得到各单元内2008年1月1日至2011年12月31日期间的全部地闪频次、极性、强度等参数，分析了武当山的雷电环境及地理环境对雷电活动的影响。通过雷电的风险评估模型，计算得到，雷击大地密度整体上随高度表现出明显的增长趋势，电流强度平均值与高度大致呈现反向分布趋势。通过研究致灾环境的基本规律，进而有针对性地制订出科学合理的防护措施，这对古建筑的防雷具有重要意义。

参考文献

[1] 段振中，朱传林，刘国臻．武当山景区雷电环境及古建筑防雷．山地学报，2013，31(1):77－82.

坡面侵蚀的变化模型

1 背景

坡面侵蚀产沙过程一直是土壤侵蚀研究的热点。20 世纪 40 年代,土壤侵蚀过程研究经历了从定性描述到定量研究的重大转变;到 90 年代,以 WEPP 为代表的一系列侵蚀过程模型相继问世,侵蚀过程及机理研究进入一个新阶段。史忠林等[1]以人工模拟降雨为手段,采用^{7}Be 单核素示踪技术与泥沙颗粒分析相结合的方法,对比降雨过程中的产流产沙变化,定量判读坡面不同侵蚀方式动态演变过程,以期为紫色土坡面侵蚀研究及其防治提供一定依据。

2 公式

三维空间的土壤颗粒体积分维模型可表示为:

$$V(r > R) = C_V\left[1 - \left(\frac{R}{\lambda_V}\right)\right]^{3-D}$$

式中,V 为颗粒体积;r 为测定的尺度;R 为某一特定粒径; C_V 和 λ_V 为描述形状和尺度的常量;D 为分形维数。

土壤颗粒的总体积可表示为:

$$V_T = V(r > 0) = C_V\left[1 - \left(\frac{0}{\lambda_V}\right)\right]^{3-D} = C_V$$

由以上两式得到:

$$\frac{V(r > R)}{V_T} = 1 - \left(\frac{R}{\lambda_V}\right)^{3-D}$$

对常量 λ_V 的估计只需取土壤粒径分级中最大的粒径值(用 R_L 表示)。当 $R = R_L$ 时,$V(r > R) = 0$,因此 $\frac{V(r > R)}{V_T} = 0$ 。此时 λ_V 在数值上等于 R_L 。将 $r > R$ 的形式转化为 $r < R$,得到:

$$\frac{V(r < R)}{V_T} = \left(\frac{R}{\lambda_V}\right)^{3-D}$$

降雨过程中不同坡度坡面产流速率随时间的变化如图 1 所示, 15°坡面产流时间先于

20°坡面,这可能是由于15°坡面土壤前期含水率高于20°坡面造成的(表1)。

表1　试验雨强、降雨均匀度和土壤含水率

试验小区	雨强(L/min¹)	降雨均匀度(%)	土壤含水率(%)
15°小区	50	71.4	35.2
20°小区	50	66.9	26.3

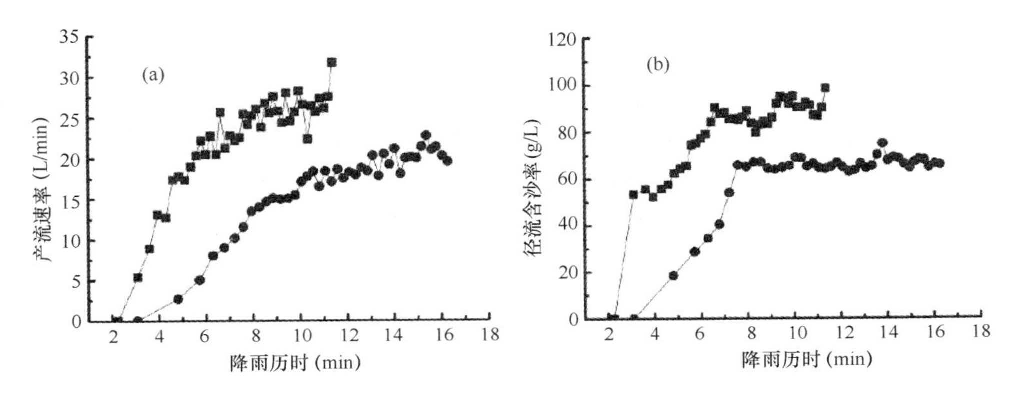

图1　降雨过程中产流速率(a)与径流含沙率(b)变化

(■表示15°小区;●表示20°小区)

3　意义

根据环境放射性核素示踪技术研究土壤侵蚀是传统土壤侵蚀监测技术的重要补充手段。因为^{7}Be具有半衰期短和在表土分布浅等特点,能够用于指示短时间尺度的坡面侵蚀堆积过程。采用^{7}Be技术与泥沙颗粒分析相结合,通过坡面侵蚀的变化模型,定量判读了模拟降雨下紫色土坡面侵蚀过程演变。^{7}Be在表征侵蚀过程演变时具有独特的优势,可以将坡面片蚀发育过程随降雨时间的变化明显地识别出来。这对防治坡面侵蚀,特别是细沟侵蚀的发生具有重要意义。

参考文献

[1]　史忠林,文安邦,严冬春,等. 紫色土坡地侵蚀产沙过程的^{7}Be法初探. 山地学报,2013,31(1):71–76.

坡地的径流方程

1 背景

坡面径流是土壤水蚀过程的主要动力，搞清产流的动力学特点是进一步研究侵蚀过程规律的基础。坡面流运动十分复杂，目前主要采用运动波理论、扩散波或完整圣维南方程进行描述。李新虎等[1]在前人的基础上推导可以模拟自然降雨条件下不同生态措施坡地的坡面流方程，通过实验对自然降雨条件下不同生态措施坡地的径流数值进行了模拟，并应用实测资料对模型进行验证。

2 公式

设微小单元体 dx 的质量（图 1）为 $M=\rho h\mathrm{d}x$（其中 ρ 为水的密度，h 为水深），则单元体的动量变化率为 $\frac{\partial}{\partial t}(\rho u h\mathrm{d}x)$，根据运动动力学的动量守恒及水量平衡原理出发可推导出坡面径流的动力学方程：

$$
\begin{cases}
\dfrac{\partial u}{\partial t}+u\dfrac{\partial u}{\partial x}+g\dfrac{\partial h}{\partial x}=g(S_o-S_f)-\dfrac{\sigma}{\rho h}-\dfrac{uq_e(x,t)\cos\alpha}{h}+\dfrac{i(x,t)v_mS_0\cos\alpha}{h}\\
\dfrac{\partial h}{\partial t}+u\dfrac{\partial h}{\partial x}+h\dfrac{\partial u}{\partial x}=q_e\cos\alpha\\
q_e=i(x,t)-C(t)-f(x,t)\\
v_m=\begin{cases}\sqrt{\left(1.544\dfrac{v}{i^{0.23}}\right)^2+6.048gi^{0.23}}-1.544\dfrac{v}{i^{0.23}} & i\leqslant 2.13\mathrm{mm/min}\\ \dfrac{i^{0.23}}{0.0448+0.0845i^{0.23}} & 2.13\mathrm{mm/min}\quad i\leqslant 43.46\mathrm{mm/min}\end{cases}
\end{cases}
$$

式中，h 为水深；i 为雨强（mm/min）；g 为重力加速度（$\mathrm{m/s^2}$）；v 为系数（$\mathrm{cm^2/s}$）；q_e 为净输入；ρ 为水的密度；S_f 为阻力坡度；σ 为表面张力；v_m 为雨滴终速。

在一次降雨过程中若忽略蒸散发的影响，q_e 可表述为：

$$q_e(x,t)=i(x,t)-C(t)-f(x,t)$$

对于截留强度 $C(t)$ 可表示为：

$$C(t)=(C_m-C_0)\exp(-Wt)$$

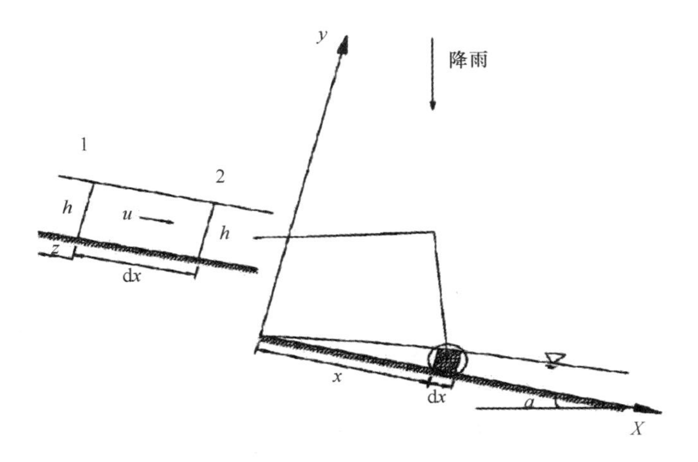

图1　坡地降雨径流

式中，C_m、C_0 和 W 分别为植物截留容量、初始持水量和衰减指数。

以上方程组即为一般情况下坡面径流预测方程，对于植被覆盖较好的坡面，其雨滴通过冠层阻挡，才能进入土壤表面，因此雨滴动能被植被冠层所削减，其雨滴终速可近似为零。则方程简化为：

$$\begin{cases}\dfrac{\partial u}{\partial t}+u\dfrac{\partial u}{\partial x}+g\dfrac{\partial h}{\partial x}=g(S_o-S_f)-\dfrac{\sigma}{\rho h}-\dfrac{uq_e(x,t)\cos\alpha}{h}\\ \dfrac{\partial h}{\partial t}+u\dfrac{\partial h}{\partial x}+h\dfrac{\partial u}{\partial x}=q_e\cos\alpha\\ q_e=i(x,t)-C(t)-f(x,t)\end{cases}$$

当考虑对象为裸露的坡面时有：

$$C(t)=0$$

则：

$$q_e=i(x,t)-f(x,t)$$

开始降雨为起始时刻，此刻坡面上无径流出现，即方程组模型的初始条件为：

$$\begin{cases}h(x,t)\mid_{t=0}=0\\ u(x,t)\mid_{t=0}=0\end{cases}\quad(0\leqslant x\leqslant L)$$

式中，x 为坡面长度。

在坡面顶部没有径流，故边界条件可写为：

$$\begin{cases}h(x,t)\mid_{x=0}=0\\ u(x,t)\mid_{x=0}=0\end{cases}\quad(t>0)$$

Preissmann 关于因变量和其导数的差分格式为：

$$
\begin{cases}
f(x,t) \approx \bar{f} = \dfrac{\theta}{2}(f_{j+1}^{k+1} + f_j^{k+1}) + \dfrac{1-\theta}{2}(f_{j+1}^{k} + f_j^{k}) \\
\dfrac{\partial f}{\partial x} \approx \dfrac{f_x}{\Delta x} = \theta\dfrac{f_{j+1}^{k+1} - f_j^{k+1}}{\Delta x} + (1-\theta)\dfrac{f_{j+1}^{k} - f_j^{k}}{\Delta x} \\
\dfrac{\partial f}{\partial t} \approx \dfrac{f_t}{\Delta t} = \theta\dfrac{f_{j+1}^{k+1} + f_j^{k+1} - f_{j+1}^{k} - f_j^{k}}{\Delta t}
\end{cases}
$$

式中,f是变量;θ是加权系数。

所研究的坡度θ为12°。采用柑橘种植措施,经测定柑橘的高度平均为1.5 m,即H取1.5,参数取值结果见表1。

表1 径流预测的率定参数

处理	W	$k(10^{-7}$ m/s)	θ_s	S	H	n
A	—	5.12	0.506	0.08	—	0.02
B	0.011	6.61	0.625	0.18	—	0.05
C	0.011	6.75	0.638	0.19	1.5	0.24

3 意义

根据动量定理和水量平衡原理,以Saint Venant方程为基础推导出自然降雨条件下不同生态措施坡地的径流基本方程。在考虑一般问题定解条件的基础上,采用Preissmann隐式格式对模型进行数值求解。利用3个处理(裸地、百喜草覆盖和百喜草+果树覆盖)、5组实测资料(不同雨型)对坡地的径流方程进行了验证,结果表明3个处理的计算值与实测值的平均相对误差分别为:14.97%、13.59%、15.15%,说明坡地的径流方程的计算结果是可靠的,对于模拟预测自然降雨条件下不同生态措施坡地径流过程是可行的。

参考文献

[1] 李新虎,赵成义,杨洁. 自然降雨条件下不同生态措施坡地的径流数值模拟. 山地学报,2012,30(1):10-15.

岩爆倾向性的判别模型

1 背景

岩爆倾向性是指岩石在所受的应力达到极限应力状态时发生岩爆的可能性，岩石（岩体）的岩爆倾向性和极限应力状态是岩爆发生的两个基本条件。现有的岩爆倾向性预测方法主要有以下三类：基于岩爆机理模型的预测方法、基于模糊数学的综合评述、基于先验知识的智能预测方法。靳晓光等[1]通过调查分析对西藏扎墨公路嘎隆拉隧道岩爆倾向性展开了实验研究。

2 公式

通过贮能与耗能的比较，人们提出了一个衡量岩石的岩爆倾向性的指标，即冲击能指标，它是应变曲线的峰值前区下面的面积 E_1 与峰值后区下面的面积 E_2 之比，即：

$$W_{CF} = \frac{E_1}{E_2}$$

式中，W_{CF} 为冲击能指标；E_1 为峰值荷载前区面积；E_2 为峰值荷载后区面积。

W_{CF} 比值越大，岩石发生猛烈破坏的可能性越大，有岩爆倾向性的岩石，其峰值荷载后区的曲线短，甚至测不到峰值荷载后区曲线，前后两部分面积之比就越大。据此有人提出的判别标准为：

$$W_{CF} > 3.0 \qquad \text{有强岩爆倾向}$$

$$2.0 < W_{CF} < 3.0 \qquad \text{有中等（或弱）岩爆倾向}$$

$$W_{CF} < 2.0 \qquad \text{无岩爆倾向}$$

该指标定义为全应力—应变曲线峰值前区卸载曲线下面的面积与加卸载曲线之间的面积之比为弹性变形能指数（如图 1 所示）。

$$W_{ET} = \frac{E_e}{E_p} = \frac{\int_{\varepsilon_p}^{\varepsilon_e} f_1(\varepsilon)\,\mathrm{d}\varepsilon}{\int_0^{\varepsilon_t} f(\varepsilon)\,\mathrm{d}\varepsilon - \int_{\varepsilon_p}^{\varepsilon_e} f_1(\varepsilon)\,\mathrm{d}\varepsilon}$$

式中，E_e 为弹性变形能，MJ；E_p 为塑性变形能，MJ；ε_e 为弹性应变；ε_p 为塑性应变；ε_t 为总应变；$f(\varepsilon)$ 为加载时应力应变曲线；$f_1(\varepsilon)$ 为卸载时应力应变曲线。

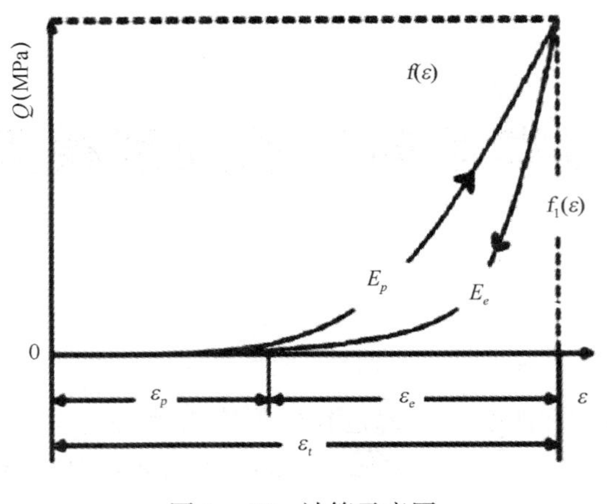

图 1　W_{ET} 计算示意图

3　意义

结合嘎隆拉隧道工程实践,在隧道钻取了岩芯试样,进行了岩石单轴压缩实验、单轴压缩加载和卸载实验以及 Kaiser 效应声发射实验,开展了岩爆倾向性研究。根据岩爆倾向性的判别模型,计算得到,岩石冲击性能指标 W_{CF} 皆大于 3.0,大多数试样的弹性变形能指数 $W_{ET}>2.5$,岩石具有强岩爆倾向,当应力接近峰值时声发射突然迅速增大,岩石很快发生突然而猛烈的破坏,其岩爆倾向性强。岩爆倾向性研究为嘎隆拉隧道安全施工和支护设计优化提供了信息,也为西藏复杂地质条件下类似工程建设提供一定的借鉴。

参考文献

[1]　靳晓光,王艳,林志,等. 西藏扎墨公路嘎隆拉隧道岩爆倾向性实验研究. 山地学报,2013,31(1):114-119.

黄土坡面的细沟侵蚀方程

1 背景

细沟侵蚀是黄土高原坡面极其重要的侵蚀过程之一,它的发生发展加剧了黄土坡面土壤侵蚀强度。坡面任何空间位置的细沟侵蚀都是由该部位的细沟径流、细沟上方及细沟两侧向细沟汇沙共同作用下造成的。向细沟汇沙的多少对细沟侵蚀过程具有重要影响,阐明汇沙对坡面细沟侵蚀的影响与贡献,对于深入认识坡面细沟侵蚀过程具有重要作用,并为进一步发展坡面侵蚀过程模型奠定重要基础。申楠等[1]通过实验对黄土坡面汇沙对细沟侵蚀的影响与贡献展开了探讨。

2 公式

细沟侵蚀率为单位时间单位细沟投影面积上的侵蚀量;汇沙输沙率为单位时间单位细沟投影面积上从细沟上方及两侧细沟间汇入细沟的泥沙量,并区分为细沟上方汇沙输沙率及细沟间汇沙输沙率;细沟水流切应力的计算式为:

$$\tau = \gamma RJ$$

式中,τ 为水流切应力(Pa) 或(N/m^2);γ 为水流容重(N/m^3);R 为水力半径(m)。

对坡度15°不同降雨强度条件下进行细沟侵蚀过程组合小区试验获得的降雨径流侵蚀过程中的细沟侵蚀率及相应的细沟上方汇沙输沙率、细沟间汇沙输沙率、细沟径流剪切力观测结果进行多元非线性分析,取得下列表述细沟侵蚀率模拟方程及其检验结果:

$$E = 1.9 + 5.9\ln(\tau) + 0.36\ln(t_1) - 1.54\ln(t_2) + 0.64\ln(\tau) \times [\ln(t_1) + \ln(t_2)]$$

$$R^2 = 0.88$$

$$F(4,30) = 53 > F(4,30)_{0.01} = 4.02$$

式中,E 为细沟侵蚀率[$kg/(m^2 \cdot min)$];τ 为细沟径流剪切力(Pa);t_1 为细沟间汇沙输沙率[$kg/(m^2 \cdot min)$];t_2 为细沟上方汇沙输沙率[$kg/(m^2 \cdot min)$]。

计算每个自变量对因变量影响的贡献可采用下式进行:

$$P_i = \frac{R^2}{\sum_{i=1}^{n} \beta_i^2} \beta_i^2 \times 100\%$$

式中，P_i 为第 i 个因素的贡献率；R^2 为复回归平方；$\beta_i = b_i \dfrac{\sigma_{xi}}{\sigma_y}$，其中，$b_i$ 为第 i 个因素的回归系数，σ_{xi} 为第 i 个因素的均方差，σ_y 为因变量的均方差。

对降雨强度 2 mm/min 不同坡度条件下进行细沟侵蚀过程组合小区试验获得的降雨径流侵蚀过程中的细沟侵蚀率及相应的细沟上方汇沙输沙率、细沟间汇沙输沙率、细沟径流剪切力观测结果进行多元非线性分析，取得下列表述细沟侵蚀率模拟方程及其检验结果：

$$E = -0.74 + 6.19\ln(\tau) - 0.78\ln(t_1) - 1.27\ln(t_2) + 1.06\ln(\tau) \times [\ln(t_1) + \ln(t_2)]$$

$$R^2 = 0.84$$

$$F(4,30) = 39 > F(4,30)_{0.01} = 4.02$$

对坡度 15°不同降雨强度及雨强 2 mm/min 不同坡度组合条件下进行细沟侵蚀过程组合小区试验获得的降雨径流侵蚀过程中的细沟侵蚀率及相应的细沟上方汇沙输沙率、细沟间汇沙输沙率、细沟径流剪切力观测结果进行多元非线性分析，取得表述细沟侵蚀率模拟方程及其检验结果：

$$E = 1.477 + 6.06\ln(\tau) + 0.18\ln(t_1) - 1.74\ln(t_2) + 0.87\ln(\tau) \times [\ln(t_1) + \ln(t_2)]$$

$$R^2 = 0.835$$

$$F(4,65) = 82.1 > F(4,65)_{0.01} = 3.65$$

3　意义

采用定流量人工放水的组合小区模拟降雨的方法，对不同降雨强度与不同坡度下黄土坡面汇沙对细沟侵蚀的影响及贡献进行了研究，通过黄土坡面的细沟侵蚀方程的计算，可知细沟上方汇沙、细沟间汇沙、沟径流剪切力对细沟侵蚀的影响，在不同降雨强度、不同坡度、不同降雨强度及坡度下皆可用三元对数方程描述，三者之间的交互项呈正相关关系，与细沟上方汇沙呈负相关关系。细沟上方汇沙、细沟间汇沙、细沟径流剪切力和三者间的交互作用的贡献率，在不同降雨强度下分别为 13.18%、4.98%、61.2%及 8.26%；在不同坡度下分别为 4.73%、1.19%、73.65% 及 5.4%；在不同降雨强度及坡度下分别为 10.84%、0.44%、65.22% 及 6.97%。

参考文献

[1]　申楠，王占礼，刘俊娥，等．黄土坡面汇沙对细沟侵蚀的影响与贡献．山地学报，2013，31(2)：194－199.

交通路网的通达性模型

1 背景

通达性作为度量交通网络结构的有效指标,也是评价区域获取发展机会和控制市场能力的有效指标之一,在区域发展和交通网络的关系研究中一直是学界关注的热点。白永平等[1]以兰州—西宁城市区域交通路网作为实例,融合空间句法模型、日常可达性模型以及等时圈通过特征点算法,运用GIS技术多视角系统测度经济区路网通达性的空间规律,旨在为兰州—西宁城市区域交通规划和区域发展提供理论与实证借鉴。

2 公式

(1)连接度 C_i 。在连接图上,连接度表示与轴线 i 相连的轴线数,反映了轴线在整个拓扑网络中的连接能力。其计算公式为:

$$C_i = k$$

式中,k 表示与轴线 i 直接相连的轴线个数。

(2)控制值 $ctrl_i$ 。控制值表示轴线 i 对与之相连的轴线的控制程度,反映了该轴线对其他轴线的影响程度或控制能力。从数值上看,它等于连接度的倒数,其计算公式为:

$$ctrl_i = \sum_{j=1}^{k} \frac{1}{C_i}$$

(3)深度值 D_d 。深度值是指网络中某一轴线到达其他所有轴线的最少连接次数。设网络中一轴线到其他任意轴线的最少连接次数为 d(d 为整数,$1 \leqslant d \leqslant s$),连接轴线数为 N_d ,则深度值可表示为:

$$D_d = \sum_{d=1}^{s} d \times N_d$$

一般分析时常用平均深度值 $\overline{D}$,其计算公式为:

$$\overline{D} = \frac{D}{n-1}$$

式中,n 是待考察网络的轴线个数;$n-1$ 反映了在考察的轴线中最多有 $n-1$ 个轴线与指定轴线相连。

全局集成度表示一条轴线和其他所有轴线的拓扑关系,而局部集成度则表示某一轴线

与距其几步(通常是三步)范围内轴线之间的相互关系,其计算公式为:

$$RA_i = \frac{2(\bar{D} - 1)}{n - 2}$$

$$RRA_i = \frac{RA_i}{D_n}$$

式中,n 为网络内总轴线数;$\bar{D}$ 为平均深度值,且有:

$$D_n = \frac{2(n\{\log_2[(n + 2)/3] - 1\} + 1)}{(n - 1)(n - 2)}$$

区域可达性评价指标可表示为:

$$A_i = \sum_{j=1}^{d} T_{ij}/d$$

式中,j 为区域中的节点;T_{ij} 为区域中节点 i 通过交通网络中通行时间最短的路线到达 j 的通行时间;d 为点的个数;A_i 为节点 i 的可达性。

为了便于比较节点的可达性,按照公式对可达性进行归一化处理,处理后分值越大,可达性越好:

$$P_i = 100 - \frac{A_i - \min(A_i)}{\max(A_i) - \min(A_i)} \times 100$$

式中,P_i 为可达性的分值;A_i 为可达性;$\min(A_i)$ 为可达性的最小值;$\max(A_i)$ 为可达性的最大值。

设置出发点 i 为 P_i,目标点 j 为 P_j,在从出发点放出 n_i 个搜索点的同时,从目标点放出 n_j 个搜索点,搜索半径为 $\sqrt{2}L$(L 为栅格长度),两个城市的搜索点相向并行搜索,由 $n_i + n_j$ 个搜索点共同完成一条最优路径的搜索:

$$T_{ij}^{n} = \sum_{k=1}^{m} \frac{D_{ki}}{V_{ki}} + \sum_{k=1}^{m} \frac{D_{kj}}{V_{kj}}$$

式中,T_{ij}^{n} 为搜索点 n 从 i 点到 j 点的通行时间;$D_{ki(j)}$ 为 $i(j)$ 点使用交通工具 k 的通行距离;$V_{ki(j)}$ 为点 $i(j)$ 使用交通工具 k 的通行速度;m 为交通方式与用地类型数,这里取 7,分别为河流、湖泊、县道、省道、国道、高速公路和铁路。

利用 ArcGIS9.3 软件找到区域的几何中心,按照式下式计算中心性:

$$Q_i = \frac{D_i}{\sqrt{s/\pi}}$$

式中,Q_i 为区域中节点 i 的几何中心性;D_i 为节点 i 到区域几何中心的距离;s 为区域面积。并对几何中心性的数值进行归一化处理,将归一化后的数值在 SPSS 16. 软件进行回归分析和模型拟合(图 1),相关系数为 0.68,模拟方程为:

$$Y = e^{(4.422 - 8.932/x)}$$

式中,自变量 x 为几何中心性,因变量 Y 为区域可达性。

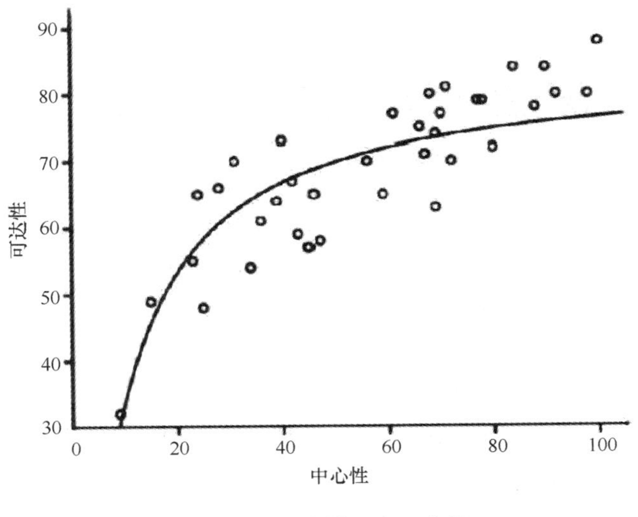

图1 拟合模型方程曲线

为使分析更为精确，在此选取区域内所有县(市、区)单元城镇作为特征点，共计36个特征点。其特征点通达度为：

$$M = \sum_{n=1}^{m} f_n \times W_n$$

式中，M 为特征点通达度；m 为交通类型数，这里取值为5；f_n 为第 n 种交通拓扑的轴线权重；W_n 为第 n 种交通拓扑的轴线集成度之和。

3 意义

根据兰州—西宁城市区域交通路网的分析，基于空间句法模型、日常可达性模型和等时圈通过特征点算法，试图运用GIS技术将节点、轴线和域面结合起来对通达性进行全面阐述，多视角综合测度区域路网通达性的空间格局。利用交通路网的通达性模型，可知应当构建兰州地区绕城高速和环状路网，实现路网交通的适度分流；加快兰州—西宁高等级快速交通建设，推进兰州—西宁区域一体化进程；建设兰成铁路和兰州至云南磨憨口岸高速通道，培育临夏为南部区域性中心城市。

参考文献

[1] 白永平，吴常艳，陈博文．基于陆路交通网的空间通达性分析——以兰州—西宁城市区域为例．山地学报，2013，31(2)：129－139.

冻土分布的预测模型

1 背景

青藏高原是世界上中低纬度海拔最高、面积最大的多年冻土区，随着全球气候的持续变暖、人类活动的增多和青藏铁路等工程的建造与运营，青藏高原多年冻土正在逐渐退化。局地因素直接影响到地面接收太阳辐射的强度，而青藏高原强烈的太阳辐射，致使局地因素影响作用增强。鲁嘉濠等[1]利用 GIS 良好的空间分析和制图功能，提出了考虑局地因素坡向的冻土分布模型，输出研究区内冻土工程地温区划图，并结合气候转暖对地温的影响，预测了研究区 50 年后冻土的变化趋势。

2 公式

综合中低纬度地带性规律，用高斯曲线对北半球高海拔多年冻土下界资料进行拟合，得到了如下关系：

$$H = 3650\exp[-(0.003\varphi - 25.37)^2] + 1428$$

式中，H 为多年冻土下界高度(m)；φ 为地理纬度(°)。该模型能较好地反映青藏公路沿线多年冻土的分布下界。

根据年平均气温与海拔、纬度的统计关系，并推断下界处的年平均气温为 -2.0℃，得到多年冻土下界分布高程模型：

$$H_L = \frac{56.02 - T - 1.02L}{0.562} \times 100 \text{（青海）}$$

$$H_L = \frac{40.24 - T - 0.491L}{0.572} \times 100 \text{（西藏）}$$

式中，H_L 为下界海拔(m)；T 为年平均气温(℃)；L 为纬度(°)。

根据青藏公路沿线实测年平均地温与海拔、纬度的线性多元回归统计关系，得到了基于年平均地温的地温带分布计算机模拟模型：

$$T_Z = 68.827 - 0.00827H - 0.927L$$

式中，T_Z 为年平均地温(℃)；H 为海拔(m)；L 为纬度(°)。

为实现基于年平均地温的青藏高原冻土分布制图，对青藏高原 76 个监测点的年平均地温值与纬度、高程进行线性多元回归统计，得到了如下关系：

$$T_{ep} = -0.83\varphi - 0.0049E + 50.63341$$

式中，T_{ep} 为年平均地温(℃)；φ 为十进制表示的纬度(°)；E 为高程(m)。

上述模型都未考虑局地因素的影响，根据研究区内 29 个钻孔点 2000—2010 年间的监测数据，对钻孔点的年平均地温与高程、纬度和归一化坡向进行线性多元回归统计，得到了考虑局地因子坡向的关系式：

$$T = 65.461 - 1.222\varphi - 0.005h - 0.299\cos\theta$$

式中，T 为年平均地温(℃)；φ 为十进制表示的纬度(°)；H 为高程(m)；θ 为坡向(°)。

反距离权重插值法是以样本点与插值点间的距离为权重的一种加权平均法，离插值点越近的样本点赋予的估值权重越大，其表达式如下：

$$z = \left[\sum_{i=1}^{n} \frac{z_i}{d_i^2}\right] / \left[\sum_{i=1}^{n} \frac{1}{d_i^2}\right]$$

式中，z 为所要估计的网格点的年平均地温残差值；Z_i 为第 i 个钻孔点的残差值；d_i 为插值点到第 i 个钻孔点的距离；n 为用于插值的钻孔点数目。

青藏公路沿线年平均气温与年平均地温间的相关统计模型：

$$T_z = -[0.414\exp(0.326T_a) - 1]$$

式中，T_z 为年平均地温(℃)；T_a 为年平均气温(℃)，取绝对值。

用上式方程计算出不同地温带界处气温升高后引起的地温变化值，从而得到多年冻土地温带对气候变化的响应模型：

$$T = 65.461 - 1.222\varphi - 0.005H - 0.299\cos\theta + \Delta T_z$$

式中，ΔT_z 为年平均气温变化引起的地温变化值。

3 意义

通过 Pearson 相关性分析，选取了对青藏高原工程走廊多年冻土分布影响较大、在 GIS 技术支持下较容易量化的坡向，结合区域内 29 个钻孔点的长期地温监测数据，建立了年平均地温与高程、纬度及坡向之间的多元线性模型。根据青藏高原冻土工程地温分带指标，制作出了走廊内符合实际的冻土分布图。运用随气候变化的响应模型，预测走廊内 50 年后多年冻土将发生较大的变化：低温稳定区、低温基本稳定区的空间分布面积逐渐减小，分布界线向高海拔迁移；高温不稳定区较大范围地向高温极不稳定区转化；高温极不稳定区将处于长期退化过程。

参考文献

[1] 鲁嘉濠，牛富俊，程花，等．青藏高原工程走廊冻土分布模型及其变化趋势．山地学报，2013，31(2)：226－233.

青藏高原植被覆盖度的预测模型

1 背景

全球变化与陆地生态系统响应（GCTE）是当前全球变化研究的重要内容，有关地表植被覆盖与环境演变的关系是全球变化中最复杂、最具活力的研究内容。全球变化对陆地生态系统的影响必然会在植被种类的数量和质量方面有所响应。由于遥感技术可从多时相、多波段遥感信息中提取地表覆盖状况与环境变量，为研究陆地植被的分布、变化提供了强有力的手段。刘军会等[1]利用长时间序列的遥感影像和气候数据，测算1981—2005年青藏高原植被覆盖度变化趋势，分析植被覆盖度变化与气候变化的定量关系。

2 公式

采用国际上惯用的最大值合成法（Maximum Value Composite，MVC），即在每个像元取该像元每半月的 *NDVI* 最大值对每月的 *NDVI* 进行预处理，以尽可能消除云层、颗粒、视角及太阳高度角的影响。公式为：

$$NDVI_i = \mathrm{Max}(NDVI_1 - NDVI_2)$$

式中，i 为月序号，由于青藏高原植被生长季集中于7—9月，i 的取值范围为7～9；$NDVI_i$ 为第 i 月的 *NDVI* 值；$NDVI_1$ 和 $NDVI_2$ 分别为第 i 月的上半月和下半月的 *NDVI* 值。

假设每个像元的 *NDVI* 值可由该像元的植被覆盖部分（f_v）和裸土部分（$1-f_v$）的 *NDVI* 值合成，则其公式如下：

$$NDVI = NDVI_v + NDVI_s(1 - f_v)$$

式中，$NDVI_v$ 为植被覆盖部分的 *NDVI* 值；$NDVI_s$ 裸土部分的 *NDVI* 值；f_v 为植被覆盖度。

由于年最大 *NDVI* 可较好地反映该年度植被长势最好季节的地表植被覆盖程度，因此，在实际计算中，以 *NDVI* 最大值代替 $NDVI_v$、以 *NDVI* 最小值代替 $NDVI_s$，则植被覆盖度（f_v）公式如下：

$$f_v = \frac{NDVI - NDVI_{min}}{NDVI_{max} - NDVI_{min}}$$

式中，$NDVI_{max}$ 和 $NDVI_{min}$ 分别为植被整个生长季 *NDVI* 的最大值和最小值。

如果 *SLOPE* 为正数，表示随着时间变化植被覆盖度呈上升趋势，且数值越大说明上升

得越快。反之,当 *SLOPE* 值为负时,表示随着时间变化植被覆盖度呈下降趋势。其计算公式如下:

$$SLOPE = \frac{n \times \sum_{i=1}^{n} i \times f_{vi} - (\sum_{i=1}^{n} i)(\sum_{i=1}^{n} f_{vi})}{n \times \sum_{i=1}^{n} i^2 - (\sum_{i=1}^{n} i)^2}$$

式中,f_{vi} 为第 i 年的植被覆盖度;n 为监测时间段的年数;i 从 1 到 n,为研究时段内年份的序号。

Pearson 相关系数的计算公式为:

$$R = \frac{\sum xy - \frac{\sum x \sum y}{n}}{\sqrt{\left(\sum x^2 - \frac{(\sum x)^2}{n}\right)\left(\sum y^2 - \frac{(\sum y)^2}{n}\right)}}$$

式中,R 为 Pearson 相关系数;x 为所有像元的植被覆盖变化率;y 为所有像元的降水量(温度)变化率;n 为监测时段。

3 意义

基于青藏高原 1981—2005 年遥感影像及期间气象数据,结合生态学模型,分析了青藏高原植被覆盖度变化趋势及其与气候变化的关系。根据青藏高原植被覆盖度的预测模型[1],可知 25 年间,青藏高原温度升高、降水量增加,植被覆盖度有“整体升高、局部退化”的趋势;地表植被改善区主要位于植被低覆盖区,退化区主要位于高覆盖区;从不同植被类型看,除针叶林、阔叶林受采伐影响覆盖度下降外,其他植被覆盖度均不同程度的上升;植被覆盖度变化与同期降水量的变化、温度变化均呈正相关,且具有明显的区域差异。

参考文献

[1] 刘军会,高吉喜,王文杰. 青藏高原植被覆盖变化及其与气候变化的关系. 山地学报,2013,31(2):234-242.

川藏公路的泥石流评价模型

1 背景

受青藏高原隆升的影响,川藏公路沿线地形起伏显著,地质条件复杂,各种内外营力作用非常活跃,泥石流形成所需的地质构造、松散物源、降水等条件非常容易满足,使得川藏公路成为我国泥石流灾害最为严重的交通干线之一。泥石流危险性评价是泥石流灾情评估工作的核心内容之一,且对泥石流灾害风险分析与防治规划具有重要意义。邹强等[1]通过实验对 G318 川藏公路段泥石流危险性评价展开了探讨。

2 公式

信息量法是通过现有信息,把区域稳定性的各种影响因素的实测值转化为反映区域稳定性的信息量,表征影响因素对研究对象的"贡献"大小,进而评价研究对象的稳定程度。信息预测是用信息量来衡量的,即:

$$I(Y,x_1,x_2\cdots x_n) = \ln \frac{P(Y \mid x_1,x_2\cdots x_n)}{P(Y)}$$

根据条件概率运算,上式可进一步写成:

$$I(Y,x_1,x_2,\cdots,x_n) = I(Y,x_1) + I(Y,x_2) + \cdots + I_{x_1+x_2+x_{n-1}}(Y,x_n)$$

式中, $I(Y,x_1,x_2,\cdots,x_n)$ 为因素组合 $x_1,x_2,\cdots,x_n$ 对泥石流灾害提供的信息量; $P(Y|x_1,x_2,\cdots,x_n)$ 为因素 $x_1,x_2,\cdots,x_n$ 组合条件下泥石流发生的概率; $P(Y)$ 为泥石流发生的概率; $I(Y,x_2)$ 为因素 x_1 存在时,因素 x_2 对泥石流提供的信息量。

信息量模型可表示为:

$$I = \sum_{i=1}^{n} I(y,x_i) = \sum_{i=1}^{n} \ln\left[\frac{A_i/A}{S_i/S}\right]$$

式中,I 为研究区评价单元总的信息量值;n 为参评因子数, $I(y,x_i)$ 为泥石流发生条件下出现 x_i 的概率;S 为研究区评价单元总面积;A 为研究区含有泥石流的单元总面积; S_i 为研究区内含有评价因素 x_i 的单元面积之和; A_i 为分布在因素 x_i 内特定类别内的泥石流单元面积之和。

通过统计各等级区域面积,泥石流危险区流计和数量分布见表 1。

表 1　泥石流危险区统计结果及泥石流数量分布

危险等级	面积(km^2)	占总面积百分比(%)	泥石流数量
基本无危险区	1 472. 14	4. 21	1
轻度危险区	8 314. 39	23. 79	72
中度危险区	13 933. 43	39. 88	268
高度危险区	5 326. 49	15. 24	338
极高度危险区	5 896. 28	16. 87	255

3　意义

根据野外调查,选取坡度、地表起伏度、岩石抗剪强度指标(内摩擦角与黏聚力)、距断裂距离、地震烈度、岩体风化程度、最大 24 h 降雨量、年平均气温、土地利用类型等 10 项指标作为基本判别因子,分析泥石流对影响因子的敏感程度。结合 GIS 与信息量模型分析 G318 川藏公路段沿线泥石流危险性,借助川藏公路的泥石流评价模型[1],可知公路大部分路段处于中度、高度与极高度危险区,三者面积之和占总面积的 71. 99%,范围较大;基本无危险区范围较小,主要位于成都平原和高原面路段,仅占总面积的 4. 21%。

参考文献

[1]　邹强,崔鹏,杨伟. G318 川藏公路段泥石流危险性评价. 山地学报,2013,31(3):342 – 348.

泥石流暴发的临界雨量模型

1 背景

处于强烈地震影响区内的泥石流流域,在地震后泥石流的形成条件会发生较大的变化:流域的固体松散物质增多,其中沟床上停留的崩塌滑坡碎屑物明显增多;沟道内多处被滑坡或崩塌堆积体堵塞或半堵塞。陈源井等[1]通过收集2008年汶川地震重灾区内的四川省绵竹市清平乡小岗剑沟泥石流资料,分析该沟泥石流暴发的临界雨量的演变情况,得到在不同时间段内,地震对该沟泥石流暴发临界雨量的影响,为泥石流预警预报提供参考依据。

2 公式

选择1 h降雨强度(I)-前期累积雨量(P)模式(简称I—P模式)作为震区泥石流发生的临界雨量模式,其临界判别式为:

$$R = I + KP$$

式中,I为1h降雨强度(mm);P为前期累计有效降雨量(mm);K为特征系数,无量纲;R为临界雨量值(mm)。地震前仅有1995年8月15日清平乡降雨资料以及该区域100年一遇的降雨统计资料(表1)。

表1 小岗剑沟降雨参数表

时间	总降雨量(mm)	最大1 h降雨量(mm)	I(mm)	P(mm)	R(mm)	是否发生泥石流
2010年7月31日	60.2	51.7	51.7	51.7*	55.5	是
2010年8月13日	185	70.6	70.6	127.6	79.9	是
2010年8月19日	144	—	31.9	72*	37.2	是
2010年9月18日	—	—	30*	30*	32.2	是
2011年5月8日	100.3	40	40	50*	43.7	是
2011年7月4日	182.4	46.1	46.1	91*	52.7	是
2011年7月5日	209	—	40*	105*	47.7	是
2011年8月20日	182.4	—	35*	91*	41.6	是

续表

时间	总降雨量（mm）	最大1 h降雨量（mm）	I（mm）	P（mm）	R（mm）	是否发生泥石泥
2011年9月5日	92.6	—	30*	46	33.4	是
1995年8月15日	496.5	80	80	249*	98.2	否
100a	550	116	116	275*	136.1	否

注：*为推测值。

通过表1得出的小岗剑沟发生泥石流的临界雨量图(图1)可知,2010年的临界雨量为地震前的21%,2011年的临界雨量为地震前的23%。由此可粗略推断,随着时间的推移,临界降雨量逐渐向地震前恢复。

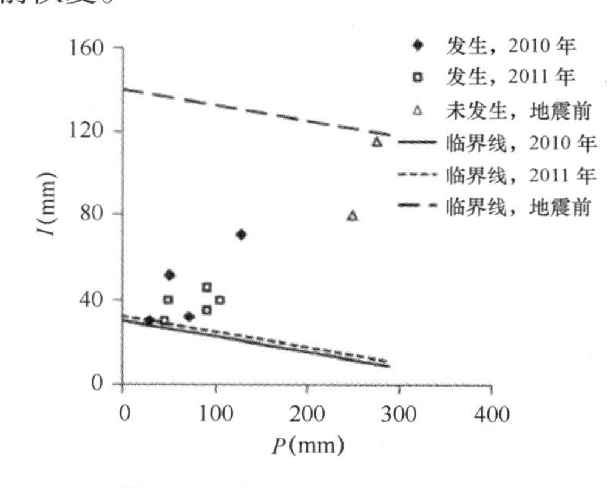

图1　小岗剑沟泥石流临界雨量

3　意义

通过现场调查分析,首先得出小岗剑沟泥石流沟床起动的形成机理及其“地震—滑坡—碎屑堆积—降雨—泥石流”的形成特征,然后在建立了泥石流发生的临界雨量模式基础上,以小岗剑沟泥石流临界雨量为研究对象,采用将其地震前后临界雨量相比较的方法,得到了临界雨量的变化特征,并探索变化的原因。小岗剑沟2010年暴发泥石流的临界雨量约为地震前的21%,2011年暴发泥石流的临界雨量约为地震前的23%,地震后临界雨量大幅度下降。但随着泥石流活动的不断发生,临界雨量有逐渐恢复的趋势。

参考文献

[1]　陈源井,余斌,朱渊,等.地震后泥石流临界雨量变化特征——以汶川地震后小岗剑沟为例.山地学报,2013,31(3):356-361.

黄河河道的泥沙运动方程

1 背景

黄河口系弱潮多沙、演化迅速的堆积型河口，由于来沙多，外输动力弱，河口段堆积强烈，造成了黄河河口不断摆动和改道的严重后果。如何治理黄河口，控制尾闾摆动，稳定河道流路，已成为综合开发利用黄河三角洲的重要条件。张振环[1]根据黄河本身的水流资源提出了用高压泵射流掀沙，借通流下泄动能排除河道拦门沙的方法，陆续在河口区进行了试验，与此同时，受到美国、荷兰等国处理垃圾方法的启发，提出了利用垃圾治理下游河道的方案。

2 公式

黄河口被吹起的泥沙，受到潮流、波浪、水动力、地形等自然条件的影响。被吹起的泥沙在不同条件下沉降速度是多少，必须进行进一步的现场实验和研究。选用黄河口泥沙的四种粒径：0.12 mm，0.06 mm，0.03 mm，0.025 mm。计算采用了以下几个公式：

$$\omega = -4\frac{k_2}{k_1}\frac{v}{D} + \sqrt{\left(4\frac{k_2}{k_1}\frac{v}{D}\right)^2 + \frac{4}{3K_1}\frac{\gamma_S - \gamma}{\gamma}gD}$$

$$\frac{\omega}{\omega_0} = [1 - (1 + \varepsilon)S_v]^2 \times 10^{-1.82(1+\varepsilon)S_v}$$

$$S_m = \frac{5.14}{\omega^{\frac{1}{3}}}\left(\frac{U - U_v}{\sqrt{R}}\right)^{\frac{5}{3}}\left(\frac{R}{D}\right)^{1/6}$$

$$\omega^{\frac{1}{3}} = \frac{5.14\left(\frac{U - U_v}{\sqrt{R}}\right)^{\frac{5}{3}}\left(\frac{R}{D}\right)^{1/6}}{S_m}$$

式中，ω 为沉速（mm/s）；k_1，k_2 为天然泥沙系数；S_v，S_m 为含沙量（kg/m^3）；γ 为清水容重；ε 为系数；ω_0 为单颗泥沙在清水中的沉速；U 为平均流速；U_v 为挟动流速（m/s）；R 为水力半径（m）；D 为粒径（mm）。

被吹起的泥沙我们用二维水流扩散公式：

$$\frac{\partial S_v}{\partial t} = -u\frac{\partial S_v}{\partial x} + \varepsilon_x\frac{\partial^2 S_v}{\partial x^2} + \frac{\partial \varepsilon_x}{\partial x}\frac{\partial S_v}{\partial x} + \varepsilon_y\frac{\partial^2 S_v}{\partial y^2} + \frac{\partial \varepsilon_y}{\partial y}\frac{\partial S_v}{\partial y} + \omega\frac{\partial S_v}{\partial y}$$

每平方米的河床上同时受到几只水枪口(49009800 kpa)压力的水流冲击。

$$U_c = \left(\frac{h}{D}\right)^{\frac{1}{m}} + \frac{m}{m+1}\left[3.2\frac{\gamma_S - \gamma}{\gamma}qD + \left(\frac{\gamma_b}{\gamma_b^2}\right)^{10}\frac{C}{p_0}\right]^{1/2}$$

以上几个公式,并不完全适用于黄河口计算。对黄河口计算,还要按照具体条件进行考虑。

黄河河道泥沙运动同流速、流量有关,水流的挟沙能力公式为:

$$v = \frac{1}{u}R^{2/3}J^{1/2}$$

3 意义

采用黄河河道的泥沙运动方程[1],在理论和实验的基础上,经过一系列数值分析提出利用黄河本身所具有的自然条件治理黄河,即采用高压泵冲刷泥沙,使拦门沙的泥沙随流而向深海运移;为了防止大水刷槽淤滩,小水塌滩淤槽,采用垃圾坑治理河道下游淤床现象。实验验证该措施是可行的,既节省了开支,又稳定了流路。实验全部采用土方法,根据现场实际情况采取样品(为被吹起的泥沙),根据不同的距离,通过有关沉速公式进行计算并认为:尽管只是粗实验,但吹沙方案是可靠的,应进一步做可行性实验并付诸实施。

参考文献

[1] 张振环. 黄河下游综合性治理设想. 海岸工程,1992,11(2):1-29.

烂泥形成的潮流公式

1　背景

烂泥是黄河入海泥沙经分选后的产物,黏土含量大于40%,浮泥中值粒径为0.002～0.004 mm。无风时水较清,有风时海底浮泥被波浪搅动。河口两边各有一处烂泥,水深在2～7 m之间,在23 m处浮泥最为发育,厚达5～10 m,长约5～7 km,宽为1.5～2.0 km。烂泥具有良好的消浪作用,因此分析研究其具有特殊的意义。武桂秋[1]通过分析,得出现行黄河口烂泥形成的动力机制。

2　公式

依据实测潮流资料进行调查和分析,从中求得所需的调和常数,并按下式进行计算最大可能流速为:

$$\vec{V}_{max} = 1.29\vec{W}_{M_2} + 1.23\vec{W}_{S_2} + \vec{W}_{K_1} + \vec{W}_{O_1}$$

由表1中可以看出,本海区属于正规半日潮流,潮流椭圆长轴基本平行于海岸,涨潮流大于落潮流,落潮时长于涨潮时。

表1　1984年实测潮流特征值

站号	涨潮		落潮		最大值		K	$\frac{W_{K_1}+W_{O_1}}{W_{M_2}}$
	$\bar{T}$	$\bar{V}$ (cm/s)	$\bar{T}$	$\bar{V}$ (cm/s)	涨	落		
501							0.11	0.2
502	6:02	47	6:07	59	80	106	0.20	0.3
503	5:31	29	6:30	34	49	58	0.31	0.4

近河口处流速较大,落潮流大于涨潮流,因受径流的影响,落潮时也长于涨潮时,依据文献[2]中的公式,潮流水质点最大运移距离为:

$$\vec{L}_{max} = 183.6\vec{W}_{M_2} + 169.1\vec{W}_{S_2} + 274.3\vec{W}_{K_1} + 295.9\vec{W}_{O_1}$$

计算沿岸流的公式较多,其中以 Longuet－Higgins 公式较为合理,它是依据美国加利福尼亚海岸 5591 个测点资料所获得：

$$V_b = M_1 m(gH_b)^{1/2}\sin 2a_b$$

$$M_1 = \frac{0.694\gamma(2\beta)^{-1/2}}{F_f}$$

式中，V_b 是波浪破碎后所产生的流速；γ 为综合系数；β 为深度与波高之比；F_f 为摩擦系数；m 为岸滩坡度。

3 意义

根据烂泥形成的潮流公式[1]，可知潮流是烂泥形成的主要动力；环流固定了烂泥的位置；絮凝加速了烂泥的形成；波浪对烂泥进行了更新。洪水来临，泥沙来源较多，烂泥又根据所需要的条件重新出现，形成粗细相间较为明显的层理，进而对烂泥的形成有了进一步认识。

参考文献

[1] 武桂秋．现行黄河口烂泥形成的动力机制．海岸工程，1992，11(2)：44－52.

[2] 中华人民共和国交通部．港口工程技术规范——海港水文．北京：人民交通出版社，1987

码头护舷的设计模型

1 背景

护舷用来减小船舶对码头的撞击力、减小船舶与码头间的摩擦力,并保证结构物安全和船只的安全,使码头正常营运,增加经济效益。开敞式港口如果没有防波堤掩护,风、浪、流都比有掩护的港口要大,船舶靠、离码头有困难,更容易发生事故,故设计选用一种合适的护舷甚为重要。宋爱平[1]根据数值分析对码头护舷设计进行了分析。

2 公式

关于波浪作用下船舶撞击力的计算。

(1) 撞击时的法向速度

$$T_b = a \frac{H}{T} \frac{L}{B} \frac{d}{D}$$

式中,T_b 为撞击法向速度;a 为系数,可用0.22;H 为计算波高(m),采用船舶靠、离岸时波高;T 为相应上述波高的周期(s);L 为波长(m);B 为船宽(m);d 为码头前水深(m);D 为与采用船舶计算载重情况相对应的平均吃水(m)。

一般压载荷载用满载时的30%,这种吃水数据不容易找到,需要设计者自己估算。下面介绍一种近似的估算方法。船舶满载排水量按下式计算。

货船时: $\log\Delta f = 0.177 + 0.991\log D \cdot W$

矿石船时: $\log\Delta f = 0.294 + 0.956\log D \cdot W$

油船时: $\log\Delta f = 0.263 + 0.963\log D \cdot W$

$$K \cdot T = \Delta f - D \cdot W$$

式中,Δf 为满载排水量(t);$D \cdot W$ 为满载载重(t);$K \cdot T$ 为空载船重(t)。

压载为 $0.30D \cdot W$ 时船舶总吨位为:

$$K \cdot D = K \cdot T + 0.3D \cdot W$$

压载时船舶平均吃水为:

$$D = \frac{K \cdot D}{\sigma l \beta}$$

式中,l 为船长(m);σ 为船舶方型系数。

（2）有效撞击能量

$$E_0 = \frac{1}{2}C_m M V_b^2$$

式中，E_0 为有效撞击能量（kJ）；C_m 为附加水体影响系数，近似用 1.3；M 为船舶质量（t），即用上述 $K \cdot D$。

（3）有效能量之分配

当码头为墩结构时，港口规范荷载的计算公式为：

$$E = k\frac{E_0}{n}$$

式中，E 为分配给单个墩上的最大有效能量（kJ）；k 为不均匀系数；n 为靠船墩数目。

3 意义

护舷对船舶靠、离码头是必不可少的，国内外护舷的种类有木护舷、橡胶护舷、防冲桩、靠船簇和重力式、气压式、液压式护舷，其中橡胶护舷的形式有活动式、固定式。利用码头护舷的设计模型，进行护舷的设计计算，计算出需要的技术数据、护舷的布置等，就会得到好的护舷：有足够的强度、弹性好和耐磨性好；吸收能量大、反力小、受切性能好；结构简单、施工方便；安全耐久、维修量少；费用节省。

参考文献

[1] 宋爱平. 码头护舷设计. 海岸工程，1992，11(4)：11－19.

直立堤的浮托力公式

1　背景

海岸和河口地区的开发中,直墙式建筑物仍是一种广为采用的基本结构形式,而海浪作用力是其结构设计的主要荷载。探讨直立堤底浮托力的性质、分布和变化规律,对今后工程上设计浮托力标准的选取和计算方法的改进都具有现实的经济意义和学术价值。陈雪英和胡泽建[1]在离堤1 000 m的外海处安放了超声波测波仪,对堤面不同高程上的波压力、堤底面不同宽度处的浮托力、堤前海面波动和入射波进行同步连续记录。

2　公式

为寻求实测浮托力的分布形式,首先根据每次实测浮托力连续记录资料,计算每次纪录的无因次浮托力幅度$(P_u/\bar{P})_M$的实验累积率,点绘成图1。图1(a)为堤底面上1号测点浮托力幅度实验累积分布,图1(b)为堤底面4号测点(临港侧)浮托力幅度实验累积分布。图中虚线为Weibull分布:

$$F\left[\left(\frac{P_u}{\bar{P}}\right)_M\right] = \exp\left[-\beta(P_u/P_M)^{\alpha}\right]$$

式中,参量α,β值采用最大拟然法求得。

为更确切表达浮托力幅度分布规律,采用以风浪成长阶段因子和浅水因子为参量的Weibull分布:

$$F(P) = \exp\left[-p^{K(H^*\cdot B)}\left(\frac{1}{K(H^*\cdot B)}+1\right)\left(\frac{P}{\bar{P}}\right)^{K(H^*\cdot B)}\right]$$

其中,

$$K(H^*,B) = (5-B)/(2-1.5H^*)$$

式中,H^*为浅水因子;B为风浪成长阶段因子。

为寻求浮托力谱特征值与统计特征值之间的关系,计算了堤底面不同宽度上浮托力幅度的各种特征值($\bar{P}_m$,$P_{u1/3}$,$P_{u1/10}$,P_{urms})和浮托力谱零阶矩(m_{0p}),并利用这些数据建立谱与相应的统计特征值之间的关系为:

$$\bar{P}_u = 2.589\sqrt{m_{0p}}$$

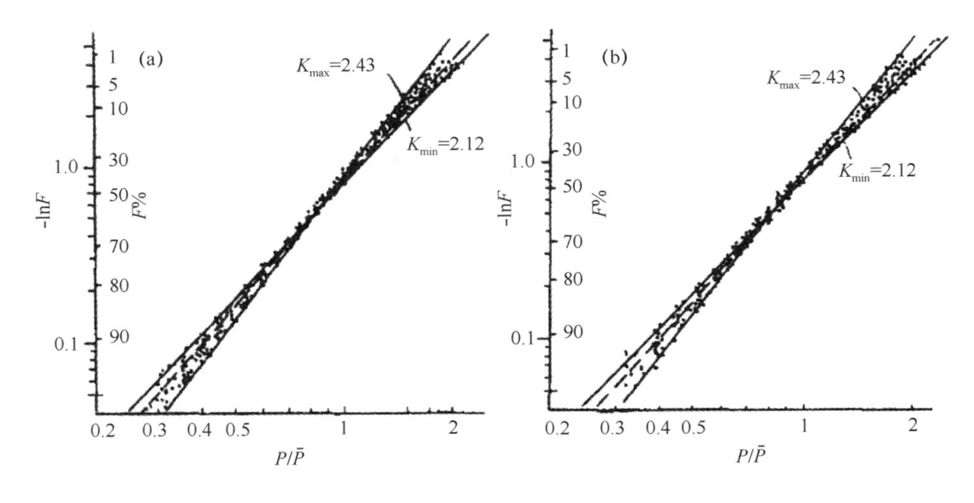

图1　浮托力幅度实验积累分布(点)的比较

$$P_{urms} = 2.826\sqrt{m_{0p}}$$
$$P_{u1/3} = 3.892\sqrt{m_{0p}}$$
$$P_{u1/10} = 4.927\sqrt{m_{0p}}$$

图2表示了这些关系。有了上述关系,已知浮托力统计特征值,就可推求其潜特征。反之,若已知浮托力谱,也可推求其统计特征值。

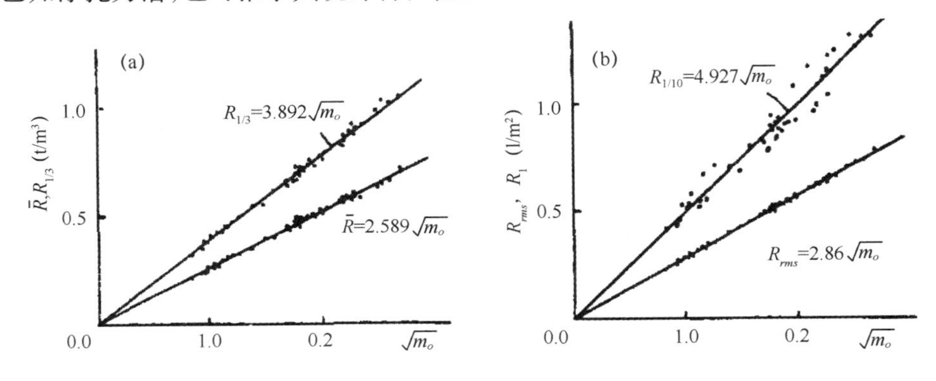

图2　浮托力幅度特征值与谱零阶矩的关系

3　意义

根据直立堤的浮托力公式,利用1987年、1988年夏季在古镇口港直立堤上的实测资料,对波浪和浮托力记录进行了统计分析及谱分析,讨论了堤前海浪不发生破碎条件下浮托力幅度的概率分布、浮托力与海浪的关系以及浮托力谱的变化特征。在浅水条件下,直立堤底面不同宽度上浮托力幅度累积分布可用以浅水因子和风浪成长阶段因子为参量的Weibull分布来描述,且不随堤底面测点位置而变化;总浮托力和堤底不同宽度处浮托力与波高有明显的依赖关系,皆随堤前波高增加而增大;总浮托力谱和堤底不同宽度处浮托力谱谱形相似,且峰频率基本一致。

参考文献

[1] 陈雪英,胡泽建. 直立堤浮托力的统计特征. 海岸工程,1992,11(4):38-45.

煤港的泥沙淤积公式

1 背景

广东省电力局决定兴建一大型燃煤电厂以缓解用电紧张局面,从而加速广东省能源工业的发展。电厂建设需要有相应的配套煤港,以满足燃煤拟从水路运输的需要,在解决这些问题时,处理港口泥沙是关键问题。李孟国等[1]使用多种手段对汕尾电厂煤港的泥沙问题进行分析研究,预报工程方案的淤积量,从泥沙淤积角度论证煤港工程的可行性。

2 公式

水流、波浪作用下岸滩泥沙的起动可分别用起动流速、起动波高来判断。

水流作用下泥沙起动公式为[2]:

$$u_c = \left(\frac{h}{d_{50}}\right)^{0.14}\left(17.6\frac{\rho_s - \rho}{\rho}d_{50} + 6.05 \times 10^{-7}\frac{10 + h}{d_{50}^{0.72}}\right)^{0.5}$$

式中,u_c 为泥沙中值粒径起动流速(m/s);h 为水深(m);d_{50}为泥沙中值粒径(m);ρ_s,ρ 分别为泥沙和水的密度(kg/m^3)。

波浪作用下泥沙起动波高公式如下[3]。

泥沙表层移动:

$$\frac{H_0}{L_0} = 0.565\left(\frac{d_{50}}{L_0}\right)^{\frac{1}{3}} sh\,\frac{2\pi h}{L}\left(\frac{H_0}{H_{表}}\right)$$

泥沙完全移动:

$$\frac{H_0}{L_0} = 1.35\left(\frac{d_{50}}{L_0}\right)^{\frac{1}{3}} sh\,\frac{2\pi h}{L}\left(\frac{H_0}{H_{全}}\right)$$

式中,H_0,L_0 分别为深水波高(m)和深水波长(m);L 为水深 h 处的波长(m);$H_{表}$,$H_{全}$ 分别为水深 h 处的泥沙中值粒径 d_{50}发生表层移动和完全移动的界限波高(m)。

水体含沙量是表征海区悬沙活动强弱的一个重要指标。水体年均含沙量用文献[4]中的公式计算,即:

$$S = 0.0273\rho_s\frac{(|\vec{V}_1| + |\vec{V}_2|)^2}{gh}$$

式中,S 为水深 h 处的年均含沙量(kg/m^3);g 为重力加速度;$\vec{V}_1$ 为潮流 $\vec{U}$ 和风吹流 $\vec{V}_b$ 的合成速度,即:

$$\vec{V}_1 = \vec{U} + \vec{V}_b$$

$$\vec{V}_b = 0.0205\vec{W}$$

式中,$\vec{W}$ 为风速矢量;$\vec{V}_2$ 为波动水流流速,$|\vec{V}_2| = 0.2C\dfrac{H}{h}$($C$ 为波速,H 为波高)。

关于沿岸输沙率的计算公式很多,在此采用文献[5]中的公式计算,公式为:

$$q = \frac{k}{(\rho_s - \rho)g}(EC_g)_b \cos\alpha_b \sin\alpha_b$$

式中,q 为沿岸输沙率,m^3/s;α_b 为破波波向角(°);$(EC_g)_b$ 为破波波能量(kgm/s^3);$E_b = \dfrac{1}{8}\rho g H_b^2$ 为单位破波能量,Kg/s^2;$C_{gb} = n_b C_b$,表示破波波群速度(m/s),其中 $n_b = \dfrac{1}{2}\left[1 + \dfrac{4\pi h_b/L_b}{\sinh\left(\dfrac{4\pi h_b}{L_b}\right)}\right]$;$H_b, h_b, C_b, L_b$ 分别为破波波高(m),破波水深(m),破波波速(m/s)和破波波长(m);$k = 3.59 \times 10^{-2} I_r^{\frac{3}{8}} \dfrac{U_{mb}}{\omega_{50}}$,表示输沙率系数;$I_r = \left(\dfrac{tg\beta}{\dfrac{H_0}{L_0}}\right)^{1/2}$,表示破波型态因子;$U_{mb} = \left(\dfrac{2E_b}{\rho H_b}\right)^{1/2}$;$tg\beta$ 为对应海滩泥沙中值粒径的沉速(m/s)。

对于悬沙淤积,是由含沙水体跨越航道落淤所致,由下式[6]计算:

$$P = \frac{\alpha\omega St}{r_c}\left[1 - \left(\frac{h_1}{h_2}\right)^\beta \cos^2\theta - \left(\frac{h_1}{h_2}\right)^\beta \sin^2\theta\right]$$

式中,P 为年淤积厚度(m/a);ω 为沉速(m/s);S 为水体年均含沙量(kg/m^3);t 表示时间(s);r_c 为悬沙干容重(kg/m^3);θ 为航道与水流所夹之锐角(°);h_1, h_2 分别为航道开挖前浅滩平均水深(m)和航道平均水深(m);α, β 分别为经验系数(0.45)和水流归槽系数(0.56)。

对于底沙淤积,是由波浪掀沙、海流输沙所致,采用波浪水流联合作用下的推移质输沙率公式[7]计算:

$$q_b = 3.4\left(1 - \sqrt{\frac{|\vec{\tau}_c|}{|\vec{\tau}|}}\right)\sqrt{\frac{1}{\rho f_\omega}}\frac{|\vec{\tau}|^{\frac{3}{2}}}{(\rho_s - \rho)g}$$

$$\vec{\tau} = \rho f_\omega |\vec{U}_b| \vec{U}_b \pm \rho f_u |\vec{U}| \vec{U} + \rho B\left(\frac{f_\omega f_u}{2}\right)^{1/2} |\vec{U}| \vec{U}_b$$

$$|\vec{U}|_b = \frac{\pi H}{Tsh\left(\dfrac{2\pi}{L}h\right)}$$

式中，q_b 为波浪水流联合作用下的单宽推移质输沙率[$m^3/(m \cdot s)$]；$\vec{\tau}_c$ 为泥沙起动剪切应力(N/m^2)；$\vec{\tau}$ 为波浪水流联合作用下床面剪切应力(N/m^2)；$\vec{U}$，$\vec{U}_b$ 分别为水流速度矢量和波浪底部水质点最大速度矢量；f_ω，f_u 分别为波浪和水流的摩阻系数；B 为波流、水流相互影响系数。

根据港区进水的特点，港区淤积由下式计算：

$$M = M_0 - M_1$$

$$M_0 = \frac{qtS_0}{r_c},\ M_1 = \frac{qtS}{r_c}$$

$$S = S_0 \exp\left(\frac{-\alpha\omega l}{VH}\right)$$

式中，M 为港区淤积量(m^3/a)；M_0 为港区从口门的年进沙量(m^3/a)；M_1 为冷却取水带走的沙量(m^3/a)；S_0，S 分别为口门处及冷却取水口处年均含沙量(kg/m^3)；q 为冷却用水抽水量(m^3/a)；t 表示时间(s)；α 为沉降几率；l 为口门到冷却水取水口的距离(m)；V 为港区平均流速(m / s)；H 为港区平均水深(m)。

3 意义

根据实测水文泥沙资料、岸滩冲淤演变分析、泥沙计算、泥沙物理模型试验等手段对汕尾电厂煤港工程泥沙问题进行研究。利用煤港的泥沙淤积公式计算得到，煤港工程海域—后江湾的主要水文动力是波浪，海流较弱，不是主要动力因素；后江湾无外来沙源；后江湾两端岬角岸段略有冲刷，湾顶岸段略有淤积；煤港工程泥沙淤积成因为悬沙淤积、波浪掀沙、海流输沙产生的底沙淤积和沿岸输沙绕过堤头造成的航道淤积。

参考文献

[1] 李孟国，赵冲久，曹祖德．汕尾电厂煤港工程泥沙问题研究．海岸工程，1994，13(1)：1－9.

[2] 武汉水利电力学院．河流泥沙工程学(上册)．北京：水利电力出版社，1980.

[3] 陈士荫，顾家龙，吴宋仁．海岸动力学．北京：人民交通出版社，1988.

[4] 刘家驹．淤泥质海岸航道港池淤积计算．南京水利科学研究院，1988.

[5] 刘家驹．沙质海岸突堤式建筑物上游岸线演变计算及预报．南京水利科学研究院，1993.

[6] 曹祖德等．几种类型海港淤积和减淤措施的研究．交通部天津水运工程科研所，1991.

[7] 曹祖德．波浪、潮流共同作用下的推移质输沙计算．水道港口，1992(3)：2－32.

人工岛的地质构造模型

1 背景

1983 年夏季，计划在波弗特海建造一个作为勘探钻井平台的人工岛，而建造时间是在波弗特海的持续冰封期。计划中的人工岛在许多方面是同 Mukluk 人工岛相似的，后者是在 1983 年夏季在相同的水深处建造的。由夏季改为冬季施工，这在地质构造设计观念上出现了重要区别。Ulsich Lusches 等[1]集中考虑几个特殊的或采用特殊方法处理的地质构造设计项目，来阐述海豹人工岛设计的地质构造特征。

2 公式

通过使用标准化泥沙参数（NSP）处理方法估计泥沙无排水剪切强度特征。NSP 处理方法的关键要素包括已有的现场垂直有效应力，应力历史廓线和标准化泥沙强度参数。通过上述要素，无排水泥沙强度可由下面的公式给出：

$$S_U = \beta \cdot OCR^m \cdot \bar{\gamma}_v$$

式中，$\bar{\gamma}$ 是垂直有效应力；OCR 为超固结比率；β 为 $OCR = 1$ 时的强度比率；m 为强度同 OCR 相比的斜率。

无排水应力强度趋势计算的结果如图 1 所示。在上层泥沙中，无排水强度是常数，在此层以下，强度呈线性增加，在 4.5 m 处，泥沙强度最小。

3 意义

根据人工岛的地质构造模型，海豹人工岛可预计到的有较大的融冰下沉以及作为冬季建岛填料的土质松软，这种土质具有低切变强度和浅层海底弱切变强度，这就提出了必须克服并解决的重大设计问题。采用的新处理方法是，确定浅层土质切变强度特征和估计稳定性有效的强度，结合 13 m 的水深，可采用一个比以前坡度稍微平缓的人工岛设计方案，并对临时建造斜坡采取一个可能的限制。

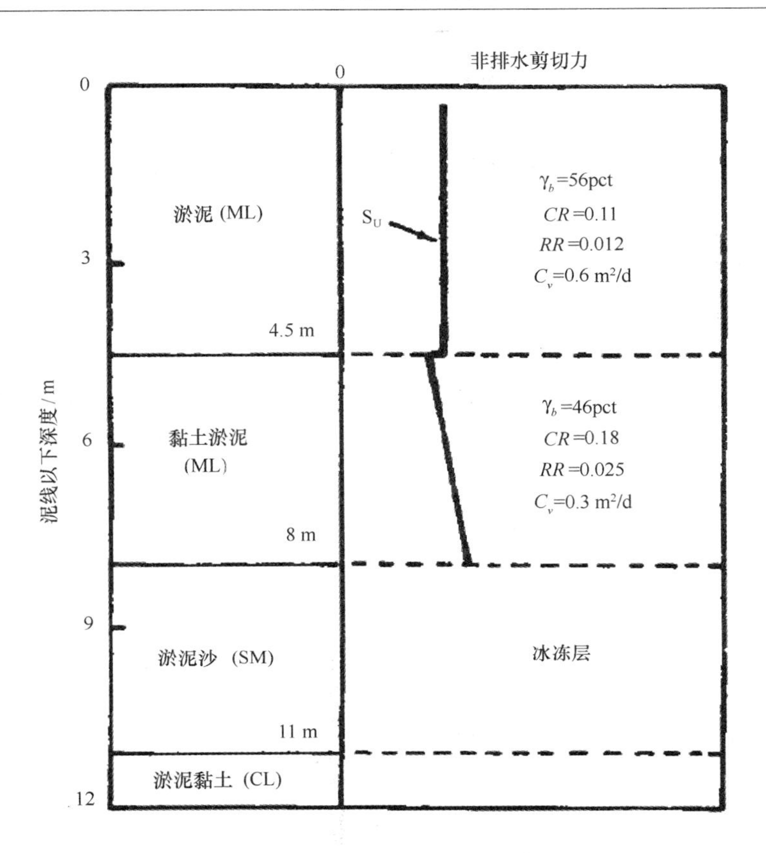

图 1　设计评估用的海底土坡特性

参考文献

[1] Ulsich Lusches, Radwan Akky M, John A Egan, et al. 海豹人工岛设计的地质构造特征. 海岸工程, 1994, 13(2,3): 118－124.

护岸液化的稳定模型

1 背景

1964年6月新潟地震以后,沙质地基的液化现象成为土质工学上的大问题被提出来,液化对构筑物具有致命性的打击。扇岛东护岸,由背面缓慢填海拓地的沙层构成,可预测地震时出现液化现象,可能使护岸全面崩溃,因此需要施行某些对策工程,一般使用振动挤密工作法作为对策工程。石原研而等[1]提出了护岸液化的稳定模型,对护岸液化的对策及碎石桩的使用进行了实例分析。

2 公式

在距中心排水沟距离为r,通向排水沟流动的水流和超孔隙水压之间的基本方程式可近似如下(图1):

$$\frac{\partial U}{\partial t} = \frac{k}{m_v r_\omega}\left[\frac{\partial^2 U}{\partial r^2} + \frac{1}{r}\frac{\partial U}{\partial r}\right]$$

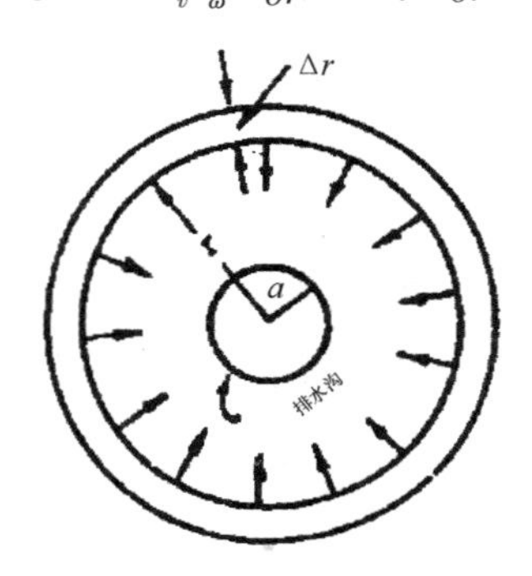

图1 通向排水沟的水流

式中,k为沙土地基的渗透系数;m_v为沙土地基的体积压缩系数;U为超孔隙水压;r_ω为水的相对密度。

此式是轴对称坐标的孔隙水压消散的基本式。与沙井排水的固结方程式完全一样。此时的边界条件为:

$r=a$：$U=0$（a 为桩的半径）；

$r=\infty$：$U=U_0$（$U_0=r'H$）（H 为排水层厚度）；

$t=0, r>a$：$U=U_0$（$U_0=r'H$）。

此式的严密解释是很复杂的，因此，用差分方程法求得近似值。上式若为差分方程的形式，则有：

$$U_{n+1,i} = U_{n,i} + \frac{k}{m_v r_\omega} - \frac{\Delta t}{(\Delta r)^2}$$

$$\left\{U_{n,i+1} + U_{n,i-1} - 2U_{n,i} + \frac{\Delta r}{2ri}(U_{n,i+1} - U_{n,i-1})\right\}$$

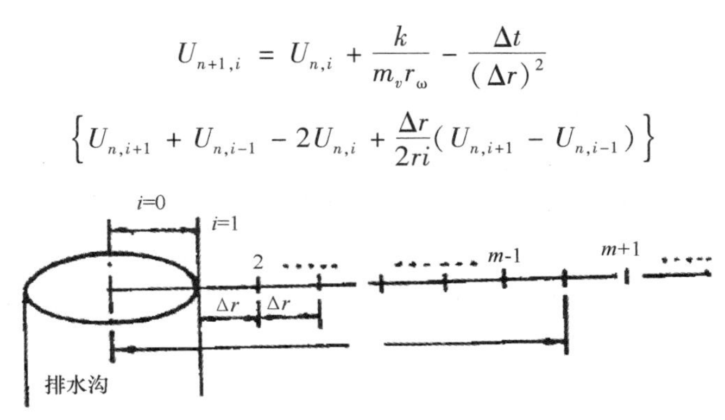

图 2　差分方程式的模拟

式中，n 为时间；Δt 为时间间隔；Δr 为网格间隔。

计算结果如图 3 所示。

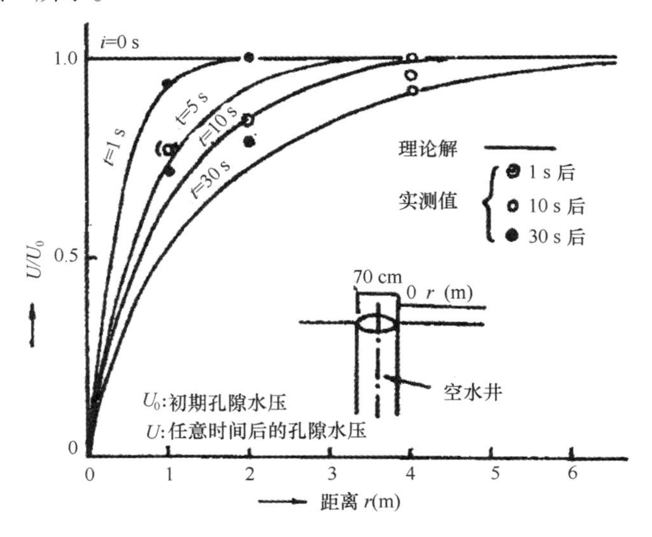

图 3　空水井的排水效果（试验结果和计算结果）

研讨护岸稳定分析的方法，以液化现象为超孔隙水压上升来选择，使用了仅扣除其部分有效应力进行稳定分析的方法。这种情况下，抗剪力用下式计算：

$$\tau = (\sigma v' - \Delta U)\tan\varphi$$
$$= \sigma v'\left(1 - \frac{\Delta U}{\sigma v'}\right)\tan\varphi$$

式中,$\sigma v'$为有效垂直应力;ΔU 为超孔隙水压;φ 为内摩擦角。

3 意义

根据护岸液化的稳定模型,对扇岛东护岸上液化对策工程的一部分实施了碎石桩工作法,进行以超孔隙水压早期消散为目的的有关排水效果的试验以及分析。作为液化对策工作法一般使用的是振动加固工作法,在原构筑物附近施工时,对适用振动加固工作法在稳定上或环境保护上有问题时,碎石桩工作法可作为今后一种很有希望的有效方法。另外,需要考虑碎石桩有关排水效果的试验和分析方法以及关于设定超孔隙水压的消散时间等。

参考文献

[1] 石原研而,齐藤彰,有马宏. 护岸液化的对策及碎石桩使用实例. 海岸工程,1994,13(2,3):184-196.

水下平台的潮流公式

1 背景

在加拿大波弗特海的 Tarsiut 人工岛建造过程中，采用了一种建造坡度为 1∶5 的水下平台的方法，这种方法不仅减少了建岛用料，而且缩短了施工工期，降低了施工费用。王勇[1]从填料的挖取及运送、人工岛的结构、建造水下平台所需的设备及人工岛的施工等方面入手进行分析，展开了一系列探讨。

2 公式

在水下建造平台需要知道水流的密度和流速以及其对水下平台的坡度影响。使用二维数据和 Chezy 公式求解坡度的公式为：

$$I = \frac{V^2}{\dfrac{C^2 h(\rho_m - \rho_w)}{\rho_w}}$$

在 Chezy 公式中，C 为“常数”。即使其他参数变化，C 值仍保持不变。

$$\rho_m = (1 - C_v)\rho_w + C_v \cdot \rho_g$$
$$\rho_m = \rho_w + C_v(\rho_g - \rho_w)$$

或

$$\frac{\rho_m - \rho_w}{\rho_w} = C_v\left(\frac{\rho_g}{\rho_w} - 1\right)$$

如 $q = hv$，可导出：

$$I = \frac{V^2}{C^2 h\left(\dfrac{\rho_g}{\rho_w} - 1\right)C_v} - \frac{V^2}{C^2 q\left(\dfrac{\rho_g}{\rho_w} - 1\right)C_v}$$

式中：V 为密度流流速；I 为坡度；h 为保护层厚度；C_v 为体积密度；ρ_w 为水密度；ρ_m 为填料密度；ρ_g 为砂粒密度；$q = hv$，为填充量；C 为 Chezy 常数。

3 意义

根据水下平台的潮流公式，在 Tarsiut 人工岛的建设中，结合上述方法建造水下平台，并为其铺设了一层砾石保护层,平台坡度达到了1:5,这比坡度为1:10的水下平台节省填料,从而大大节约了费用并缩短了施工工期。今后,可采用这种方法在更深的水域建造人工岛。即使建岛所用的沙料不是Tarsiut人工岛使用的那种粗砂,但如果将该方法略加改进,也能建造坡度为1:5的人工岛水下平台。

参考文献

[1] 王勇. 加拿大极地人工岛水下平台施工技术. 海岸工程,1994,13(2):125-128.

人工岛的波浪方程

1 背景

随着彼弗特海近岸地区钻探人工岛的建造,海浪与岛屿和浅滩的相互作用问题重新受到重视。由于填土人工岛适应范围的受限,美国北极地区的勘探和最终的石油生产将需要多种近岸平台设计方案。北极区域目前已实施了三种填土人工岛的设计方案。自 1940 年中期以来,已有许多精确描述海浪与水深变化相互作用所产生的波型和波高的研究报告。Niedzwecki[1]应用线性波动理论和阿瑟的射线理论,描述了入射波列经过水下岛屿剖面时所受到的影响。

2 公式

在给定径向坐标系的条件下,射线上一点的角坐标可用下面方程求值。

$$\theta(R,\theta_0) = \theta_0 + I_1(R,\theta_0)\sin\theta_0$$

式中的第一射线积分式被定义为:

$$I_1(R,\theta_0) = \int_1^R \frac{\pm \mathrm{d}R}{R[K^2(R)R^2 - \sin^2\theta_0]^{1/2}}$$

无量纲波的比率可用下式所表示的扩散方程求得:

$$K(R) = 1/\tanh[kK(R)D(R)]$$

假设波浪不发生反射,则射线上某点的波幅可表示为浅水系数和折射系数的乘积,即:

$$A(R,\theta_0) = K_s(R)K_r(R,\theta_0)$$

经过换算后,浅水系数可定义为深水波群速与局部波群速之比的平方根,并可简化为:

$$K_s^2(R) = \frac{K(R)}{1 + \{2_k K(R)D(R)/\sinh[2_k K(R)D(R)]\}}$$

折射系数可定义为初射线间隔与局部射线间隔之比的平方根,并可表示为:

$$K_r^2(R,\theta_0) = \beta(k,\theta_0)\{1 \pm \cos\theta_0[I_1(R,\theta_0) + \sin^2\theta_0 I_2(R,\theta_0)]\}$$

其中,

$$\beta(R,\theta) = \frac{[K^2(R)R^2 - \sin^2\theta_0]^{1/2}}{K(R)\cos\theta_0}$$

第二射线理论积分定义为:

$$I_2(R,\theta_0) = \int_1^R \frac{dR}{R[K^2(R)R^2 - \sin^2\theta_0]^{3/2}}$$

与射线上任一点有关的是某一特定时间，这一特定时间与波浪向岛屿传播的波峰有关。与特定点有关的时间可用下式求得：

$$T(R,\theta_0,\theta) = \frac{K}{2\pi M}\int_1^R \left[1 + \left(R\frac{d\theta}{dR}\right)^2\right]^{1/2} dR$$

这些方程可用来建立射线型式，确定浅水和折射系数的变化以及圆形人工岛周围的波峰类型。

阿瑟岛与某特定岛有关的深度剖面可通过定义无量纲波速或无量纲波数：

$$K(R) = \frac{1 - R_s}{R - R_s}$$

波森凯岛的剖面亦可通过定义无量纲波数：

$$K(R) = \frac{1}{R}\frac{\ln(1/R_s)}{\ln(R/R_s)}$$

对于单层圆锥形岛，建立的无量纲水深剖面可表示为：

$$D(R) = \frac{R - R_s}{1 - R_s}$$

式中，d 为水深，m；D 为无量纲水深，d/d_0；I_1 为第一射线理论积分；I_2 为第二射线理论积分；R 为波数，$2\pi/L$；K 为无量纲波数，$k/k_0 = c_0/c$；K_s 为浅水系数；K_r 为折射系数；M 为无量纲比，r_0/d_0；R 为无量纲极坐标半径，r/r_0；R_s 为无量纲海岸线半径，r_s/r_0；β 为无量纲系数；θ 为径向角坐标，rad；θ_0 入射角，rad；k 为无量纲乘积，$r_0 d_0$。

3　意义

根据阿瑟的射线理论和直线波理论相结合，通过变化的轴对称岛的等值线，描绘了入射波轨迹的修正情况，其中工程应用的主要方程是无量纲的形式，这种形式阐明了方程的内容和用途。人工岛的建设为工程人员改变岛屿周围存在的波域提供了机会，并取得了一些成效，对那些致力于在北极区域勘测和生产石油，发展海岸工业设施，建造近海发电厂的工程技术人员来说，波—岛的相互作用是一个重要的问题。

参考文献

[1]　Niedzwecki J M. 圆形人工岛的波—岛相互作用. 海岸工程，1994，13(2)：100－110.

龙口湾的潮汐特征模型

1 背景

龙口港自1961年开始潮位观测至今,潮位资料比较完整可靠。为了了解龙口湾内潮位的地理分布特点,在屺姆岛至界河口的连线上设置了3个临时验潮站,前两个使用的是安德拉水位计,后一个用水尺观测。各临时验潮站的潮高起算面均统一在1965年以后的龙口验潮井的零点上,即黄海平均海面下88 cm。李秀亭和丰鉴章[1]以所测资料为基础分析龙口湾潮汐特征。

2 公式

我国通常根据主要日分潮(K_2 和 O_2 分潮)的振幅之和与主要半日分潮(M_2 分潮)振幅之比值的大小,将潮汐分成4种类型,即:

当$\frac{H_{K_1}+H_{O_1}}{H_{M_2}} \leqslant 0.5$时,属规则半日潮;

当$0.5 < \frac{H_{K_1}+H_{O_1}}{H_{M_2}} \leqslant 2.0$时,属不规则半日潮;

当$2.0 < \frac{H_{K_1}+H_{O_1}}{H_{M_2}} \leqslant 4.0$时,属不规则日潮;

当$\frac{H_{K_1}+H_{O_1}}{H_{M_2}} > 4.0$时,属规则日潮。

上式中的H为分潮的振幅,求得的比值叫潮汐类型判别数。表1列出了龙口湾内4个验潮站的潮汐类型判别数。

表1 龙口湾各验潮站的潮汐类型判别数

站　号	龙口站	1号站	2号站	3号站
$\frac{H_{K_1}+H_{O_1}}{H_{M_2}}$	0.94	1.02	0.98	0.97

图1是龙口湾内3个验潮站的同步潮位过程曲线,龙口湾每一太阴日中有两次高潮和

两次低潮,但每日的两次高潮的高度和两次低潮的高度各有差异。

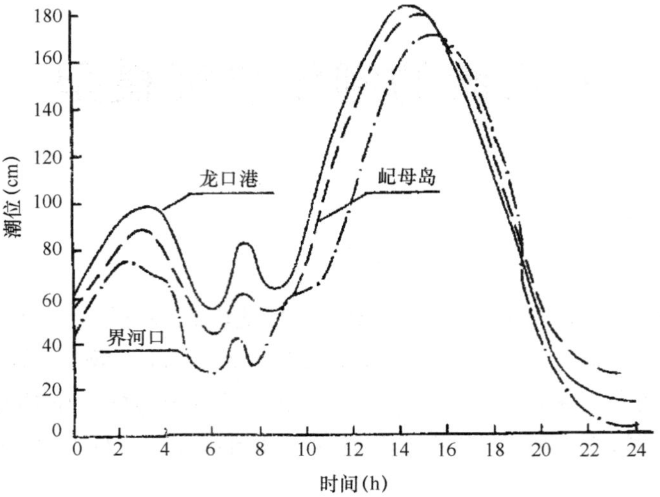

图1 龙口湾潮位过程线图

以龙口验潮站为主港,分别以3个临时测站为副港进行同步差比计算,求得主副港之间的潮差比和潮高关系式如下:

$$1\text{ 号站}:Y = 0.94X$$

$$2\text{ 号站}:Y = 1.02X$$

$$3\text{ 号站}:Y = 1.04X$$

式中,Y为副港的潮高;X为主港的潮高;系数为潮差比。最后,分别将主港的潮高和潮差值代入上面的潮高关系式,求得各临时测站相应的潮高和潮差(表2)。

表2 龙口港潮汐特征值

特征值	龙口验潮站	1号站	2号站	3号站
最高高潮高(cm)	340*	320	347	354
最低低潮高(cm)	-125**	-118	-128	-130
平均海平面(cm)	91	86	93	95
平均高潮高(cm)	136	128	139	141
平均低潮高(cm)	45	42	46	47
平均潮差(cm)	91	86	93	95
最大潮差(cm)	287***	270	293	298
平均涨潮时间	6 h 23 min	6 h 25 min	6 h 20 min	6 h 21 min
平均落潮时间	5 h 59 min	5 h 59 min	6 h 04 min	6 h 05 min

注:*为1972年7月2日值;**为1972年4月1日值;***为1973年12月3日值。

3 意义

根据龙口港验潮站的长期潮位资料和龙口湾内3个临时测站的短期验潮资料，对该区的潮汐特征、工程水位及暴潮增水等做了具体分析。利用龙口湾的潮汐特征模型，可知龙口港的潮汐类型属于不规则半日潮类型，在一个太阴日中有两次高潮和两次低潮，而两次高潮和两次低潮的高度有差异，涨潮历时和落潮历时也不等，存在着明显的潮汐日不等现象。

参考文献

[1] 李秀亭，丰鉴章．龙口湾的潮汐特征分析．海岸工程，1994，13(4)：13－24.

海滩的泥沙收支公式

1 背景

根据形成海滨狭长地带的物质不同,海滨可分为基岩海岸和砂质海滩。基岩海岸是由固结物质组成的,而且它们的变化是不可逆的,即一直遭受侵蚀。而砂质海滩由非固结物质,如粉砂、砂、砾石或它们的混合物组成海滩经受着可逆的变化,以响应外力对它们的作用。对于泥沙收支问题,如果输入量小于输出量,则海滩趋于侵蚀;如果输入量大于输出量,海滩则堆积。Isao Irie[1]通过实验分析了垂直海岸的泥沙运动引起的短期海岸地貌变化以及海滩地貌的长期变化及海岸建筑物引起的海滩地貌变化。

2 公式

海底坡度是影响海滩剖面变化的一个重要因素,有学者提出了判别海滩侵蚀或堆积的半经验判据。这个判据是3个参数的函数,即波陡、泥沙粒径和海底坡度。

$$\frac{H_0}{L_0} = C_g(\tan\beta)^{-0.27}(d/L_0)^{0.67}$$

式中,H_0 和 L_0 分别代表波高和波长;d 是泥沙粒径;$\tan\beta$ 是海底斜率;C_g 是无量纲常数。

在破波点坝地貌形态的研究中,Keulegan 于试验研究中发现:坝谷水深 h_t 同坝峰水深 h_c 的比率平均值为1.69,即:

$$h_t = 1.69h_c$$

用日本电力省中心研究所资料同其他试验室资料共同探讨,表明谷深与破波波高 H_B 呈线性关系。且回归线表现为简单的关系:

$$h_t = H_B$$

以上两式可得:

$$h_c = 0.59H_B$$

坝谷和坝峰的深度均与破波波高成正比,而与泥沙粒径和波浪周期无关。

短期海滩变化的基本模式由8个地形阶段构成,两个极限阶段,6个暂短的不固定阶段。此外无量纲参数 K,用于解释整个模式的阶段运动。该参数由下式表示:

$$K = \overline{H}_B^2/g\overline{T}^2d$$

式中，$\overline{H}_B$ 和 $\overline{T}$ 是每天的破波波高 $\overline{H}_B$ 和波浪周期 T 的平均值；d 为海滩泥沙粒径；g 为重力加速度。

Sunamura 和 Takeda 用 shields 参数分析指出，直线坝向岸迁移的日平均速度 $\overline{V}$，可用下式表达：

$$\overline{V}/(\omega_0 d/Z_b) = 2 \times 10^{-11}(\overline{H}_B/d)^3$$

式中，$Z_b = (H_B - h_c)$ 为坝高。

Sunamura 分析了日本电力省中心研究所大比尺试验资料和从小比尺水槽研究中获得的资料。他的研究结果表明，坝谷的位置 l_t 和坝峰的位置 l_c 均可从破波点量测，其表达式为：

$$\frac{l_t}{L_0} = \left(\frac{10}{\tan\beta}\right)\left(\frac{H_B}{gT^2}\right)^{4/3}$$

$$\frac{l_t}{H_B} = 0.18\left(\frac{l_t}{H_B}\right)^{3/2}$$

式中，β 为初始海滩坡度，且是均匀的。这些关系受到如下限制：H_B 和 T 随时间变化；初始海滩坡度 $\tan\beta$ 为未知数；由于潮汐作用，海平面难于精确确定。

蜿蜒曲折的沿岸流通常存在于斜向坝发育之时。这种斜向坝向下游方向移动，所以大形滩角也沿岸迁移。Sonu 建议，滩角移运速度 U_* 是滩角间距的函数：

$$U_* \propto L_*^{-4/5}$$

式中，L_* 是滩角间距。这一关系指出，滩角越大，则其移运的速度也越慢。

基于实验室和现场研究，于 1982 年 Takeda 和 Sunamura 提出来滩肩高程的预报关系：

$$Z_{bm} = 0.125\overline{H}_B^{5/8}(g\overline{T}^2)^{3/8}$$

式中，Z_{bm} 为滩肩高度。

滩阶是个形成在滩面向海边缘的小陡坝，滩阶的大小与回流期间发育滩阶的涡流大小有密切关系。

Takoda 和 Sunamura 于 1983 年获得了滩阶高度 Z_S 的简单关系：

$$Z_S = 0.034\overline{T}(g\overline{H}_B)^{1/2}$$

目前还没有提出结合 3 个因素的预测关系式。基于 Sunamura 获得：

$$\tan\beta_f = 0.12(H_B/g^{1/2}Td^{1/2})^{-1/2}$$

式中，$\tan\beta_f$ 为滩面坡降。因为考虑到该式适应波浪性质的日平均值，上式可写成：

$$\tan\beta_f = 0.12K^{-1/4}$$

3 意义

根据海滩泥沙收支公式的计算，暴风浪作用导致的坝的行为已逐渐被揭示出来。坝的离岸或向岸迁移取决于波浪条件活动,沙坝和浪或流场间的相互作用引起海滩地形特征变化以及坝本身形状的改变。在连续的风浪作用下,海滩侵蚀进一步减小了滩面坡度,产生一种近于直线形的岸线坝向岸迁移,不管是直线形坝,还是新月形坝均如此。而长期的地貌形态变化经常出现在沿岸泥沙输移率存在空间差异的地方。地貌变化,一般而言是作为沿岸输沙和横向输沙联合作用的结果出现的。

参考文献

[1] Isao Irie. 海滩地貌及其变化——I. 垂直海岸的泥沙运动引起的短期海岸地貌变化. 海岸工程,1995,14(1):43-56.

人工岛的波浪绕射方程

1 背景

人工岛的设计与其他的海岸工程建筑物的设计既有共同点，又有其特殊性。在美国有一个人工岛初步设计的实例，与一般的海岸和港口工程设计并无显著的差别，但是人工岛的形状选择和总体布置、对附近海岸变形的影响、对波浪的绕射、周围的局部冲淤形态以及结构形式和建造方法等又有其独特之处。谢世楞[1]根据近年来的有关研究和工程实践，对人工岛的波浪绕射问题、岛周海底的局部冲刷问题以及国内外一些人工岛的结构形式等做进一步的介绍和讨论。

2 公式

人工岛周围海底的局部冲淤与绕射波高的分布有关。大致地说，绕射波高大冲刷，绕射波高小淤积。对于水流作用下圆墩周围的局部冲刷问题，经量纲分析得：

$$\frac{Z_m}{d} = f\left(\frac{u}{u_c}, \frac{k}{d}, \frac{D_{50}}{d}\right) \tag{1}$$

式中，Z_m 为冲刷坑的最大深度（m）；d 为圆墩的直径（m）；h 为水深（m）；D_{50} 为泥沙的中值粒径（m）；u 为无墩时的平均流速（m/s）；u_c 为泥沙的起动流速（m/s）。

经过试验分析，上式可简化为：

$$\frac{Z_m}{d} = f\left(\frac{h}{d}\right) \tag{2}$$

进一步的试验表明，当 $h/d > 2$ 时，此参数的影响就很小了。因此在此条件下，有人用更简单的形式来表示：

$$Z_m = cd \tag{3}$$

系数 c 在 1 ~ 3 间，平均值可取为 1.5。

对于相对细颗粒泥沙：

$$\frac{Z_m}{H} = \frac{0.4H}{(\sinh kh)^{1.35}} \tag{4}$$

式中，$k = 2\pi/L$；L 为波长；H 为波高。

对于方形人工岛,无论是在正向波还是在45°斜向波作用下,都可以很好地描述相对冲刷深度 Z_m/H 随相对水深 h/L 的减小而增加的趋势(图1)。

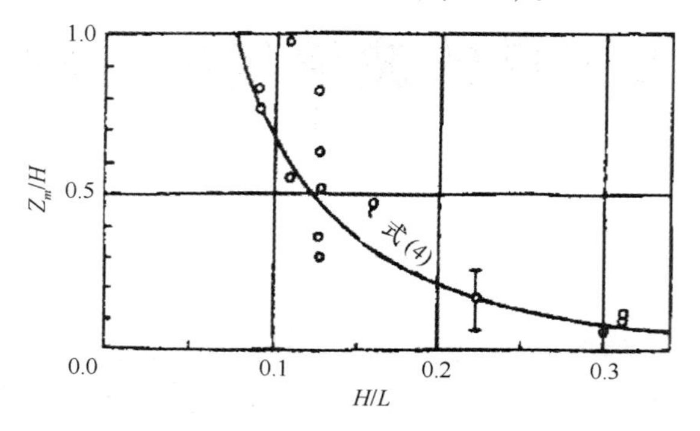

图1　方形人工岛周围的冲刷深度

3　意义

根据人工岛的波浪绕射方程,讨论有关人工岛建设的研究和工程实例,解决人工岛的波浪绕射问题、岛周海底的局部冲刷问题以及介绍国内外人工岛结构形式的发展概况,可以了解人工岛结构形式的一些进展情况。由于人工岛所处自然条件比一般的海岸和港口工程建筑物更为复杂,因此其结构形式也发展得更为多样化。在确定结构形式方案时,其施工实施的可能性和便利性常为一项重要的考虑因素。

参考文献

[1]　谢世楞. 人工岛设计的进展. 海岸工程,1995,14(1):1－7.

泥沙的疏浚量计算

1 背景

泥沙问题是港口工程的重要技术问题,选择正确的泥沙处理方式是港口设计部门和经营部门关心的重要课题之一。数学模型、物理模型及现场水文观测是通常采用的泥沙研究方法,然而,由于复杂的水文、地形等条件,仅通过这些方法难以求得圆满彻底的解决。示踪沙技术是国内外采用的行之有效的现场泥沙运动观测方法,它成功地解决了国内外港口建设中的一系列的泥沙课题。尹毅等[1]利用中子活化示踪沙技术对港口泥沙及疏浚等问题进行了数值分析。

2 公式

设 W_S 为挖泥船在单次挖泥周期 t 时间内从航道里挖出的泥沙,t_1 为挖泥船装满船舱所需时间,t_2 为挖泥船往返抛泥地一次所需时间。设 T 为挖泥船的疏浚工作周期,ε 为疏浚效率,则每个疏浚工作周期 T 内,泥沙的有效疏浚量 M 可用下式表示:

$$M = \varepsilon W_S\left(\frac{T}{t_1 + t_2}\right)$$

(1)假设挖泥船用装舱抛泥的方式进行疏浚,此时疏浚的效率以 ε 表示,设 $\varepsilon = \varepsilon_0 = 8\text{h}$,$t_1 = 0.25$,$t_2 = 1$,则每个疏浚工作周期内泥沙的有效疏浚量为:

$$\begin{aligned} M_0 &= \varepsilon_0 W_S\left(\frac{8}{0.25 + 1}\right) \\ &= 6.4\varepsilon_0 W_S \end{aligned}$$

(2)若抛泥地的距离减为原抛泥地的70%,则,$t_2 = 0.7$,设此时的疏浚效率降低为 $\varepsilon_1 = 0.9\varepsilon$。则每个疏浚工作周期内泥沙的有效疏浚量变为:

$$\begin{aligned} M_1 &= 0.9\varepsilon_0 W_S\left(\frac{8}{0.25 + 0.7}\right) \\ &= 7.56\varepsilon_0 W_S \\ &= 1.18M_0 \end{aligned}$$

(3)若抛泥地的距离减为原抛泥地的50%,则 $t_2 = 0.5$,设此时的疏浚效率降低为 $\varepsilon_2 = 0.8\varepsilon$,则每个疏浚工作周期内泥沙的有效疏浚量变为:

$$M_2 = 0.8\varepsilon_0 W_S\left(\frac{8}{0.25 + 0.5}\right)$$
$$= 1.33M_0$$

(4)若采用边抛、旁通疏浚方式,则 $t_2 = 0$,若此时的疏浚效率 $\varepsilon_3 = 0.3\varepsilon_0$,那么,每个疏浚工作周期内泥沙的有效疏浚量变为:

$$M_0 = 0.3\varepsilon_0 W_S\left(\frac{8}{0.25 + 0}\right)$$
$$= 9.6\varepsilon_0 W_S$$
$$= 1.5M_0$$

3 意义

根据泥沙运动的示踪沙模型,应用中子活化示踪沙技术,分析和探讨该项技术在港口工程中的应用及相应的经济效益。在此基础上,提出了在泥沙研究领域推广应用中子活化示踪沙技术。中子活化示踪沙技术的试验成功,“开创了我国细颗粒泥沙测试技术的新领域”,并以疏浚量为例,说明它将为我国新老港口工程的建设和经营创造显著的经济效益。

参考文献

[1] 尹毅,陈爱萍,仲维妮,等. 中子活化示踪沙技术在港口工程中的应用及经济效益浅析. 海岸工程,1995,14(1):8-13.

浅水的风浪模型

1 背景

风浪是岸滩冲刷和破坏的主动力之一,尤其是强风浪对岸滩的破坏最为强烈。吕四地区的护岸护滩工程长期以来一直沿用规则波进行设计和计算,这一方面不能反映工程真正受力情况;另一方面忽略了部分大波对工程的巨大影响。高正荣[1]通过对吕四地区浅水风浪资料的整理和分析,给出了吕四地区的浅水风浪分布和风浪谱,为工程设计提供了第一手资料。

2 公式

在深水情况下,用瑞利分布来描述波高分布已被普遍接受,其分布函数为:

$$F\left(\frac{H}{\overline{H}}\right)=\exp\left[-\frac{\pi}{4}\left(\frac{H}{\overline{H}}\right)^{2}\right] \tag{1}$$

概率密度函数为:

$$f\left(\frac{H}{\overline{H}}\right)=\frac{\pi}{2}\frac{H}{\overline{H}}\exp\left[-\frac{\pi}{4}\left(\frac{H}{\overline{H}}\right)^{2}\right] \tag{2}$$

吕四地区的风浪属浅水风浪。由于水深等非线性因素的影响,波高分布符合瑞利分布的可能性大大降低,因而在这里采用一种适用性强、应用方便的概率密度函数——广义伽马概率密度函数,其表达式为:

$$f(X)=\frac{C}{\Gamma(m)}\lambda^{cm}X^{cm-13}\exp[-(\lambda x)^{c}] \tag{3}$$

式中,$X=H/\overline{H}$;$\Gamma(m)$为伽马函数;参数 C,m,λ 均由实测值得取。根据吕四地区现场实测资料可以得出:$C=2.5$;$m=1.0$;$\lambda=0.94$。这样上式可以写成:

$$f\left(\frac{H}{\overline{H}}\right)=2.1417\left(\frac{H}{\overline{H}}\right)^{1.5}\exp\left[-0.8567\left(\frac{H}{\overline{H}}\right)^{2.5}\right] \tag{4}$$

其分布函数可写成:

$$F\left(\frac{H}{\overline{H}}\right)=\exp\left[-0.8567\left(\frac{H}{\overline{H}}\right)^{2.5}\right] \tag{5}$$

图1是实测和上式的波高分布比较图。从图中得到两者间的最大绝对误差 $D_0=$

0. 147,可以说两者符合良好。

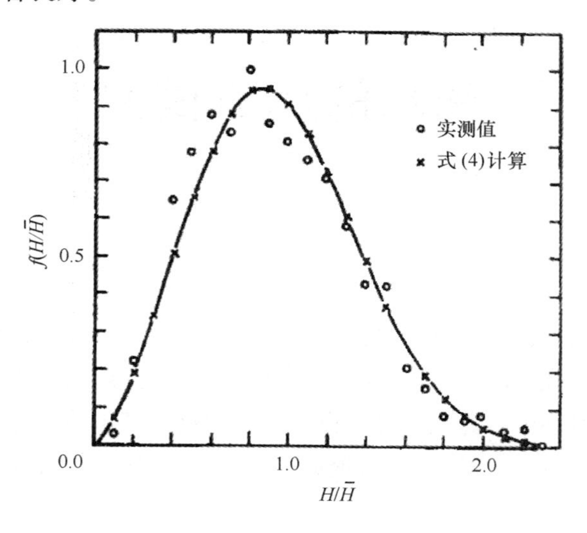

图1　波高分布图

为了进一步检验波高分布与实测值符合程度,进行了 K－C 非参数检验。式(4)可转换为:

$$\frac{H_F}{\overline{H}} = \left(\frac{-\ln F}{0.8567}\right)^{\frac{1}{2.5}} \tag{6}$$

计算数据列于表2。

表1　$H_F/\overline{H}$ 值

$F(\%)$	0.1	1	2	5	10	20	30	40	50	60	70	80	90	100
$H/\overline{H}$	2.30	1.96	1.84	1.65	1.49	1.29	1.15	1.03	0.92	0.81	0.70	0.58	0.43	0.00

目前在工程设计中还常采用部分大波的平均值作为设计标准。由定义可得:

$$\frac{H_{\frac{1}{N}}}{H} = \int_0^{\frac{1}{N}} \frac{H_{\frac{1}{N}}}{H} \mathrm{d}F \Big/ \int_0^{\frac{1}{N}} \mathrm{d}F \tag{7}$$

将上式简化,且$\int_0^{\frac{1}{N}} \mathrm{d}F = \frac{1}{N}$,有:

$$\frac{H_{\frac{1}{N}}}{H} = N\int_0^{\frac{1}{N}} \left(\frac{-\ln F}{0.8567}\right)^{\frac{1}{2.5}} \mathrm{d}F \tag{8}$$

洪广文在福建莆田实测资料的基础上给出了如下分布:

$$f(R) = \frac{2R}{\sqrt{1-\varepsilon^2}}\exp(-0.5R^2)\phi_1\left(\frac{\sqrt{1-\varepsilon^2}}{\varepsilon}R\right)$$

$$F(R) = \frac{2R}{\sqrt{1-\varepsilon^2}}\exp(-0.5R^2)\phi_1\left(\frac{\sqrt{1-\varepsilon^2}}{\varepsilon}R\right) + 1 - 2\phi_1\left(\frac{R}{\varepsilon}\right) \tag{9}$$

式中，$R = H/2\sigma$；σ 为方差；ε 系数取值范围 0 ~ 1.0，这里取 0.5。

$$\phi_1(X) = \frac{1}{2\pi}\int_0^X \exp\left(-\frac{t^2}{2}\right)\mathrm{d}t \tag{10}$$

另外，浅水分布很多，如格鲁霍夫斯基分布，其表达式为：

$$F\left(\frac{H}{\overline{H}}\right) = \exp\left[-\frac{\pi}{4}\left(1+\frac{1}{\sqrt{2\pi\eta}}\right)^{-1}\left(\frac{H}{\overline{H}}\right)^{\frac{2}{1-\frac{1}{\eta}}}\right] \tag{11}$$

式中，η 为深水系数，这里取 $\eta = 3$。

魏伯尔分布，其表达式为：

$$F\left(\frac{H}{\overline{H}}\right) = \exp\left[-a\left(\frac{H}{\overline{H}}\right)^b\right] \tag{12}$$

式中，$a = \Gamma^b\left(1+\frac{1}{b}\right)$；$\Gamma(x)$ 为伽马函数。

我国沿海许多地区的波高与波周期并非相互独立，而具有一定的相关性，通常的表达式为：

$$\overline{H} = a\overline{T}^2 \tag{13}$$

对吕四地区的现场实测资料应用最小二乘法进行线性回归：

$$Q = \sum_{i=2}^{n}(\overline{H}_i - a\overline{T}^2)^2 \tag{14}$$

通常的风浪在时间和空间上都表现出不规则性。波面变化见图 2。

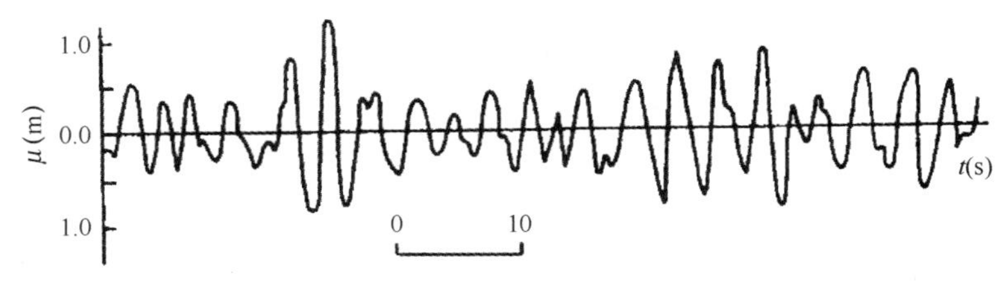

图 2 波面变化图

波面坐标可写成：

$$\eta(t) = \sum_{i=1}^{\infty} a_i\cos(\omega_i t + \varepsilon_i) \tag{15}$$

式中，a_i 是组成波的振幅，$a_i = H_i/2$；ω_i 是组成波的圆频率，$\omega_i = 2\pi f_i$；f_i 是组成波的频率，$f_i = 1/T_i$；T_i 是组成波的周期；ε_i 是组成波的相位角。

在拟合理论谱过程中,首先考虑到 Jonswap 谱其表达式:

$$S(f) = ag^2(2\pi)^{-4}f^{-5}\exp\left[-1.25\left(\frac{f}{f_0}\right)^{-4}\right]r\exp\left[-\frac{1}{2\sigma}\left(\frac{f}{f_0}-1\right)^2\right] \tag{16}$$

式中,σ 是系数,$\sigma = \begin{cases} 0.07 & f \leqslant f_0 \\ 0.09 & f > f_0 \end{cases}$;$r$ 待定系数,取值范围为 1 ~7。

使用 Jonswap 谱拟合实测谱是困难的。这里采用三参数谱进行适谱。三参数谱的表达式:

$$S\left(\frac{f}{f_0}\right) = \frac{dC^{1+S}}{\Gamma(1+S)}(1-K^2)\left(\frac{f}{\bar{f}}\right)^{-d(1+S)-1}\exp\left[-C\left(\frac{f}{\bar{f}}\right)^{-d}\right]\cdot\left[1+\frac{CK^2\left(\frac{f}{\bar{f}}\right)^{-d}}{(1+S)(1-K^2)}\right] \tag{17}$$

其中,

$$C = \left[\frac{\Gamma\left(1+S+\frac{1}{d}\right)}{\Gamma(1+S)}\right]^d$$

式中,d,s,K 是谱的 3 个参数。

3 意义

根据浅水的风浪模型,利用吕四地区现场实测资料,确定了吕四地区的浅水风浪分布式和浅水风浪谱式,同时给出了本地区的波高与波周期的关系和波高与风浪谱的关系,为该地区的工程设计提供了依据。吕四地区的波高分布和风浪谱均受到水深因素的影响,因此在确定浅水地区的波高分布或波谱时采用广义伽马概率密度函数和三参数谱比较适宜。

参考文献

[1] 高正荣. 吕四地区浅水风浪分布以及谱分析. 海岸工程,1995,14(2):1-8.

卸荷板的位置方程

1　背景

带卸荷板的重力式方块码头，在我国最早应用于1958年。由于卸荷板具有减小土压力和增加稳定性等优点，从而达到减少投资的目的，所以在以后建造的方块码头中，几乎都用卸荷板。在兼顾施工便利的同时，选取合适的卸荷板位置，可以起到提高断面安全系数，使基底应力更趋合理的作用。赵新宇[1]试图建立卸荷板位置和土压力、倾覆力矩、码头抗滑、抗倾安全系数及基顶应力方程式，用数学方法直观地描述其变化规律，进而给出卸荷板位置变化中特征点的求法，并通过实例计算对卸荷板位置加以讨论。

2　公式

码头型式及卸荷板尺度关系见图1。墙后主动土压力见图2。

图1中 H 为卸荷板底面到码头顶面距离，此处讨论范围为 $H \leqslant h_0 - h_3$，即考虑卸荷板遮帘作用全部发挥，这也与码头实际情况相吻合。

图2中 e_H 为卸荷板底位置处墙后主动土压力，其表达式随卸荷板上方填料情况和计算水位的不同而有所差别，通常有三种情况。

(1)只有一种填料，分别计算水位上下两部分：

$$
\begin{aligned}
e_H &= [h_4 T_2 + (H - h_4) T_{2浮} + q] K_{a2} \\
&= \left[\left(H + \frac{h_4 T_2}{T_{2浮}} - h_4\right) T_{2浮} + q\right] K_{a2} \\
&= [(H + h') T_{2浮} + q] K_{a2}
\end{aligned}
$$

式中，$h' = \dfrac{h_4 T_2}{T_{2浮}} - h_4$；$q$ 为码头使用荷载；K_{a2} 为主动土压力系数，$K_{a2} = \mathrm{tg}^2\left(45° - \dfrac{\varphi}{2}\right)$；$\Phi$ 为填料摩擦角。

(2)有两种填料，上面一种填料计算水位上下两部分：

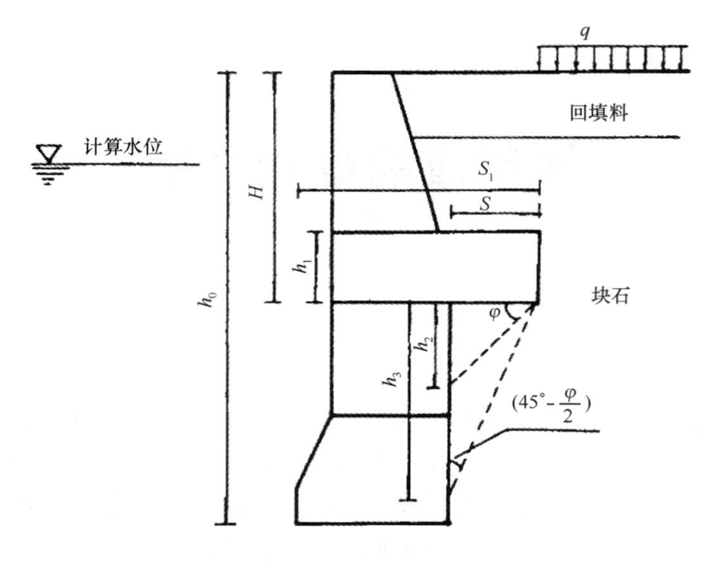

图 1　码头型式及卸荷板尺度关系

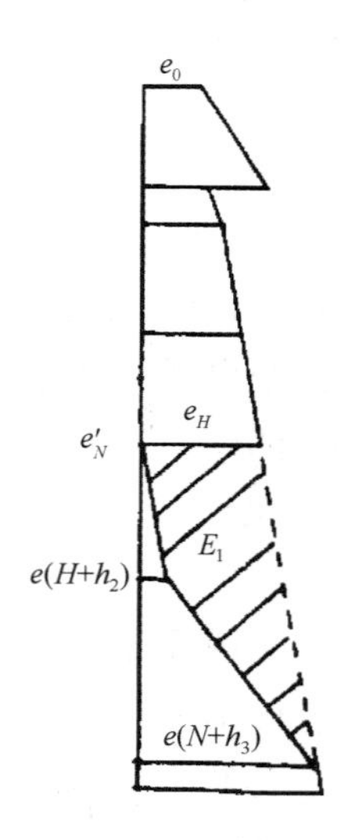

图 2　墙后主动土压力图

$$
\begin{aligned}
e_H &= (r_1 h_4 + r_{1浮} h_5 + r_{2浮} h_6 + q) K_{a2} \\
&= \left[r_{2浮} \left(\frac{r_1 h_4}{r_{2浮}} + \frac{r_{1浮} h_s}{r_{2浮}} + h_6 + h_4 + h_5 - h_4 - h_5 \right) + q \right] K_{a2} \\
&= \left[r_{2浮} \left(H + \frac{r_1 h_4}{r_{2浮}} + \frac{r_{1浮} h_5}{r_{2浮}} - h_4 - h_5 \right) + q \right] K_{a2} \\
&= \left[r_{2浮} (H + h') + q \right] K_{a2}
\end{aligned}
$$

其中，

$$h' = \frac{r_1 h_4}{r_{2浮}} + \frac{r_{1浮} h_5}{r_{2浮}} - h_4 - h_5$$

(3)有两种填料，下面一种填料计算水位上下两部分：

$$e_H = (r_2 h_4 + r_2 h_5 + r_{2浮} h_6 + q) K_{a2}$$
$$= [r_{2浮}(H + h') + q] K_{a2}$$

其中，

$$h' = \frac{r_1 h_4}{r_{2浮}} + \frac{r_2 h_5}{r_{2浮}} - h_4 - h_5$$

总之，不论哪种情况，我们都可以将 e_H 写成$[r_{2浮}(H+h')+q]K_{a2}$的形式，在式中随不同情况套用即可。

由图2还可以得到：

$$e'_H = 0$$
$$e_{H+h_2} = h_r r_{2浮} K_{a2}$$
$$e_{H+h_3} = [(H + h' + h_2) r_{2浮} + q] K_{a2}$$

式中，S 为卸荷板悬臂长度。

$$h_2 = S \cdot \mathrm{tg}\varphi$$
$$h_3 = \frac{S}{\mathrm{tg}\left(45° - \frac{\varphi}{2}\right)}$$

令设置卸荷板后，土压力的减少部分为 E_1，则：

$$E_1 = e_H \cdot h_2 + e_H \cdot (h_2 - h_2)/2$$
$$= \frac{e_H}{2}(h_2 + h_3)$$

对上式进行变化可得：

$$E_1 = [(H + h') r_{2浮} + q] K_{a2} \cdot \frac{1}{2}(h_2 + h_3)$$
$$= \frac{(h_2 + h_3)}{2} \cdot r_{2浮} K_{a2} H + \frac{(h_2 + h_3)}{2} K_{a2}(q + h' r_{2浮})$$

令：

$$K = \frac{(h_2 + h_3)}{2} \cdot r_{2浮} \cdot K_{a2} \cdot C = \frac{(h_2 + h_3) K_{a2}(q + h' r_{2浮})}{2}$$

则：

$$E_1 = KH + C$$

显然 E_1 为 H 的线性函数，且随 H 的增大而增大，亦即随着卸荷板位置的降低，土压力减少。

令设置卸荷板后,倾覆力矩(对码头前趾)减少部分为 M_1,则有:

$$M_1 = E_1(h_0 - H - a)$$

式中,h_0 为码头墙高;$h_0 = \nabla_{码头顶} - \nabla_{码头底}$;$a$ 为 E_1 形心距卸荷板底面距离。

$$a = \frac{e_H \cdot h_2 \cdot \frac{h_2}{2} + e_H \cdot \frac{h_3 - h_2}{2}\left[\frac{1}{3}(h_3 - h_2) + h_2\right]}{e_H \cdot h_2 + e_H \cdot \frac{h_3 - h_2}{2}}$$

$$= \frac{h_2^2 + (h_3 - h_2)\left(\frac{h_3}{3} + \frac{2h_2}{3}\right)}{h_3 + h_2}$$

$$= \frac{h_2^2 + h_2h_3 + h_3^2}{3(h_2 + h_3)}$$

$$= \frac{S}{6}\left(\frac{\mathrm{tg}^2\frac{\varphi}{2} + 3}{1 - \mathrm{tg}\frac{\varphi}{2}}\right)$$

a 的表达式中只有 S 和 φ 两个变量,说明 E_1 形心距卸荷板底面距离只与填料摩擦角 φ 和卸荷板悬臂长度 S 有关。

令 $b = h_0 - a$,则有:

$$M_1 = (KH + C)(b - H)$$

$$M_1 = -KH^2 + (bK - C)H + bC$$

M_1 的最大值为:

$$M_{1\max} = -KH_1^2 + (bK - C)H_1 + bC$$

$$= -K\left(\frac{bK - C}{2k}\right)^2 + (bK - C)\frac{bK - C}{2K} + bc$$

$$= \left(\frac{bK + C}{4K}\right)^2$$

当 $H \leqslant H_1$ 时,M_1 为增函数;$H > H_2$ 时,M_1 为减函数。

令卸荷板悬臂上方土体重量为 $G_{填}$,前趾稳定力矩为 M_2,则有:

$$M_2 = G_{填} \cdot \left(S_1 - \frac{S}{2}\right)$$

式中,S_1 为卸荷板末端至码头前趾的水平距离。

卸荷板位置与抗滑安全系数 K_s

令未设卸荷板时,码头抗滑系数为 K_{s_1},为避免混淆,用 F 来表示水平力,则有:

$$K_{s_1} = \frac{G_1 f}{F_1}$$

令增设卸荷板后的抗滑系数为 K_{s_2},则有:

$$K_{s_2} = \frac{(G_1 + G_{填} + G_{卸})f}{F_1 - E_1}$$

式中，$G_{卸}$ 为卸荷板悬板重量。

K_{s_2} 随 H 增大而增大，即卸荷板位置越低，抗滑系数越大。

卸荷板位置与抗倾安全系数 K_0

未设卸荷板时：

$$K_{0_1} = \frac{M_{R_1}}{M_{0_1}}$$

设卸荷板后：

$$K_{0_2} = \frac{M_{R_2} + M_2 + M_{卸}}{M_{0_2} + M_1}$$

K_{0_2} 仅为 H 的函数，通过求导不难求 K_{0_2} 的最大值和对应的 H 值。

卸荷板位置与基顶应力

仅以合力作用点距前趾距离大于 $\frac{B}{3}$（B 为方块底宽）为例。

$$\sigma_{\min}^{\max} = \frac{G}{B}\left(1 \pm \frac{6e}{B}\right)$$

将 $e = \frac{B}{2} - \frac{M_R - M_0}{G}$ 代入上式：

$$\sigma_{\max} = \frac{4G}{B} - \frac{6(M_R - M_0)}{B^2}$$

$$\sigma_{\min} = \frac{6(M_R - M_0)}{B^2} - \frac{2G}{B}$$

未设卸荷板时：

$$\sigma_{\max_1} = \frac{4G_1}{B} - \frac{6(M_{R_1} - M_{0_1})}{B^2}$$

$$\sigma_{\min_1} = \frac{6(M_{R_1} - M_{0_1})}{B^2} - \frac{2G_1}{B}$$

设卸荷板后

$$\sigma_{\max_2} = \frac{4(G_1 + G_{填} + G_{卸})}{B} - \frac{6[M_{R_1} + M_{卸} + M_2 - (M_0 - M_1)]}{B^2}$$

$$= \frac{4(G_1 + G_{填} + G_{卸})}{B} - \frac{6(M_{R_1} - M_{0_1} + M_1 + M_2 + M_{卸})}{B^2}$$

$$\sigma_{\min_2} = \frac{6(M_{R_1} - M_{0_1} + M_1 + M_2 + M_{卸})}{B^2} - \frac{2(G_1 + G_{填} + G_{卸})}{B}$$

3 意义

根据对卸荷板的作用予以数学描述,进而建立了卸荷板位置与码头整体抗滑、抗倾安全系数及基顶应力的数学方程式,并通过计算实例对卸荷板位置予以分析。卸荷板位置应在保证板上断面稳定合理的前提下尽可能降低,同时发现卸荷板位置的调整对提高抗滑安全系数、增大码头后踵应力显得更为有效。与此同时,卸荷板悬臂长度也是卸荷板工作的一个重要因素,设计中应综合考虑。

参考文献

[1] 赵新宇. 浅谈重力式方块码头的卸荷板位置. 海岸工程,1995,14(2):14-23.

海水水质的评价函数

1 背景

大连臭水套海域积淤的废渣已多年阻碍造船业及其周围厂家的发展。要根治臭水套海域需要在海洋不受污染的前提下，充分利用就近高能海水的运移能力，选划出在控制条件下的试验倾倒区。关于水质模糊综合评价的研究已有许多报道，但未见倾倒疏浚物后海水水质级别模糊综合评价的报道。刘现明和徐恒振[1]根据数据分析得出疏浚物倾倒区海水水质级别的模糊综合评价。

2 公式

单因子隶属函数

各污染因子隶属函数值分别由因子的三级海水标准值（GB3091 — 82）和各因子实测值测算。在建立海水各污染因子隶属函数时，考虑到溶解氧（DO）的海水标准值随着水质级数的升高而降低，可写为：

$$f_{i1}(x_i)=\begin{cases}1 & x_i \geqslant S_{i1}\\ \dfrac{x_i-S_{i2}}{S_{i1}-S_{i2}} & S_{i2}<x_i<S_{i1}\\ 0 & x_i \leqslant S_{i2}\end{cases}$$

$$f_{i2}(x_i)=\begin{cases}0 & x_i \leqslant S_{i2}\text{ 或 }x_i \geqslant S_{i1}\\ \dfrac{x_i-S_{i2}}{S_{i2}-S_{i3}} & S_{i3}<x_i<S_{i2}\\ \dfrac{x_i-S_{i2}}{S_{i1}-S_{i2}} & S_{i2}<x_i<S_{i1}\\ 1 & x_i=S_{i2}\end{cases}$$

$$f_{i3}(x_i)=\begin{cases}1 & x_i \leqslant S_{i2}\\ \dfrac{S_{i2}-x_i}{S_{i2}-S_{i3}} & S_{i3}<x_i<S_{i2}\\ 0 & x_i \geqslant S_{i2}\end{cases}$$

至于对污染因子汞,铅,镉等来说,由于第二级海水标准值 S_{i2} 和第三级海水标准值 S_{i3} 相等,则其隶属函数可写为:

$$f_{i1}(x_i)=\begin{cases}1 & x_i \leqslant S_{i1}\\ \dfrac{S_{i2}-x_i}{S_{i2}-S_{i1}} & S_{i1}<x_i<S_{i2}\\ 0 & x_i \geqslant S_{i2}\end{cases}$$

$$f_{i2}(x_i)=f_{i3}(X_i)=\begin{cases}1 & x_i \leqslant S_{i1}\\ \dfrac{x_i-S_{i1}}{S_{i2}-S_{i1}} & S_{i1}<x_i<S_{i2}\\ 1 & x_i \geqslant S_{i2}\end{cases}$$

以上各式中 f 为隶属函数,S 为海水标准值,其中的下标1,2,3为对应海水标准级别,i 为某被测污染因子,x 为各污染因子实测值。

各污染因子权重值的计算

$$W_i=\begin{cases}\dfrac{x_i}{\overline{S}_i} & x_i>\overline{S}_i\\ 1 & x_i \leqslant \overline{S}_i\end{cases}$$

对于DO,则:

$$W_i=\begin{cases}1 & x_i \geqslant \overline{S}_i\\ \dfrac{\overline{S}_i}{x_i} & x_i<\overline{S}_i\end{cases}$$

对 W_i 做归一化处理:

$$\overline{W}_i=W_i/\sum_{i=1}^{n}W_i$$

式中,W_i 为 i 种污染因子权重值;W_i 为做归一化处理的 i 种污染因子权重值;x_i 为 i 种污染因子实测值;$\overline{S}_i$ 为 i 种污染因子标准平均值。

综合评判

由各污染因子的各级隶属函数可得模糊矩阵 R 为:

$$R=\begin{Bmatrix}f_{11} & f_{12} & f_{13}\\ f_{21} & f_{22} & f_{23}\\ \vdots & \vdots & \vdots\\ f_{n1} & f_{n2} & f_{n3}\end{Bmatrix}$$

式中,f_{ij} 表示 i 种污染因子被评为第 j 级海水标准的可能性,即 i 对 j 的隶属度。

由权重系数 $\overline{W}_i$ 可组成因子论域上的模糊子集:

$$A=\{\overline{W}_1,\overline{W}_2,\cdots,\overline{W}_n\}$$

由此可得到海水环境质量的综合评判矩阵为:

$$Y = A \cdot R$$

式中,Y 为综合评判结果,是 1×3 型矩阵,分别表示海水水质隶属Ⅰ、Ⅱ、Ⅲ级海水标准的隶属度。

3 意义

根据模糊综合评价方法对大连臭水套海域疏浚物预选倾倒区的水质状况进行了评价,得到了有益的结论。试倾倒区具有一定纳污容量,若每天抛泥量适当控制,在抛泥区边界之外可保持一类海水水平。使用水质标准级别权重法模糊数学评价较真实地反映了疏浚倾倒区海水水质状况,能得到合理的判划结果。

参考文献

[1] 刘现明,徐恒振. 疏浚物倾倒区海水水质级别的模糊综合评价. 海岸工程,1995,14(2):33-37.

围海工程的潮流输沙模型

1 背景

临高县是海南省渔业重点县，调楼乡黄龙港及附近共有大小渔船近千艘，为临高县主要渔港区。从黄龙港到调楼港岸段，现有补给能力远远不能满足现实要求，且无正式的渔产品收购站及仓库，也没有渔产品加工厂，这些也制约了该区渔业经济的综合发展，围填区的使用加快该区渔业经济的发展。龚文平和王道儒[1]对海南省临高县调楼乡黄龙港北侧围海工程的自然条件进行了可行性分析。

2 公式

用红牌港1990年3月至1992年3月验潮报表和新盈港1957年9月至1958年4月的资料进行调和分析，其结果为：

$$\frac{H_{o_1}+H_{K_1}}{H_{M_2}}=6.42$$

本区潮汐为正规日潮，是中潮至弱潮区。

根据港口工程技术规范公式计算沿岸输沙率：

$$Q=0.64\times10^{-2}K'\delta_0H_b^2C_bn_b\sin2\alpha_b$$

式中，$\delta_0=h_0/l_0$，为深水波陡；$C_b=\frac{L_b}{T}$，为破波波速；$n_b=\frac{1}{2}\left[1+\frac{4\pi d_b/L_b}{sh(4\pi d_b/L_b)}\right]$；$\alpha_b$ 为波浪破碎时波峰线与等深线间的夹角；$K'=(3500\frac{D}{D^{4+2}})\frac{11-100\delta_0}{10}$；$D$ 取0.25 mm；工程区附近岸线为NW—SE走向。计算结果见表1。

表1 围填区岸段各向沿岸输沙率(SE向为正) 单位：m^3/a

方向	N	NNE	NE	ENE	E	ESE	SE	SSE
Q	+4141.4	+4556.1	0	-15923.7	-1678.3	-2132.8	-856.1	-40.1
方向	S	SSW	SW	WSW	W	WNW	NW	NNW
Q	-3.3	-169.5	0	+626.2	+2726.2	+2253.9	+3428.7	+5193.3

水体含沙量与海底、海岸地貌与沉积以及潮流波浪等动力条件密切相关。野外调查中我们设了一个连续站，该站外位于黄龙港口门5 m等深线，取表、底层海水的沙样，同时进行潮流流速、流向的观测。结果见表2。

表2　潮流输沙特征值

	量值	方向(°)
最大表层流速	28 cm/s	118
最大表层含沙量	25.6 mg/L	118
最大底层流速	16 cm/s	330
最大底层含沙量	11.9 mg/L	318
单宽净输水量	2.33 m^3/s	130
单宽净输沙量	558.4 kg/(m·d)	120

3　意义

根据野外调查情况，收集了围填工程区海域的气象、水文、地质资料，工程海区波浪作用以NW—ENE向为主，ENE向为强浪向，工程海区潮汐为正规日潮；详细论述了围填区的水动力条件、地质地貌与泥沙运动情况，围填区位于玄武岩岩滩上，基底坚硬，抗蚀能力强，并分析了围填工程对周边设施的影响，围填后对水动力影响小，并可起护岸作用；得出围填工程在自然条件上可行的结论。

参考文献

[1] 龚文平，王道儒. 海南省临高县调楼乡黄龙港北侧围海工程的自然条件可行性分析. 海岸工程，1995，14(3)：36－41.

直墙前的波浪模型

1 背景

在直墙堤前的波浪形态主要有两大类,一类是产生反射而形成立波,另一类是堤前波浪破碎。对于立波波压力已有了较严密的理论解和丰富的实验研究经验,而对于破碎波,因其复杂性,还没有令人满意的理论解。Gota 方法将各种波态的波压力计算归结为一个统一公式,打破传统方法,并考虑了不规则波的概念和斜向波的影响,因而这个方法具有明显的优点。齐桂萍[1]对被重新修正的计算直墙前波浪力的 Gota 法进行分析,并与一些试验结果对比,对 Gota 法的适用情况进行分析讨论,以供工程界参考。

2 公式

Gota 方法的波压力计算不仅可用于正向波,也可用于斜向波。其波浪力分布为线性分布,如图 1 所示。

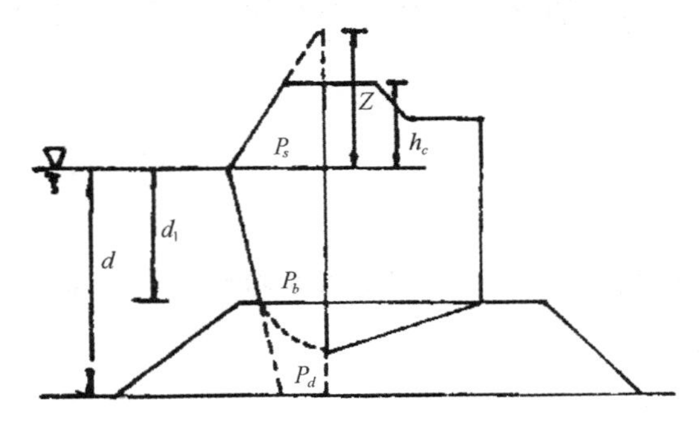

图 1 直墙前波压力分布

各参数计算如下:

$$z = 0.75(1 + \cos\beta)H_{max}$$
$$P_x = 0.5rH_{max}(1 + \cos\beta)(a_1 + a_2\cos\beta)$$
$$P_d = P_s/\cosh(2\pi d/L)$$
$$P_d = a_3P_3$$

其中，

$$a_1 = 0.6 + 0.5[4\pi d/L/2\sinh(4\pi d/L)]^2$$

$$a_2 = \min\left\{(d_b - d_1)/3d_b \cdot \left(\frac{H_{\max}}{d_1}\right)^2, 2d_1/H_{\max}\right\}$$

$$a_3 = 1 - d'/d[1 - 1/\cosh(2\pi d/L)]$$

式中，d_b 为堤前 $5H_{1/3}$ 处水深。

$$d' = d_1 + \Delta h$$

式中，Δh 为护肩方块厚度。

Takahshi 根据实验结果对 Gota 公式进行修正，提出试用系数 a^* 来代替 Gota 中的 a_2，其表达式为：

$$a^* = \max\{a_2, a_1\}$$

$$a_1 = a_{10}a_{11}$$

其中，

$$a_{10} = \begin{cases} 2 & H > 2d_1 \\ \dfrac{H}{d_1} & H \leqslant 2d_1 \end{cases}$$

$$a_{11} = \begin{cases} 1/\{\cosh\delta_1(\cosh\delta_2)^{**}0.5\} & \delta_2 > 0 \\ \dfrac{\cosh\delta_2}{\cosh\delta_1} & \delta_2 \leqslant 0 \end{cases}$$

$$\delta_1 = \begin{cases} 15\delta_{11} & \delta > 0 \\ 20\delta_{11} & \delta_{11} \leqslant 0 \end{cases}$$

$$\delta_2 = \begin{cases} 3.0\delta_{22} & \delta_{22} > 0 \\ 4.9\delta_{22} & \delta_{22} \leqslant 0 \end{cases}$$

$$\delta_{11} = 0.93\left(\frac{b}{L} - 0.12\right) + 0.36\left(0.4 - \frac{d_1}{d}\right)$$

$$\delta_{22} = -0.36\left(\frac{b}{L} - 0.12\right) + 0.93\left(0.4 - \frac{d_1}{d}\right)$$

其中，$\frac{b}{L}=0.12$，且$\frac{d_2}{d}=0.4$ 时，系数 a_1 达到最大值 2.0；而当$\frac{d_1}{d}>0.7$ 时，a_1 接近于零且小于 a_2。

3 意义

通过分析被重新修正后的 Gota 直墙波压力，主要是对其无因次波浪力随基床肩宽和相对波高的变化进行分析,可知Gota法计算的无因次波浪力随基床肩宽的变化,有一最不利肩宽,此不利肩宽与相对波高无关;在同一水深条件下,Gota法计算的无因次波浪力随相对波高的增大而增大。Gota法只适用于相对波高较小时,而当相对波高较大时,Gota法计算值过大而不再适用。

参考文献

[1] 齐桂萍. 直墙前破波波浪力——对修正过的Gota方法的探讨. 海岸工程,1995,14(3):1-7.

近岸流体的能量模型

1 背景

在海岸工程设计中,流体动力学得到广泛应用。海岸动力学是由波成现象驱动的,因而对波场特别是破波带内进行充分的描述是重要的,而且在破波带内观测到的速度明显具有三维性。Marie - Helene 和 William[1] 提供了一个波浪变形和波成流的准三维模型,最终可得到近岸流体动力学的实用的准三维模型,用来计算近岸的泥沙输移以及估计海岸带的侵蚀和堆积。

2 公式

首先要估算在水深网格上的每个节点的波长 L,可以通过 Newton - Raphson 迭代跟寻找法求解线性分散关系式求得。波数无旋原则应用于区域内波浪方向迭代的显解。

波浪能量守恒可表达如下:

$$\frac{\mathrm{d}(EC_R\cos\alpha)}{\mathrm{d}x}+\frac{\mathrm{d}(EC_R\sin\alpha)}{\mathrm{d}y}=-D$$

式中,D 是能量损失率;α 是波浪传播方向与海滩法方向间的夹角;E 是波能量密度;C_R 是群速度。

对于规则波而言,在模型中采用了 Goda 判据来得出结果,因为在目前实验室应用其能得到最好的结果。

$$\frac{H_b}{d_b}=0.17\frac{L_0}{d_b}\left\{1-\exp\left[-1.5\frac{\pi d}{L_0}(1+15m^{4/3})\right]\right\}$$

式中,H_b 为破碎波高;d_b 为破波水深;L_0 为深水波长;m 为波浪破碎时的海滩斜率。

Dally 等人提出了一个关于损耗率的简单表达式:

$$D=\frac{k}{d}[(E-E_S)C_g]$$

假定能量损耗的比率跟局部波浪能量密度与波浪行将破碎时的稳定波浪能量的理论值 E_S 之差成正比。局部稳定波浪能量密度 E_S 可以用 Horikawa 和 Kuo 提出的经验公式计算:

$$E_S = \frac{1}{8}\rho g(T_d)^2$$

式中,(T_d)表示在恒定深度的底部的波浪趋于破碎时达到的稳定波高。参数 K 和 T 的值由 Horrikawa 和 Kuo 的关于平坦海滩实验数据的最佳搭配所决定。

为了比较随机波的模型与实验室结果,将深水波浪条件假定为离散型。在随机波试验中,用实验室中的波浪池产生 JONSWAP 谱:

$$E(f) = \frac{\alpha g^2 e^a \gamma^b}{(2\pi)^4 f^5}$$

其中,

$$\alpha = 603.9\left(\frac{H_s f_p^2}{g}\right)^{2.036}(1 - 0.298\ln\gamma)$$

$$a = \frac{-5(f_p/f)^4}{4}$$

$$b = \exp\left[\frac{(f - f_p)^2}{(-2\sigma^2 f_p^2)}\right]$$

$$\sigma = \begin{cases} \sigma_{hing} = 0.09 & 当 f > f_b \\ \sigma_{low} = 0.07 & 当 f < f_b \end{cases}$$

当给出有效波高 H_s、峰周期 T_p 和峰值因子 γ,就可以计算不同频率的能量密度函数 E。对于每个成分的能量可以在谱带区域内对 $E(f)$ 积分计算:

$$E_i = \int_{f_i+\Delta f_i/2}^{f_i-\Delta f_i/2} E(f)\,\mathrm{d}f$$

每个成分出现的概率可如下估计:

$$P_i = E_i / \sum E_i$$

实验室的波高测量所得的点聚图,可以用来计算不同波长的最大波高和最小波高的三个经验公式。

$$H_{\min} = 0.0319H_s + (0.0027 + 0.0512H_s)(L - \Delta L)$$

式中,$\Delta L = 0.3 + L_p - L_{1.15}$。$L_p$ 是由峰值周期 T_p 所计算得出的;$L_{1.15}$是用 1.15 s 的参数周期,所有的波长都是造波机深度 0.5 m 或 0.55 m 处的波长,这取决于试验:

$$H_{\max1} = -0.0072 - 0.0204H_s + (0.0223 + 0.8256H_s)(L - \Delta L)$$

$$H_{\max2} = 0.0583 + 1.6944H_s - (0.0210 + 0.3084H_s)(L - \Delta L)$$

这里的 $H_{\max1}$ 和 $H_{\max2}$ 相应于大于或小于峰值周期的波浪周期相应的最大波高。

数学模型是建立在不可压缩的、均匀的、深度—平均和时间—平均的、二维 Navier - Stokes 运动方程和连续方程基础上的:

$$\frac{\partial \vec{u}}{\partial t} + (\vec{u} \cdot \vec{\nabla})\vec{u} + g\vec{\nabla}\eta = \frac{1}{\rho d}(\vec{\tau}_1 - \vec{\tau}_b - \vec{\nabla} \cdot \vec{s})$$

$$\frac{\partial \eta}{\partial t} = -\vec{\nabla} \cdot (\vec{u}d)$$

式中,$\vec{u}$ 是深度—平均液体速度矢量;$d = h + \eta$,h 是静水位,η 是由于波浪起伏引起的平均自由表面位移。

时间—平均底部剪切应力的一般表达式是非线性的:

$$\vec{\tau}_b = -\rho C_f < | \vec{v} | \vec{v} >$$

式中,$\vec{v} = \vec{u} + \vec{u}_\omega$;$C_f$ 是由底部粗糙度决定的摩擦系数;速度 $\vec{v}$ 是深度—平均流速 $\vec{u}$ 和瞬时波浪轨迹速度 $\vec{u}_\omega$ 的矢量和。符号< >表示一个周期内的平均。

由于没有对扰动水流的完善理论,模型是依赖于包括由实验确定闭合系数的半经验公式,现有大多数模型在表达式中采用了基于扰动剪切应力的扰动(涡流)黏滞概念。

$$\tau_{lx} = \frac{\partial}{\partial x}\left[\rho d\left(\gamma \frac{\partial v}{\partial x}\right)\right],\ \tau_{ly} = \frac{\partial}{\partial x}\left[\rho d\left(\gamma \frac{\partial u}{\partial y}\right)\right]$$

式中,u 和 v 是时间和深度速度的水平分量;γ 是涡动黏滞系数。下述的半经验公式已被发展成涡流黏滞模型。

Battjes 提出了关于 γ 的关系式,他假定扰动是局部波浪能量损耗的系数。他的表达式是建立在 Prandtl 的混合长度理论基础上的:

$$\gamma = K_{\gamma_1} h\left(\frac{D}{\rho}\right)^{1/3}$$

式中,K_{γ_1}是一阶常数;D 是单位面积的平均波浪能量损失率。另一个关系式是 Jonsson 等于 1974 年提出的,它直接将扰动与波浪能量相联系:

$$\gamma = K_{\gamma_2} \frac{H^2 gT}{4\pi^2 h}\cos^2\alpha$$

系数 K_{γ_2}是作为与实验室结果比较的修正系数。为了将周期性波浪振荡和扰动能量损耗对横向混合的影响包括进来,联合起来计算 γ:

$$\gamma = K_{\gamma_1} h\left(\frac{D}{\rho}\right)^{1/3} + K_{\gamma_2} \frac{H^2 gT}{4\pi^2 h}\cos^2\alpha$$

动量方程可写成如下形式:

$$\frac{\partial}{\partial z}\left(\gamma_t \frac{\partial u}{\partial z}\right) = \frac{\partial}{\partial x}(g\eta + \bar{u}_\omega^2 - \bar{\omega}_\omega^2 + u^2) + \frac{\partial}{\partial y}(\bar{u}_\omega \bar{v}_\omega) + \frac{\partial \bar{u}_\omega \bar{v}_\omega}{\partial z}$$

$$\frac{\partial}{\partial z}\left(\gamma_t \frac{\partial v}{\partial z}\right) = \frac{\partial}{\partial y}(g\eta + \bar{v}_\omega^2 - \bar{\omega}_\omega^2 + v^2) + \frac{\partial}{\partial x}(\bar{u}_\omega \bar{v}_\omega) + \frac{\partial \bar{v}_\omega \bar{\omega}_\omega}{\partial z}$$

其中速度定义如下:u 和 v 分别表示垂直岸方向和沿岸方向的随深度变化的水平速度未知的时间平均分量。u_ω、v_ω 和 ω_ω 是波浪成振荡流垂直海岸和沿岸水平方向及垂直方向的速度分量。最后,γ_t 是在破波带内由于破波引起的扰动涡流黏滞系数,η 是平均水平面。

水流的连续方程为:

$$\int_{z=-h}^{d_{tr}-h} \vec{u}_{\omega} \mathrm{d}z = \vec{v}d - Q_s$$

式中，d_{tr}是波谷面下的深度；$\vec{u}$ 是波谷平面下的时间—平均流；$\vec{v}$ 是由 2 - DH 计算得到的水平方向的时间和深度平均速度。Q_s 是在波峰和波谷间破波所携带的水流流量。波浪成流流量 Q_s 可被认为是表面滚动输运水流和波浪成分贡献的和。Svendsen 于 1984 年基于实验室实验提出了参数化法的建议。他的关于 Q_s 的完整表达式包括了用 Stokes 漂流计算的波浪的贡献：

$$Q_s = C\left(\frac{A}{hL} + B_0\right)d_{tr}$$

其中，

$$B_0 = \left(\frac{\bar{\eta}}{h}\right)^2$$

$$A \approx 0.9H^2$$

式中，C 是波速；L 是波长；B_0 是波浪形状不对称性参数；A 是基于 Duncan 提出的水翼艇后面破波测量的数据给出的滚动断面的估计值。

薄的底部边界层，假定该层黏滞系数 γ_{tb} 远小于中间层的 γ_t。在底部边界层中，涡动黏滞系数使用 Jonsson 模型：

$$\gamma_{tb} = K_C \sqrt{gh}\frac{f_{\omega}^2}{K}\left(\frac{H}{h}\right)^2$$

式中，K_C =0.08；K 是波数；f_{ω} 是 Jonsson 波浪摩擦因子。Jonsson 提出的水团高度 ζ_0 正比于临界层厚度 δ_{ω}：

$$\frac{30\delta_{\omega}}{K_N}\log\left(\frac{30\delta\omega}{K_N}\right) = 1.2\frac{a_b}{K_N}$$

式中，a_b 是底部振幅；K_N 表示毫米级的底部粗糙度。

离散谱的每个成分在近岸被折射，并用上述规则波模型加以校正。除此之外，Moore 校正参数 K 给出了更好的拟合：

$$K = [1.162 + 1.684\varepsilon_0] - 0.965\tanh\left(\frac{0.1}{m}\right)$$

式中，ε_0 是深水波陡；m 是限定为正值的海滩斜率。

3 意义

在海滩上一个理想的精密泥沙输移模型必须对研究区域的波候和波成流有准确完善的描述。作为海岸过程的更完全模型的第一步，概括了详细的波浪和流的计算的不同方面，开发出一个基于 PC 机的准三维模型。而且通过在模拟的无限长自然海滩上的实验室实验予以校准。实验是在多种波浪条件下进行的,如规则和随机长峰波区域及两种粒径的沙。然而需要用不同的波浪入射角和可靠的现场资料做进一步修正和检验,以改善模型的可信度。

参考文献

[1] Marie - Helene G Briand, William Kamphuis J. 自然海滩的波浪和流——一个准三维数值模型. 海岸工程,1995,14(3):52 - 74.

新港区的价值工程模型

1 背景

价值工程是研究成本与功能关系,以寻求最佳效益的现代化科学管理方法,其主要研究内容为:对功能、成本、价值进行分析,并研究三者之间的关系。在威海港新区通用泊位建设中,结合工程项目的实际情况,运用价值工程理论,反复探索,在不增加或降低工程费用的情况下增加项目的使用功能。王学信等[1]利用价值工程的原理,对项目的功能性、技术改造的可能性、可行性、成本核算、经济效益诸方面进行了研究分析和论证。

2 公式

根据相关单位 1989 年 3 月至 1990 年 2 月进行的观测,新港区按 50 年一遇设计波浪要素如表 1 所示。

表 1 新港区 50 年一遇设计波浪要素

方向	$H_{1\%}$(m)	$H_{4\%}$(m)	$H_{13\%}$(m)	波长 L(m)
NNW	2. 30	2. 00	1. 60	38. 70
NNE	5. 04	4. 35	3. 75	80. 07
NE	5. 96	5. 24	4. 43	90. 34
ENE	5. 59	4. 67	4. 19	92. 85

从表 1 中可以看出,NE 向和 ENE 向波浪的波高和波长较大,下面演算这两种情况下的临界水深:

$$d_c = \frac{L}{4\pi}\ln\left(\frac{L + 2\pi H}{L - 2\pi H}\right)$$

式中,d_c 为临界水深;L 为波长;H 为波高。

(1)NE 向波高 $H_{1\%} = 5.96$ m,考虑到受东面煤码头从根部起算共400 m 长的掩护,再绕射到通用泊位后,绕射系数 $K_0 = 0.41$ 。则 60 m 码头处波高 $H_1 = K_\Delta H = 0.41 \times 5.96 =$

2.44m，波长 $L=90.34$ m。则有

$$d_{1c}=\frac{L}{4\pi}\ln\left(\frac{L+2\pi H}{L-2\pi H}\right)$$
$$=\frac{90.34}{4\times3.14}\ln\left(\frac{90.34+2\times3.14\times2.44}{90.34-2\times3.14\times2.44}\right)$$
$$=2.46(\mathrm{m})$$

(2)NEN 向波浪，$K_0=0.41$，$H_{1\%}=5.59$ m，$H_2=K_0H=0.41\times5.59=2.3$ m，$L=92.85$ m，则有：

$$d_{2c}=\frac{L}{4\pi}\ln\left(\frac{L+2\pi H}{L-2\pi H}\right)$$
$$=\frac{92.85}{4\times3.14}\ln\left(\frac{92.85+2\times3.14\times2.3}{92.85-2\times3.14\times2.3}\right)=2.32(\mathrm{m})$$

码头水深为 −3.0 m，在设计低水位的情况下，$d=3$ m，$d_{1c}<d$，$d_{2c}<d$。

通过以上计算可知：码头水深均大于临界水深，因此波浪不会在基床上破碎，基床抛石也不会被打散，更不会被波浪淘空。

波浪前进中遇到建筑物发生反射，其反射波高：

$$H_R=K_\Delta H'_R$$

式中，H_R 为反射波高；K_Δ 为与斜坡护面结构形式有关的糙渗系数；H'_R 为 $K_\Delta=1$ 时的反射波高，与斜坡 m 值和波陡有关。

当外海 NE 向波高 $H_{1\%}=5.96$ m，绕过码头到 60 m 长码头区域，波高 $H'_R=K_\Delta H_{1\%}=0.41\times5.96=2.44(\mathrm{m})$。

(1)对直立码头，$K_\Delta=0.75$，$H_{1R}=K_\Delta H'_R=0.75\times2.44=1.83(\mathrm{m})$。

(2)对斜坡堤 $K_\Delta=0.55$ m，$H'_R=0.96H$，则 $H_{2R}=K_\Delta H'_R=0.55\times0.96\times2.44=1.29(\mathrm{m})$。

比较 H_{1R} 和 H_{2R}，波高相差不大，可见在此水域，由于水深较浅，直立码头和斜坡堤消浪作用几乎一样，因此改建直立岸壁不会对港池增加波浪的影响。

片麻岩在天然状态下整体性及稳定性良好，压缩性低，具有较强的强度和承载力，工程地质良好，可做码头持力层。各层物理力学性质见表 2。

表 2　片麻岩各层物理力学性质

地层名称	天然含水量(%)	天然容量(g/cm^3)	容许承载力(kPa)
淤泥质粉细砂	26.2	1.98	100
中细砂	18.2	1.90	120
轻亚黏土	20.7	1.96	220
片麻岩			600

3 意义

根据相关公式探讨了威海港务局建港指挥部在新区通用泊位工程中,运用价值工程理论,将100吨级码头改造成为200吨级码头,将60 m斜坡护岸改造成5吨级码头,不仅可节省工程投资20万元,而且充分利用了码头岸线,增加了港口吞吐能力和经济效益,走出了一条向科学技术要效益的路子。事实说明将“价值工程”应用到港口建设中大有潜力可挖。

参考文献

[1] 王学信,单志平,张维忠,等.“价值工程”理论在威海港新区通用泊位工程中的运用.海岸工程,1995,14(4):15-20.

污水排海管道的设计模型

1 背景

烟台市城市污水采用排海处置措施由来已久，随着工业蓬勃发展，海湾受到了一定程度的污染。为了降低污水处理程度，合理利用大海的自净能力显得尤为重要。现将工业废水和生活污水汇集到污水处理厂，再通过海底管道的放流管和扩散管以浮射流的形式排入海洋。丁玉兰和张端安[1]通过相关分析对海底污水排海管道有关参数进行了确定。

2 公式

N. H. Brooks 建议，当周围流体是均匀、静止的时候，扩散管的长度可以由设定的初始稀释倍数来确定，其表达式为：

$$S_0 = 0.38 g'^{1/3} Y q_0^{-2/3}$$

式中，S_0 为起始稀释倍数；Y 为污水的最大浮升高度，m；q_0 为扩散管单位长度的污水排放量，m^2/s；g'为折减重力加速度，m/s^2。

$$g' = \frac{\rho_a - \rho_0}{\rho_0} g$$

式中，ρ_a 为海水密度，t/m^3；ρ_0 为污水密度，t/m^3；g 为重力加速度，m/s^2。

将扩散管单位长度的排放量 $q_0 = Q/L_b$ 代入后简化，就可以得到扩散管长度 L_b 的计算公式：

$$L_b = 4.27 Q S_0^{3/2} Y^{-3/2} g'^{-1/2}$$

式中，L_b 为扩散管长度，m；Q 为污水排放量，m^3/s。

一般在设计中，常以 1/3 的水深来代替 $1/3L$，亦能满足误差的要求，即单股污水终点羽流的宽度为：

$$W = \frac{1}{3} Y_{\max}$$

式中，W 为单股羽流宽度，m；$Y_{\max}$为污水的最大浮升高度，m。

纳污水体在排污近区的污染程度常用稀释倍数作为指标，其起始稀释倍数的大小与排放口的动量和浮力作用有密切关系，稀释倍数具有下面的定义：

$$S_0 = \frac{V_c}{V_a + V_c}$$

式中，S_0 为起始稀释倍数；V_c 为排放的污水体积，m^3；V_a 为参与稀释的环境水体积，m^3。

在实际工程中，常采用经验公式计算起始稀释倍数 S_0。另外，在确定了扩散管的长度以后，也可以用来求 S_0。而起始混合区内的平均稀释倍数 S_m 可以根据下面公式来计算。

$$S_m = \sqrt{2} S_0$$

Agg 和 Wakeford 根据一系列实测数据得出，当横流速度与孔口流速之比满足 $0.1 < V_a/V_b < 2$ 时，动水平均稀释倍数 S_{ma} 与静水平均稀释倍数 S_m 之比有如下关系：

$$\log\left(\frac{S_{ma}}{S_m}\right) = 1.107 + 0.938\log\left(\frac{V_a}{V_b}\right)$$

3 意义

根据对放流管、扩散管的长度、孔口间距、直径、开孔比、羽流宽度和稀释倍数等进行了计算，提出了排海管道总长 650 m，其中放流管为 280 m，扩散管为 370 m，这是根据“合理、安全、经济的原则”提出来的。烟台市区污水处理工程是法国政府赠款项目，烟台市人民政府重点工程，需要进行谨慎、精确的计算，在现有基础上还需要进一步完善。

参考文献

[1] 丁玉兰，张瑞安．烟台市海底污水排海管道有关参数的确定．海岸工程，1995，14(4)：5－10.

反射和绕射的短波模型

1 背景

物理模拟可将大自然现象用来集合成控制这些现象的适当方程式，具有模拟试验的尺寸比原型小得多和更容易获得有关的数据两个重要的优点。但当模型小于原型时，对于相对比较重要的各种作用力引入了尺度效应。Robert[1]提供一种模拟试验模型的简要综述，以使试验人员来衡量相当于原型尺寸大小的模拟试验结果。

2 公式

对于波浪模型来说，有关的作用力有重力、摩擦力和表面张力（分别记为 F_g，F_f 和 F_s）。这些力（用 F_i 表示）影响流体的加速度。根据牛顿第二定律：

$$\vec{F}_i = \vec{F}_g + \vec{F}_f + \vec{F}_s$$

式中的箭号表示矢量。$\vec{F}_i = m\vec{a}$ 中 m 表示质量，$\vec{a}$ 表示流体加速度。如果

$$\frac{(\vec{F}_i)_m}{(\vec{F}_i)_p} = \frac{(\vec{F}_g)_m}{(\vec{F}_g)_p} = \frac{(\vec{F}_f)_m}{(\vec{F}_f)_p} = \frac{(\vec{F}_s)_m}{(\vec{F}_s)_p} = 1$$

则满足动力相似。

这 4 个比值的每一个都可以用相应的物理量来表示。例如：

$$\left.\begin{aligned} F_i &= ma = \rho(l^3)\frac{1}{t^2} = \rho l^2 v^2 \\ F_g &= \rho g l^2 d \\ F_f &= \mu v l \\ F_s &= \sigma l \end{aligned}\right\}$$

式中，ρ 是流体密度；v 是特征速度；g 是重力加速度；μ 是动黏度；σ 是表面张力。

如果考虑每个比值相互之间关系，可得出各种无量纲参数，例如（F_i）比尺与重力比尺的关系得出：

$$\frac{\dfrac{(F_i)_m}{(F_i)_p}}{\dfrac{(F_g)_m}{(F_g)_p}} = \frac{n_\rho n_l^2 n_v^2}{n_\rho n_g n_l^2 n_d}$$

或者

$$n_{v^2/gd)} = 1$$

检验其他的比率,得出其他的无量纲量:

$$\left(\frac{F_i}{F_f}\right) = n_{(\frac{\rho vl}{\mu})}$$

这里$\left(\frac{\rho vl}{\mu}\right) = R_e$(雷诺数)。

$$\left(\frac{F_i}{F_s}\right) = n_{[(v^2/(\sigma/\sigma l)^{1/2}]}$$

其中,$\left(\frac{v^2}{(\sigma/\sigma l)^{1/2}}\right) = W_e$(韦伯数)

因此,对于完全的动力相似,F_r,R_e 和 W_e 在模型和原型中必须是相同的。然而,这是不可能的。例如我们需要弗劳德数和雷诺数相等,即:

$$n_{(v^2/\sqrt{gd}} = 1 = n_{(\frac{\rho vl}{\mu})}$$

由弗劳德数有:

$$当\ n_g = 1\ 时, n_v = n_j^{1/2} d$$

由雷诺数有:

$$n_v = \frac{n_\mu}{n_\rho n_l}$$

对于 n_v 来说这两个数式是相等的:

$$n_l n_d^{1/2} = \frac{n_\mu}{n_\rho} = n_v$$

对于大比尺的波浪模拟试验模型来说,最好是在每个地方都能准确地模拟折射和绕射,对于斯涅耳折射定律:

$$\sin\theta_1 = c_1\left(\frac{\sin\theta_2}{C_2}\right)$$

式中,θ 是波向和局部海底等高线切线之间的夹角,下标"2"表示比在"1"时较深的水的状态;C 是波速,由下式求得:

$$C = \sqrt{\frac{g}{k}\tanh kh}$$

式中,k 是波数($k = 2\pi/L$);h 是当地水深。由于波浪角度的模拟处都应满足 $n_{(\sin\theta_1/\sin\theta_2)}$。这就意味着要正确模拟折射,应有:

$$n_{(c_1/c_2)} = 1$$

即:

$$n_{\sqrt{L_1 \tanh k_1 h_1 / L_2 \tanh k_2 h_2}} = 1$$

当波速在各处仅仅是水深的函数时，在浅水中（长波模型），采用双曲线正切函数的渐近形式：

$$n_{(c_1/c_2)} = n_{\sqrt{h_1}/\sqrt{h_2}} = 1$$

因此，在浅水中不考虑长度比尺，就能够正确模拟折射。

在等深度水中，$n_{(c_1/c_2)}$是深度和波长的函数。此外，对于精确的折射比来说：

$$n_{(c_1/c_2)} = n_{\sqrt{L_1 \tanh k_1 h_1}/\sqrt{L_2 \tanh k_2 h_2}} = 1$$

若此是正确的，假定波长比 n_{L_1}，n_{L_2}是相等的，这意味着：

$$n_{(\tanh k_1 h_1)} = n_{(\tanh k_2 h_2)}$$

由波长关系式得出：

$$L = \frac{g}{2\pi} T^2 \tanh kh$$

因此，$n_{(c_1/c_2)} = 1$ 就可对折射进行模拟（T 为波浪周期）。

假定 $n_{L_1} = n_{L_2}$，它说明波长比在两处应当是相同的，可得：

$$\frac{\tanh(k_1 h_2)_m}{\tanh(k_1 h_1)_p} = \frac{\tanh(k_2 h_2)_m}{\tanh(k_2 h_2)_p}$$

或者

$$\frac{\tanh(k_1 h_2)_p \dfrac{n_d}{n_e}}{\tanh(k_1 h_1)} = \frac{\tanh(k_2 h_2)_p \dfrac{n_d}{n_e}}{\tanh(k_2 h_2)_p}$$

对于水波来说，假设弗劳德定律适用；波陡 H_0/L_0 是需要考虑的主要因素，然而这些要求正态模型。Dean 曾指出，无量纲沉降速度 V_f 对于海滩的形成是很重要的，因此，我们要求 H_0/V_fT 在模型和原型中相同。

$$n_{(H_0/V_fT)} = 1$$

或者

$$n_{v_f} = n_l^{-1/2}, n_{H_0} = n_l \text{ 时}; n_T = n_l^{1/2}$$

如果沉降速度出现在斯托克斯范围中，V_f 可由下式得出：

$$V_f = \frac{1}{18} \frac{d_{50}^2}{v} \frac{(\gamma_s - \gamma_f)}{\gamma_f}$$

式中，γ_s，γ_f 是沉积物和流体的比重；$v = \mu/\rho$，在模型试验中使用与原型中同样的泥沙和流体：

$$n_{v_f} = n_l^{1/2} = d_{50}^2$$

或

$$n_{d_{50}} = n_l^{1/4}$$

3 意义

根据弗劳德模拟准则在波浪模型中的应用,可知此准则对于研究反射和绕射的短波模型即正态模型极为重要。而海滩剖面的这种模型需要一种正态模型,通过弗劳德准则来给出波特性,泥沙模型在尺度方面比原型有点缩减。总的来看,在海岸工程研究中经常采用的两种物理模型:定床模型与动床模型。

参考文献

[1] Robert A Dalrymple. 海岸工程物理模拟介绍. 海岸工程,1996,15(1):54-58.

热带气旋的运动方程

1　背景

海气相互作用对热带气旋有着重要影响，自然界中大气的飓风与海洋中温暖的海流协同作用，不断地以共同的力量重建屡遭破坏了的平衡。在气候变冷的时期热带气旋的数量和它的强度都增加，这个情况可能与大气和海洋温差增加有关。Ситырин[1] 通过相关实验分析了海况对热带气旋的影响。

2　公式

Шулейкии 在动能平衡方程的基础上建立的单参数热带气旋模式中，着重指出了海面热量的重要作用，平衡方程为：

$$\frac{\mathrm{d}k}{\mathrm{d}t} = G - D$$

式中，G 为动能产生的速度，它与来自海面的潜热输入成比例；D 为逸散速度。在此做一些假定之后变为：

$$\mathrm{d}V_m/\mathrm{d}t = C_1 e_\omega^2 - C_2 V_m^2$$

上式描述了饱和湿度一定时热带气旋中最大风速的变化，饱和湿度依赖于海面温度 T_ω。这样，Шулейкии 模式里，热带气旋处于稳定状态时，其强度直接与海面温度有关：

$$V_m = \sqrt{C_1/C_2} \cdot e_\omega(T_\omega)$$

海洋上层与大气边界层的相互作用对不同的热带气旋有许多共同点，海洋中按混合层厚度的变化，能划分出三个特征区：A，B，C。垂直速度 ω_z、抽吸速度 ω_e 和混合层温度落差 ΔT_ω 的特征及其分量为：

$$\Delta T_1 = \int_0^{t_B} \frac{H + LE}{h_m} \mathrm{d}t$$

$$\Delta T_2 = \int_0^{t_B} \frac{(T_\omega - T_h)\omega_t}{h_m} \mathrm{d}t$$

对于 A，B，C 区域，在 $t = t_B$ 时刻计算的三种情况列于表 1。

表1　区域A,B,C中各特征值

参数	热带气旋强度大			强度高			强度中		
	A	B	C	A	B	C	A	B	C
ω_g(cm/s)	-0.09	-0.03	10^{-4}	-0.31	-0.11	10^{-3}	-1.1	-0.22	0.02
ω_e(cm/s)	0.05	0.03	0.02	0.15	0.13	0.03	1.0	0.44	0.1
ΔT_w(℃)	1.1	0.6	0.2	5.4	3.4	0.2	3.2	1.4	0.1
ΔT_1(℃)	0.2	0.1	0.1	0.5	0.4	0.1	0.2	0.1	0.1
ΔT_2(℃)	0.9	0.3	0.1	4.9	1.2	0.1	3.0	0.3	0.0

这里ΔT_1的值与混合层的冷却有关,混合层的冷却是因为向大气中散失了热量;ΔT_2是抽吸作用所致的冷却;温度差$\Delta T_\omega = \Delta T_1 - \Delta T_2$取决于混合层温度变化中热平流的贡献。

чапг 和 зптпс 研究了轴对称问题中显热通量和潜热通量减小对热带气旋强度的影响。为此,利用了热带气旋多层模式和海洋上层模式,其中抽吸速度由以下公式决定:

$$\omega_e = C_1 V_m^2 / [C_2 V_m^2 + g\alpha_T h(T_\omega - t_h)/2]$$

3　意义

根据热带气旋的运动方程,计算得到,热带气旋强度不仅与海面水温有密切关系,而且与表层水温的垂直结构有关;海况对气旋路径影响显著,气旋有向高温区涌移的趋势;海面水温变化2℃,热带气旋中最大风速变化50%;热带气旋在海面水温水平分布不均的海流上空运动时,其中心容易向海流前进方向右方偏移。

参考文献

[1]　Ситырин г г. 海况对热带气旋影响的研究. 海岸工程,1996,15(1):59-71.

海域环境的评价模型

1 背景

洋浦开发区是我国一个对外的新型经济特区,其污水处理厂工程已列入开发区总体规划之中,并作为开发区首批建设的基础工程项目之一。污水处理厂设计和建设部门迫切需要污水处理厂排海管道的长度以及各种处理方案及排海方案的环境影响方面的资料,这些都需要调查并获取排污海区海洋环境质量现状的基础研究资料。尹毅等[1]对洋浦开发区污水处理工程排污海域海洋环境现状进行了调查研究。

2 公式

利用单站单参数标准指数法。每个测站每一评价参数的标准指数 $S_{i,j}$用下式计算:

$$S_{i,j} = \frac{C_{i,j}}{C_{j,s}}$$

式中,$S_{i,j}$为 i 站评价参数 j 的标准分指数;$C_{i,j}$为 i 站评价参数 j 的测量值;$C_{j,s}$为参数的评价标准值。

另外,海水中 DO 的含量是随污染程度的增大而减小,其标准指数计算式如下:

$$S_{i,DO} = \begin{cases} |DO_f - DO_i| / DO_f - DO_s & DO_i \geqslant DO_s \\ 10 - 9DO_i/DO_s & DO_i \leqslant DO_s \end{cases}$$

式中,$S_{i,DO}$为 i 站 DO 标准指数;DO_f 为与 i 站 DO 样品相同温度、盐度条件下的饱和浓度值(mg/dm^3);DO_i 为 i 站 DO 测量值(mg/dm^3);DO_s 为 DO 的评价标准(mg/dm^3)。

3 意义

从洋浦开发区污水处理工程建设的需要出发,根据海域环境的评价模型,对排污海区海水及沉积物的环境质量现状进行了计算,拟建污水处理厂排污海区目前海水水质良好。这项调查研究为污水处理工程的设计及洋浦开发区沿海海洋环境的保护提供了基础性研究资料。

参考文献

[1] 尹毅,仲维妮,秦学祥,等. 洋浦开发区污水处理工程排污海域海洋环境现状的调查研究. 海岸工程,1996,15(1):7-11.

流体波浪的物理模型

1 背景

利用物理模型对于那些尚未描述或尚未理解的现象做定性的探求，以获得证实某些理论结果的测试依据；获取那些非常复杂至今尚不能用理论方法解决的现象的观测数据。乍看起来，实验室中的波浪模拟似乎是容易实现的，但事实上是比较难操作的。Svendsen[1]先评论了造波机的基本原理，又对波浪模拟的流体力学问题进行了讨论，以此来分析波浪的物理模型。

2 公式

对任意的恒定深度上小振幅自由表面波的生成进行分析应归功于 Havelock，其研究结果被 Biesel 和 Suquet 多次使用。这一理论适用于用挠性桨叶产生的波浪，该挠性桨叶以一个对垂直坐标可任意变化的振幅 $\xi(z)$ 相对于一个平衡位置做水平振荡。

这个线性化问题就速度势 φ 来说可用拉普拉斯方程来描述（图 1）。

$$\varphi_{xx} + \varphi_{zz} = 0$$

其边界条件（在自由表面处被线性化）为：

在 $x=0$ 处，$\varphi_z=0$；

在 $x=h$ 处，$\varphi_0+g\varphi_z=0$；

在 $x=0$ 处，$\varphi_x=\xi_x$。

再加上一个在无穷远处的辐射条件。

假定活板运动随时间的变化可用下式描述：

$$\xi_{(z,t)} = \xi(z)e^{i\omega t}$$

这里 $\omega=2\pi/T$，是波频；T 是周期。

于是，就可以对 φ 用一个级数表达式来求解：

$$\varphi(x,z,t) = e^{i\omega t}\sum_{n=0}^{\infty}X_n(x)Z_n(z)$$

它的解可由下述两项之和构成：

$$\varphi(x,z,t) = \frac{\omega}{k}c_0\cosh kz\sin(\omega t - kx) +$$

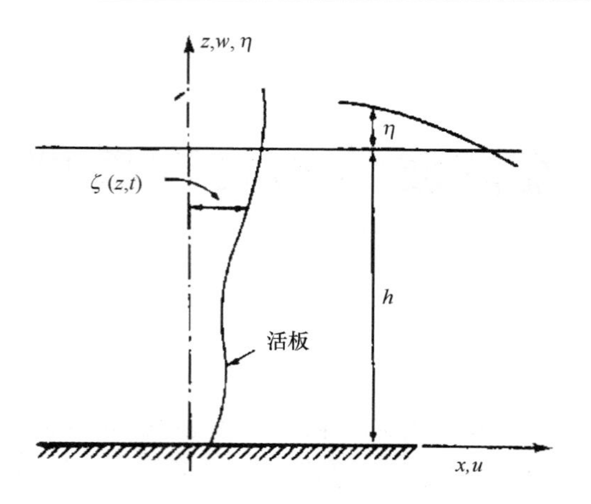

图1　造波机理论定义示意图

$$\sum_{n=1}^{\infty} c_n \frac{\omega}{k_n} \cos(k_n z) e^{-k_n x} \cos\omega t$$

式中,k 是产生的波浪的波数,由下式的解来确定 k 值:

$$\omega^2 = gk\tanh kh$$

同样确定 k_n 值:

$$\omega^2 = -gk_n \tan k_n h$$

c_0 和 c_n 是展开系数,分别由下式给出:

$$c_0 = 4k \frac{\int_0^k \xi(z)\cosh kz \mathrm{d}z}{\sinh 2kh + 2kh}$$

$$c_m = 4k_n \frac{\int_0^k \xi(z)\cosh(k_n z)\mathrm{d}z}{\sinh 2k_n k + 2k_n h}$$

只要有了 φ 的解,那么就可大体上知道每个参数。因此,可很容易地把“水面变化” $\eta(x,t)$ 确定为:

$$\eta(x,t) = \frac{1}{g}\varphi_t(x,h,t)$$

同时,作用在造波机上的压力 $P^+(z,t)$ 可表为:

$$P^+(z,t) = -\rho\varphi_t(0,z,t)$$

对于一个给定长度的滩面来说,要使它能够最有效地耗散波浪能量,就必须在所有点上使 $L_X L/h$ 都同样小。换句话说,就是应使用具有下述参数的滩面:

$$\frac{L_X L}{h} = 常数$$

对线性长波来说,我们得到:

$$h(x) = ax^2$$

图 2 示出了所讨论的特定波浪槽的结果。从中可以得出的第一个结论是：尽管弥散现象相当明显，但是波浪的衰减仍可用层流衰减法来很好地估测，该法由 Hunt 给出：

$$\frac{\mathrm{d}H/\mathrm{d}x}{H} = \frac{-2k}{h}\frac{\sqrt{\gamma}}{\sqrt{2\omega}}(1+G)^{-1}\left(G+2\frac{h}{b}\right)$$

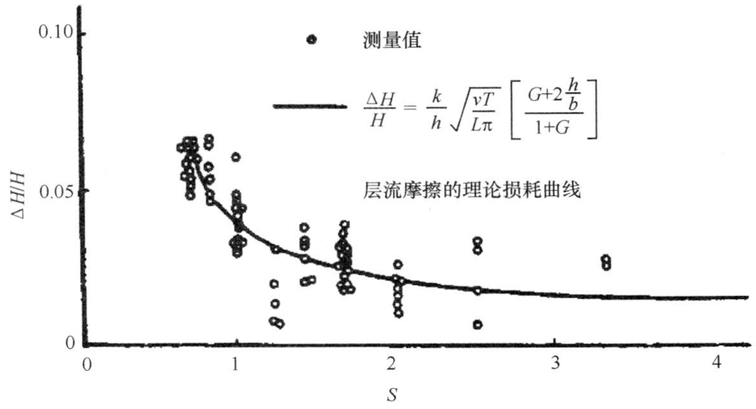

图 2　在一个深 36 cm，宽 60 cm 的波浪槽中波高衰减的测量值

实线表示层流衰减

在考虑到“二阶”的情况下，使用正弦造波机在水槽中造波时，波浪运动由下述成分组成：

$$\eta = a_{1S}\cos(\omega t - k_1 x) + a_{2S}\cos 2(\omega t - k_1 x) + a_{2F}\cos(2\omega t - k_{2F}x + a)$$

式中第一项是一阶斯托克斯分量；第二项是二阶斯托克斯分量，这个分量以与一次斯托克斯分量，也就是基波分量具有相同的传播速度，即遵循下述关系式：

$$\omega^2 - gk_1\tanh k_1 h = C$$

最后一项是自由二阶波分量，该分量按照下式以自由波的形式进行传播：

$$(2\omega)^2 - gk_{2F}\tanh k_{2F}h = 0$$

理论和测量结果都表明了在许多情况下 a_{2F} 具有与 a_{2S} 相同的数量级。

在原则上，椭圆余弦波造波机理论可以根据上面介绍的非线性理论获得长足的发展，并且已由 Goring 和 Raichlen 的研究提出了为了达到这一目的所使用的方法。不过，他们的方法是比较一般的，因为这一方法只用“深度平均质点速度”计算正运的活塞式造波机，该速度为：

$$\bar{u}(\xi,t) = \frac{\mathrm{d}\xi}{\mathrm{d}t}$$

式中，$\xi(t)$ 是活塞的位置。

对于波形恒定不变的波浪来说，$\bar{u}$ 的值为：

$$\bar{u} = c\left(\frac{\eta(x,t)}{h + \eta(x,t)}\right)$$

根据上式可得一解析式，根据此式就可确定任何指定的活塞运动位置 $\xi(t)$。得到了并不太失准的近似表达式：

$$\xi(t) = \frac{1}{kh}\int_0^{\theta}\eta(\omega)\mathrm{d}\omega$$

其中，

$$\theta = k[ct - \xi(t)]$$

Goring 和 Raichlen 对生成的椭圆余弦波的表面变化进行了测量，所得的结果与理论波形吻合得极好，即使对具有下述参数的波浪也是如此：

$$T\sqrt{g/h} = 40$$
$$U = 1229$$

3 意义

根据流体波浪的物理模型，介绍了常用的实验室造波机原理，在原理上活塞运动能产生深水波，即在离造波机适度的距离上就觉察不到任何“一阶扰动”。此外还讨论了波浪模拟的流体力学问题，对具有中等波幅的长波来说，由这一机制所产生的波浪开始时基本上是线性的，超过了某一距离后非线性效应才变得明显起来。由于振荡一般是弱激励的谐振现象，使用吸波屏一般能获得比较满意的结果。

参考文献

[1] Svendsen I A. 波浪的物理模型．海岸工程，1996，15(2)：76－90.

风暴浪的冲刷模型

1 背景

海岸和海底侵蚀是指在海洋动力作用下,海岸水边线后退及海底泥沙的冲淤过程。岸滩侵蚀强度及速度与岸滩地貌特征及沉积物类型有关,主要取决于浪、潮、流的作用。在浅海区,海底地形和海岸形状是浪、潮、流等海洋动力过程的重要边界条件,对浪、潮、流等海洋动力过程有着极其强烈的影响。李陆平等[1]通过采用浅水海浪数值计算模式,即 HISWA 模式,研究在风暴浪作用下埕岛油田海域波浪参数随空间、时间的变化,探讨风暴浪入侵后果及波参数与海底和岸滩泥沙的冲刷关系,预测未来埕岛油田海域在风暴浪作用下的陆海演化趋势。

2 公式

HISWA 模式是考虑任意流影响的浅水平稳海浪数值计算模式。在缺少流的情况下,海浪模式一般基于能量平衡方程,谱密度 E 为绝对频率 ω,波向 θ,空间位置 x,y 和时间 t 的函数。但在有流的情况下,波动量密度(action density)A 成为关键的模拟参数。波动量密度 A 定义为:

$$A(\omega,\theta;x,y,t) = E(\omega,\theta;x,y,t)/\sigma$$

其中相对频率 σ 定义为:

$$\sigma = \omega - \vec{K}\cdot\vec{V}$$

式中,$\vec{K}$ 为波数矢量;$\vec{V}$ 为流速矢量。在欧拉坐标系中,波动量平衡方程(action balanceequation)代替了常用的能量平衡方程,可表示为:

$$\frac{\partial A}{\partial t} + \frac{\partial}{\partial x}(C_x A) + \frac{\partial}{\partial y}(C_y A) + \frac{\partial}{\partial \theta}(C_\theta A) + \frac{\partial}{\partial \omega}(C_\omega A) = T$$

式中,$\frac{\partial A}{\partial t}$为波动量的局部变化率;$C_x,C_y$ 为波动量在 x,y 分量上的传播速度;$\vec{C}_g = \frac{\partial \sigma}{\partial K}\cdot\frac{\vec{K}}{K}+\vec{V}$ 即群速度的分量;C_θ 表示折射影响;C_ω 表示波动量在传播介质中由于时间变化诱导的在频率范围内的推移;T 为波动量源函数项。因 HISWA 模式为平稳模式,故上式化为:

$$\frac{\partial}{\partial x}(C_x A) + \frac{\partial}{\partial y}(C_y A) + \frac{\partial}{\partial \theta}(C_\theta A) = T$$

Holthuijsen 等基于方程,通过求波动量密度在频率范围内的零阶矩和一阶矩,将波动量平衡方程化为两个参数方程:

$$\frac{\partial}{\partial x}(C_{0x1}A_0) + \frac{\partial}{\partial y}(C_{0y1}A_0) + \frac{\partial}{\partial \theta}(C_{0\theta 1}A_0) = T_0$$

$$\frac{\partial}{\partial x}(C_{0x2}A_1) + \frac{\partial}{\partial y}(C_{0y2}A_1) + \frac{\partial}{\partial \theta}(C_{0\theta 2}A_1) = T_1$$

其中,$A_n(\theta) = \int_0^{\infty} \omega^n A(\omega,\theta)\mathrm{d}\omega$,表示波动量密度谱的 n 阶矩。C_{0x1},C_{0y1},$C_{0\theta 1}$ 以及 C_{0x2},C_{0y2},$C_{0\theta 2}$ 分别表示 A_0 和 A_2 通过 x,y,θ 空间的传播速度,T_0 和 T_1 为 A_0 和 A_1 参量化的源函数项。

HISWA 模式输出的波参数如下。

有效波高:

$$H_s = 4\sqrt{\int \sigma A \mathrm{d}\theta}$$

平均周期:

$$T = \frac{2\pi}{[Cf_{ne}]} \cdot \frac{\int \frac{A}{\omega}\mathrm{d}\theta}{\int A \mathrm{d}\theta}$$

式中,Cf_{ne}为能谱平均频率与波动量谱平均频率之比,其大小取决于谱形。

平均波向:

$$\theta = \mathrm{arctg}\left(\frac{b_1}{a_1}\right)$$

其中,$a_1 = \int \sigma A \cos\theta \mathrm{d}\theta$,$b_1 = \int \sigma A \sin\theta \mathrm{d}\theta$,为方向分布函数傅氏级数第一组系数。

方向分布宽度:

$$DSPR = \sqrt{2 - 2\frac{\sqrt{a_1^2 + b_1^2}}{m_0^2}},\ m_0 = \int \sigma A \mathrm{d}\theta$$

底摩擦耗散:

$$S(\theta) = -\tau[C_{f\omega}U_{bot} + C_{fc}U_{cur}]E(\theta)$$

式中,$C_{f\omega}$,C_{fc}分别为海底水质点轨道速度 U_{bot} 和流速 U_{cur} 的摩擦系数;τ 为剪切应力;E 为波谱。

波诱导的海底水质点轨道速度最大值的均方根值为:

$$U_{bot} = \sqrt{2\int \frac{A\sigma^3}{[\sinh(kd)]^2}\mathrm{d}\theta}$$

由辐射应力导致的波的驱动力为：

$$F_x = -\left[\frac{\partial S_{xx}}{\partial x} + \frac{\partial S_{xy}}{\partial y}\right]$$

$$F_y = -\left[\frac{\partial S_{xy}}{\partial x} + \frac{\partial S_{yy}}{\partial y}\right]$$

其中，辐射应力为：

$$S_{xx} = \int \rho g[n\cos^2\theta + (n-1)/2]\sigma A \mathrm{d}\theta$$

$$S_{xy} = \int \rho g n \sin\theta \cdot \cos\theta \sigma A \mathrm{d}\theta$$

$$S_{yy} = \int \rho g[n\sin^2\theta + (n-1)/2]\sigma A \mathrm{d}\theta$$

$$n = \frac{c_n k}{\omega}\text{（群速与相速之比）}$$

波长为：

$$L = 2\pi \frac{\int \frac{A}{K}\mathrm{d}\theta}{\int A \mathrm{d}\theta}$$

波陡：

$$Steep = \frac{H_s}{L}$$

3 意义

对1993年埕岛油田海域测深资料的分析，采用浅水海浪数值计算模式（HISWA模式），研究风暴浪对该海域海底冲刷和岸滩侵蚀的影响；分析了海底冲刷机理，提出了采用数值模式预测海底冲刷的方法。此外，采用迭代的方法可获得有关浪流相互耦合的浪流参数，这种参数对研究该海域海底冲刷将会提供更加合理可靠的情报。

参考文献

[1] 李陆平，孔祥德，廖启煜．风暴浪对埕岛油田海域海底冲刷的影响．海岸工程，1996，15(2)：1－8.

混合层的涡动能量方程

1 背景

无维函数和常系数的确定,需要理论与实验的结合。同时在不存在通过海面热通量的大洋上,上准均匀层(BKC)中涡动能的确定需要引入多种方程。Гарнич 和 Китайгоролский[1]通过实验分析对海洋上准均匀层纯风混合加深理论进行了阐述。

2 公式

在不存在通过海面热通量的大洋上,当上准均匀层(BKC)中涡动能量平衡方程闭合,即:

$$\frac{\mathrm{d}D}{\mathrm{d}t}\left[\frac{g\beta\Delta\theta D}{2}+b\right]=M_0+\Pi_D+\Pi_h-\varepsilon D$$

此时,对于积分耗散 εD 可用如下表达式:

$$\varepsilon D=\left[(1-\Phi_1 Ri_t)(M_0+\Pi_D)+(1+\Phi_2)\right]\Pi_h$$

式中,Φ_1 和 Φ_2 由理论结果与实验室资料的比较确定的;D 为上准均匀层的厚度(z 轴向下);$g\beta$ 为浮力参量;$\Delta\theta>0$ 为涡动吸收层(CTB)温度降低;M_0 反映风浪翻倒效应所引起的通过海面的涡动能通量;Π_D 为涡动能向上准均匀层中的传递额,在一级近似的情况下,可按文献[2]中的公式确定:

$$\Pi_D=\Pi_\delta=-\int_0^\delta u_t^2\frac{\partial U}{\partial z}\mathrm{d}z=u_t^2(U_0-U)\approx ku_t^3$$

式中,δ 为海水的表皮层($\delta/D\ll 1$);在该层中,摩擦应力为常数且等于 u_t;k 为常数;Π_h 按文献[2]中的公式确定:

$$\Pi_h=\frac{1}{2}(U^2+V^2)\frac{\mathrm{d}D}{\mathrm{d}t}=\frac{U_t^4(1-\cos\Omega t)}{\Omega^2D^2}\frac{\mathrm{d}D}{\mathrm{d}t}$$

式中,$\Omega=2\omega_3\sin\varphi$ 为柯氏参量;U,V 为速度的水平分量(U 指向与风向吻合的 x 轴)。

在以上4式中,ε,b,U,V 分别为这些量在上准均匀层中的平均值;U,V 随着层 $\delta\leqslant z\leqslant D$ 的深度被当做常数,因此无论是厚度为 $h\leqslant D$ 涡动吸收层,还是厚度为 $\delta\leqslant D$ 的摩擦层,均反映出速度的跃变。应指出,像 εD 一样,涡动能通量 M_0,Π_D,Π_h,同样可以用海水的标准密度来规定。这种规定也适用于雷诺应力和涡动能 b。Φ_1,Φ_2 与之有关的里查松积分数 Ri_t，确定于下式：

$$Ri_t = g\beta\Delta\theta D G_\delta^{-2/3}$$

$$G_\delta = M_0 + \Pi_\delta = M_0 + ku_T^3$$

即 $G_\delta^{1/2}$ 为速度的特征尺度。

在假定上准均匀层中等温、不存在通过海面的热通量以及温度梯度为常数，$\frac{\partial\theta}{\partial z} = -\gamma$，下面（即涡动吸收层以下）的温度飞跃为 $\Delta\theta$ 时，热传导方程的积分有：

$$\Delta\theta D = \Delta\theta(0)D(0) + \gamma[D^2 - D^2(0)]/2$$

式中，$f(0)$ 为 $t=0$ 时欲求函数的值，上述的等式可以改写为：

$$Ri_t = Ri_t(0) + Ri_\gamma - Ri_\gamma(0)$$

其中，

$$Ri_\gamma = N^2D^2/2G_\delta^{2/3}, N^2 = g\beta\gamma$$

假定函数 $\Phi_1(Ri_t)$，$\Phi_2(Ri_t)$，$b/G_\delta^{\frac{2}{3}} = c_0(Ri_t)$ 为已知，则在 G_δ,γ,u_0 给定的情况下，以上各式成为闭合方程组。初始条件一般与 $\Delta\theta(0)$，$D(0)$，$V(0)$ 有关，当 $D(0)=0$ 时，可得：

$$Ri_t = Ri_\gamma$$

在更一般的情况中有：

$$Ri_t(0) = Ri_\gamma(0)$$

这也是正确的。并可以得到：

$$Ri_t = Ri_t(0)\xi^2$$

$$Ri_t(0) = g\beta\Delta\theta(0)D(0)G_\delta^{-2/3}$$

相反，当 $\gamma=0$ 时，则有：

$$Ri_t = const = Ri_t(0)$$

Φ_1 和 Φ_2 表达式取为：

$$\Phi_1 = k_1(1 + k_2Ri_t)^{-1/2}$$

$$\Phi_2 = k_3(1 + k_4Ri_t)^{-1}$$

式中，$k_1 \sim k_4$ 为无维常系数，上式的应用将保证无论是双层流体还是层化流体的近似解推得的上准均匀层加深速度的结论符合于实验室试验的资料。

作为速度的基本尺度，引入量 u_0，因为通常在分析大洋中的风混合时，使我们最感兴趣的是 $u_0 \neq 0$ 时的情况。这种规格化方法的某些优点在下面将明显看出。此时，将公式引入无维量：

$$\xi = \frac{D}{D(0)},\ \eta = \frac{u_t t}{D(0)},\ \tilde{c}_0 = \frac{b}{u_t^2} = const$$

$$c_t = u_t^4/C_\delta^{\frac{4}{3}},\ \tilde{R}i_t = g\beta\Delta\theta D/u_t^2$$

将各式归结为对于$\xi(\eta)$的一个方程：

$$\frac{d\xi}{d\eta}\left[\frac{1}{2}\tilde{R}i_t+\tilde{c}_0-\frac{1-\cos\Omega_t\eta}{\Omega_u^2\xi^2}\tilde{\Phi}_2\right]=\tilde{\Phi}_1$$

其中$\Omega_u=\Omega D(0)/u$，而$\tilde{\Phi}_1$和$\tilde{\Phi}_2$为：

$$\tilde{\Phi}_1=c_t^{-3/4}\Phi_1=c_t^{-3/4}k_1(1+k_2c_t^{1/2}\tilde{R}i_t)^{-1/2}$$

$$\tilde{\Phi}_2=\Phi_2=k_3(1+k_4c_t^{1/2}\tilde{R}i_t)^{-1}$$

已知Ri_u，$\tilde{\Phi}_1$，$\tilde{\Phi}_2$与时间无关，并且在$\Omega t\ll 1$及$\eta=1$情况下的初始条件$\xi=1$时，则有：

$$\frac{\xi}{\eta}=\tilde{\Phi}_1(s+1)\Psi(s,\xi)/(\tilde{R}i_t+2\tilde{c}_0)$$

此处表达式：

$$\Psi=\left[\xi^2+\frac{s-1}{s+1}\right]/(\xi^3-1)$$

s由下式确定：

$$s=[(\tilde{R}_{i_t}+2\tilde{c}_0)\tilde{\Phi}_2\tilde{\Phi}_1^{-2}+1]^{1/2}$$

得出吸收的无维速度$u_c/u_0=dD/dtu_0=d\xi/d\eta$及其与$Ri_u$和$\xi$的关系式：

$$\frac{d\xi}{d\eta}=\tilde{\Phi}_1\varphi(\xi,s)/(\tilde{R}i_t+2\tilde{c}_0)$$

其中，

$$\varphi(\xi,s)=[(s+1)\xi^2+s-1]^2/[(s+1)\xi^{2s}+2(s^2-1)\xi^2+1-s]$$

当$\xi\to 1$时，量$\varphi(\xi,s)\to 2$，则吸收速度等于：

$$\frac{u_e^{(1)}}{u_t}=2\tilde{\Phi}_1/(\tilde{R}_{i_t}+2\tilde{c}_0)$$

将上式引入新的无维量：

$$\lambda=u_tM_0^{-1/2}=c_t^{1/4}u_t/u_0$$

$$\mu=\lambda^2D/l$$

$$c_M=bM_0^{-2/3}=\tilde{c}_0c_t^{1/2}$$

式中，u_t，l是速度脉动水平分量的均方和上准均匀层下界附近涡动性积分尺度的均方。

且有：

$$\tilde{\omega}_e=u_e^{(1)}u_t^{-1}=2k_1[\lambda(1+k_2\mu Ri_t)^{1/2}(\mu R_{it}+2cm)]^{-1}$$

其中，$Ri_t=g\beta\Delta\theta l_tu_t^2$。此数广泛地应用于解释实验室的试验结果。当$Ri_t\gg\{2c_M/\mu,(k_2\mu)^{-1}\}$时，则有：

$$\tilde{\omega}_e=2k_1[(k_2\mu)^{1/2}\lambda\mu]^{-1}Ri_t^{-3/2}$$

与Turner的经验关系：

$$\tilde{\omega}_e=c_TRi_t^{-3/2}$$

式中，c_T为对于足够大的派克里数为无维常数，比较后，得到：

$$2k_1 = c_T(k_2\mu)^{1/2}\lambda\mu$$

简化得:

$$\widetilde{\omega}_e = c_T\mu(k_2\mu)^{\frac{1}{2}}(1 + k_2\mu Ri_t)^{-\frac{1}{2}}(\mu Ri_t + 2c_M)^{-1}$$

最后,假如把 λ,μ 和 c_M 当作常数,则按下式将其引入新的常量:

$$\tilde{x} = k_2\mu,\ \tilde{y} = 2c_M/\mu$$

解出 $\tilde{y}$,可以得到:

$$\tilde{y} = \left(\frac{\tilde{x}}{1 + xRi_t}\right)^{1/2}\frac{c_T}{\omega_e(Ri_t)} - Ri_t$$

对于 $\omega_e(Ri_t)$ 的最终表达式取下面的形式:

$$\widetilde{\omega}_e(Ri_t) = c_T\tilde{x}_1^{\frac{3}{2}}(1 + \tilde{x}_1Ri_t)^{-3/2}$$

系数 k_2 的表达式为:

$$k_2 = (2c_M)^{-1} = [2\tilde{c}_0c_t^{1/2}]^{-1}$$

$$k_1 = 1.24c_M^{3/2} = 1.24\tilde{c}_0^{3/2}c_t^{3/4}$$

$$\widetilde{\Phi}_1 = 1.75\tilde{c}_0^2(\tilde{R}i_t + 2\tilde{c}_0)^{-1/2}$$

对于吸收的无维速度$\frac{d\xi}{d\eta}$,得到:

$$\frac{d\xi}{d\eta} = \widetilde{\Phi}_1(s + 1)/(\tilde{R}i_t + 2\tilde{c}_0)$$

导出与 $\widetilde{\Phi}_1$ 无关的吸收速度 $u_e^{(2)}$ 的表达式:

$$\frac{u_e^{(2)}}{u_t} = [\widetilde{\Phi}_2/(\tilde{R}i_t + 2\tilde{c}_0)]^{1/2}$$

假若 $\tilde{R}i_t \gg \{2\tilde{c}_0k_4^{-1}c_t^{-1/2}\}$,则得:

$$\frac{u_e^{(2)}}{u_t} = (k_3/k_4c_t^{1/2})^{1/2}Ri_t^{-1}$$

可以逼近关系式 $u_e/u_t \approx \tilde{R}i_t^{-1}$ 进行比较,得到估计值:

$$\frac{k_3}{k_5} = \frac{k_3}{k_4c_{t1}} \sim 70$$

当 $\tilde{R}i_t \approx 10^2$ 时,u_e/u_t 向 Ri_t^{-1} 过渡。而量 $k_4c_{t1}^{1/2}\tilde{r}i_t$ 应接近于1,因此:

$$k_5 = k_4c_{t1} \approx 10^{-2}$$

涡动吸收层中涡动能量无维量 $\Pi_h/u_t^3(\Omega_t \ll 1)$ 的表达式:

$$\frac{\Pi_h}{u_t^3} = \left(\frac{\eta^2}{2\xi^2}\right)d\xi/d\eta$$

此时,对于双层流体给出:

$$\frac{\eta^2}{\xi^2} \approx \tilde{R}i_t/\widetilde{\Phi}_2$$

$$\widetilde{\Phi}_2 \approx \left(\frac{k_3}{k_5}\right)\tilde{R}i_t^{-1}$$

而对于$\gamma \neq 0$的层化流体,有:

$$\xi^3 = (k_3/k_4 c_{t1}^{1/2})^{1/2} Ri_t^{-1}(0) n$$

当$\widetilde{\Phi}_1 = 0$时,得上准均匀层深度的最大值D_t,对应于$\Omega_t = \pi$,而且:

$$D_t \approx \left(\frac{16k_3}{k_5}\right)^{1/5} \frac{u_t}{(N^2\Omega)^{1/3}} \approx \frac{3u_t}{(N^2\Omega)^{1/3}}$$

最后的表达式可以得公式:

$$D_u^{(2)} \approx \frac{u_t}{(N\Omega^2)^{1/3}} = \frac{D_t}{3}\left(\frac{N}{\Omega}\right)^{1/3}$$

3 意义

根据混合层的涡动能量方程,基于积分上混合层涡动能平衡参数化方法,发展了旋转层化流体中上涡动层加深的理论。当确定无维函数和常系数时,对理论结果与混合过程的实验室模拟的比较给予了很大关注。当不存在通过海面的热通量时,风混合的平衡深度由涡动能平衡闭合的假定来求得,大多函数应该在实验室里或用现场试验来确定。

参考文献

[1] Гарнич Н Г,Китайгоролский С А. 海洋上准均匀层纯风混合加深理论. 海岸工程,1996,15(2):66－75.

[2] Гарнич Н Г,Китайгоролский С А О. скорости эаглубления кнаэнодюродюслон. Иаи. АН СССР. ФАО.,1977,13(12).

藻类的光导纤维模型

1 背景

荧光技术能够在现场进行测量,也可以远距离对浮游植物分布进行检测。进行现场测量时既可以使用装有水样品的实验室荧光计,也可以使用一种带有激发光源和检测器的可潜入水中的走航式荧光计,但是各有优缺点。Terje Lund[1]介绍了一种以纤维光导为基础的简单荧光计,光导纤维束以及与其连接在一起的反射器是为激发光和荧光收集提供的实际装置。

2 公式

密集的柱状光导纤维束的填充因子 F 被定义为:

$$F = \frac{\pi}{2\sqrt{3}}\left(\frac{d_{core}}{d_{clad}}\right)^2$$

式中,d_{cord}和 d_{clad}分别是芯子和光导纤维包层的直径。

进入到光导纤维束的各向同性光源的最大耦合(假定无后向反射器)是:

$$k_3 = F\sin^2\frac{\alpha}{4}$$

α 是由下式给出的:

$$\tan\frac{\alpha}{2} = \frac{d_e}{d_s}\tan\frac{\theta}{2}$$

式中,d_e 和 d_s 分别是激发光导纤维和光源的直径。

出现在激发光导纤维束末端的光子数量是:

$$n_e(0) = n_s \cdot k_s \cdot T_e$$

式中,n_s 是滤光片光谱带内光源的光子总数;T_e 为光源通过滤光片和光导纤维时的损耗,一般说来与波长有关。

激发光通过总半径为 r 的激发光导纤维束,以最大角度 $\pm\frac{\theta}{2}$辐射到水中。这个角度由下列公式得出:

$$\sin\frac{\theta'}{2} = \frac{NA}{n_{\omega}}$$

离光导纤维束的距离为 z、以光子数表示的激发能量为:

$$n_e = n_e(0) \cdot e^{-\beta_e z}$$

式中,β_e 是激发光波长的总衰减系数,它是藻类吸收系数 α_a 和其他吸收及散射机制引起的衰减系数的总和。在一个单元 Δz 的部分吸收能量 Δn_e 转化为带有量子效率 q 的各向同性荧光 Δn_f。

$$\Delta n_f = n_e q(1 - e^{-\alpha_n \cdot \Delta z}) \approx n_e(0)\alpha_a \cdot q \cdot \Delta z \cdot e^{-\beta_e z}$$

在 Δz 层范围内积分,考虑到发射余弦以及在光导纤维束的有效心线面积内求和,给出公式:

$$\Delta n_r = \frac{\Delta n_f \cdot \pi r^2 \cdot F_f}{(r + z\tan\frac{\theta}{2})^2}\int_0^{z\tan\frac{\theta}{2}} \frac{z^2}{z^2 + x^2} \cdot \frac{2\pi x \mathrm{d}x}{4\pi(z^2 + x^2)} \cdot e^{-\beta_f z}$$

$$\Delta n_r = \frac{\Delta n_f \cdot r^2 \cdot \sin^2\frac{\theta}{2} \cdot F_f \cdot e^{-\beta_f z}}{4(r + z\tan\frac{\theta}{2})^2}$$

式中,β_f 是在荧光波长上的总衰减系数;r 是全部(激发光和荧光)光导纤维束的半径;F_f 是荧光光导纤维束的心线填充系数,它和荧光纤维数 N_f 与光导纤维束的纤维总数 N 之比有关。假定荧光与激发光的纤维数是相同的,则填充系数 F_f 可用下式表示:

$$F_f = F \cdot N_f/N$$

使用小口径的光导纤维(即 $\tan\frac{\theta'}{2} \approx \sin\frac{\theta'}{2}$),可以写出被光导纤维束收集能量的公式:

$$\Delta n_r = \frac{1}{4}\Delta n_f \cdot F_f \frac{r^2\sin^2\frac{\theta'}{2}}{(r + z\sin\frac{\theta'}{2})^2} \cdot e^{-\beta_f z}$$

由上式可得:

$$n_r = \frac{1}{4}n_e(0) \cdot q \cdot \alpha_a \cdot r^2 \cdot F_f\int_0^{\infty} \frac{e^{-(\beta_e+\beta_f)z}}{\left(\frac{r}{\sin\frac{\theta'}{2}} + z\right)^2}\mathrm{d}z$$

在水中的衰减很小时,即:

$$(\beta_e + \beta_f) \cdot \frac{r}{\sin\frac{\theta'}{2}} \ll 1$$

可得：

$$n_r = \frac{1}{4} n_e(0) \cdot q \cdot \alpha_a \cdot \sin\frac{\theta'}{2} \cdot F_f$$

引入在光导纤维和包括滤光片光的接收器中的传输系数 T_f，就可以将检测到的光子数公式写为：

$$n_d = \frac{1}{4} n_s \sin^2\frac{\alpha}{4} \cdot \sin\frac{\theta'}{2} \cdot r \cdot F^2 \cdot \frac{N_f}{N} \cdot q \cdot \alpha_a$$

再假定在水中的衰减是很低的，即$(\beta_e + \beta_f) \cdot 1 \ll 1$，则被检测的荧光电子数 n_d 为：

$$n_d = n_e(0) \cdot q \cdot \alpha_a \cdot l \cdot \sin^2\frac{\theta'}{4} \cdot F_f \cdot k \cdot T_f$$

式中，k 是一个小于 1 的系数，它包括一个非理想的反射器的效应。

到达检测器的所有光量子数 n_d 为：

$$n_d = n_s \sin^2\frac{\alpha}{4} \cdot \sin^2\frac{\theta'}{4} \cdot F^2 \frac{N_f}{N} \cdot k \cdot T_e \cdot T_f \cdot q \cdot \alpha_a \cdot l$$

如果假定一个小数值口径的光导纤维（即 $NA = \sin\frac{\theta}{2} \approx \frac{\theta}{2}$）、相同的光源和纤维束的直径以及相同的纤维和对激发荧光聚焦的纤维数目，表达式简化为：

$$n_d \approx \frac{1}{64} n_s \frac{d^2}{d_s^2} \cdot NA^3 \frac{1}{n_\omega^2} \cdot F^2 \cdot k \cdot T \cdot q \cdot \alpha_a \cdot l$$

式中，$d = 2r$ 是所有纤维束的直径，并且二路传输系数 T 包括所有在光纤维、滤光片以及其他光学系统中的吸收和反射衰减（$T = T_e \cdot T_f$）。

当不使用反射圆柱体时，与 n_d 对应的表达式得到：

$$n_d \approx \frac{1}{64} n_s \frac{d^2}{d_s^2} NA^3 \cdot \frac{1}{n_\omega} \cdot F^2 \cdot T \cdot q \cdot \alpha_a \cdot r$$

为了定量估算，使用下列关系式：

$$q \cdot \alpha_a = \sigma_f \cdot N$$

式中，σ_f 是叶绿素 a 荧光激发的分子横截面，而 N 是在藻类中叶绿素 a 分子的数量密度。

用波长在 420 nm 范围内的光进行激发，σ_f 的典型值为 $0.4 \times 10^{-21}\ m^2$。

$$\sigma_f(420) \cdot N = 2.7 \times 10^{-4} C(m^{-1})$$

C 的单位为 mg/m^3。

3 意义

人们一直在寻求和研制现场探测海洋中各种无机及有机悬浮物质的方法和仪器，光导纤维荧光计是较为先进与实用的。仪器的激发光以及从海洋中藻类叶绿素发出的荧光都是沿着光导纤维束传播的,而且可以根据检测藻类的需要随时更换激发光波长。这种技术还适用于其他天然荧光物质的现场检测,也可用于一般工业的荧光测量。

参考文献

[1] Terje Lund. 检测与测绘藻类的光导纤维荧光计. 海岸工程,1996,15(2):58-65.

土壤盐碱化的层化模型

1 背景

水的作用主要表现在三个方面,即生活用水、工业用水和农业用水。在这三个方面,盐度具有重要的意义,寻求一种监测水质的科学方法便显得尤为重要。盐度和水淹问题因使土壤盐碱化而影响了印度沿海地区和印度恒河平原的种植业。Singh 和 Srivastav[1] 对采用微波辐射计监测盐渍区、水淹区的可行性进行了研究,利用能够代表这些地区的层化模型进行数值计算,研究微波辐射计的微波遥感响应特性。

2 公式

平行极化的电磁波垂直入射在地球表面的情况,表面阻抗由以下关系式给出:

$$Z_1 = \frac{\gamma_1[Z_2 + \gamma_1 \tanh(u_1 d_1)]}{[\gamma_1 + Z_2 \tanh(u_1 d_1)]}$$

$$Z_2 = \frac{\gamma_2[Z_3 + \gamma_2 \tanh(u_2 d_2)]}{[\gamma_2 + Z_3 \tanh(u_2 d_2)]}$$

$$Z_{n-1} = \frac{\gamma_{n-1}[Z_n + \gamma_{n-1} \tanh(u_{n-1} d_{n-1})]}{[\gamma_{n-1} + Z_n \tanh(u_{n-1} d_{n-1})]}$$

$$Z_n = \gamma_n = (-\omega^2 \varepsilon_r^n \varepsilon_0 \mu_n)^{1/2}$$

式中,Z_i 是第 i 个分界面的阻抗;Z_n 是底层的面阻抗;ε_r^n 是表面和表面下物质的复介电常数;ε'_r 和 ε_r^n 是复介电常数(ε_r^n)的实部与虚部;ε_0 是自由空间的介电常数;μ 是表面和表面下的介质的磁导率;$\omega=2\pi f$,这里 f 是电磁信号的频率;d_i 是第 i 层的厚度,而 $u_i=(\gamma_0^2-\gamma_i^2)^{1/2}$。

层化地球表面的反射率由下式给出:

$$r = |R|^2 = |(Z_1 - Z_0)/(Z_1 + Z_0)|^2$$

式中,Z_0 是空气的阻抗。用辐射计在海岸测得的亮度温度 T_B 为:

$$T_B = eT_S$$

式中,e 是表面发射率;T_S 是海岸地区的表面温度。

3 意义

根据土壤盐碱化的层化模型,能够反映水淹区和盐渍区特性,进行了亮度温度的数值计算,来研究采用微波辐射计进行这种工作的可行性。亮度温度的特性可以显示出水淹区和盐渍区的特征值。为了能对全球尺寸盐渍区和水淹区进行监测,有人建议应该研制具有更小尺寸的天线和工作在0.1~1.5GHz频率范围的星载辐射计。

参考文献

[1] Singh R P,Srivastav S K. 利用微波辐射计对水淹区和盐渍化土壤制图. 海岸工程,1996,15(2):52-57.

海洋水文的要素模型

1 背景

所谓海洋活动层是指从海面到其下温度年变化实际上不再明显的深度之间的水层。现代研究大洋上层热状况方法的发展未能排除解决关于预报水温垂直分布问题的必要性。在许多著作中，曾指出大洋活动层中水温垂直分布不仅在时间上，而且在空间上都有重大变化。徐伯昌[1,2]通过实验对海洋水文要素垂直剖面自模性进行了相关分析。

2 公式

在活动层的下界 H 处，水温被认为是常数。在季节跃层中，不同时间的水温垂直分布 $T(z,t)$ 借助于无维变量来描述：

$$\theta = \frac{T_S(t) - T(z,t)}{T_S(t) - T_H}, \ \eta = \frac{Z - h(t)}{H - h(t)}$$

这种描述所依据的假定是温度的无维分布 $\theta(z,t)$ 仅仅取决于无维坐标 η。因此，对于任意 z 的关系 $\theta(t)$ 将以参数的形式给出[通过 $h(t)$ 和 $T_S(t)$]。这一假定的检验和函数 $\theta(\eta)$ 的确定，可以根据长时间大洋水温曲线的测量资料。

将 $\theta(\eta)$ 表示为四阶多项式：

$$\theta(\eta) = a_0 + a_1\eta + a_2\eta^2 + a_3\eta^3 + a_4\eta^4$$

并使 $\theta(\eta)$ 服从如下边界条件[$\theta(0)=0, \theta(1)=1$]：

当 $\eta=0$ 时，$\theta^n(0)=0$；

当 $\eta=1$ 时，$\theta'^{(1)}=\theta^n(0)=0$。

式中撇号表示对 η 的微分。

简化可得：

$$\theta(\eta) = \frac{8}{3}\eta - 2\eta^2 + \frac{1}{3}\eta^4$$

因此，大洋活动层中温度垂直分布可以采用如下模式，从表面到季节温跃层的上界 $h(t)$，水温被近似地认为是常数并等于：

$$\bar{T}(t) = \frac{1}{h(t)}\int_{h(t)}^{0} T(t,z)\,\mathrm{d}z \approx T_S(t)$$

这里,z 为方向向海洋深处的垂直坐标轴;$\bar{T}$ 为 0 ~ h 层中平均水温;T_S 为大洋表层水温;t 为时间。

对于任意 z 的 $\theta(\eta)$ 可用 $h(t)$ 和 $T_S(t)$ 参数给出。可以组成几种不同形式的无维温度和深度的组合,例如:

$$\frac{T_S(t) - T(z,t)}{T_H} = f\left(\frac{z}{H}\right)$$

温度 F 的水平变化远小于其垂直变化;海洋垂向分为上厄克曼层、下厄克曼层及其中间的内层三层,其中内层满足罗斯贝数和厄克曼数为小量,即满足地转近似。垂向速度 ω 和垂向涡动扩散系数 A_z 与深度无关;不同时间和地点的 ω 及 A_z 量级相同。在这种情况下,F 的垂向扩散方程为:

$$\omega \frac{\mathrm{d}F}{\mathrm{d}z} = \frac{\mathrm{d}F}{\mathrm{d}z}\left(A_z \frac{\mathrm{d}F}{\mathrm{d}z}\right)$$

式中,$F_{z=h} = F_S$,为上均匀层的温(盐、密) 度;$F_{z=H} = F_H$,为底层温(盐、密)度;h 为上均匀层厚度;H 为水深。引入无维变量 θ 和 η,则方程变为:

$$\omega \frac{\mathrm{d}\theta}{\mathrm{d}\eta} = \frac{1}{H - h} \frac{\mathrm{d}}{\mathrm{d}\eta}\left(A_z \frac{\mathrm{d}\theta}{\mathrm{d}\eta}\right)$$

其边界条件相应地变为 $\theta(0) = O$ 和 $\theta(1) = 1$。这样,对上式方程求积分得:

$$\theta = c_1 + c_2 e^{\int \frac{\omega(H-h)}{A_z}} \mathrm{d}\eta$$

式中,c_1,c_2 为积分常数。

此外,由于在内层满足地转近似,故将地转方程代入不可压缩流体的连续方程,即得:

$$\frac{\partial \omega}{\partial z} = 0$$

这表明,ω 在内层是垂直均匀的,其大小取决于上、下厄克曼层的抽吸作用。

设上厄克曼层不大于上均匀层厚度和下厄克曼层不大于下均匀层厚度,于是有:

$$\theta_1 = c_1 + c_2 e^{\frac{\omega(H-h)}{A_z}\eta}$$

对上式进行泰勒展开,得其 n 阶展开的截断误差为:

$$\Delta\theta_n = c_2 \frac{1}{(n+1)!}(c_3 \eta)^{(n+1)}$$

式中,$c_3 = \dfrac{\omega(H-h)}{A_z}$。然后利用边界条件确定积分常数 c_2,可得:

$$\Delta\theta = \frac{1}{\eta c(n+1)!} C_3^n \eta^{n+1}$$

于是,对无维温(盐、密)度表达式的微分,即得 F 的误差表达式:

$$\Delta F = -(F_s - F_H)\Delta\theta$$

或

$$\Delta F = -(F_s - F_H)\frac{1}{\eta_c(n+1)!}C_3^n\eta^{n+1}$$

在热量垂直扩散的非稳定过程时,不考虑平流对形成开阔大洋活动层垂直热结构的影响。将0~H米层中热量垂直涡动交换的方程写为:

$$c_p\rho\frac{\partial T}{\partial t} = -\frac{\partial}{\partial z}(q + I)$$

式中,q为热量的涡动通量;I为热量的辐射通量;ρ为海水密度;c_p为常压下水的热容量。热量的辐射通量可以表示为:

$$I = \sum_{n=1}^{n=m} I_n(0)e^{-\varepsilon_n h}$$

式中,$I_n(0)$为通过海面$z=0$处透射的给定谱段太阳辐射的强度;ε_n为同一波段太阳辐射被水吸收的系数。

不用太多数量的实测资料即可证明,对于所有的n,$\varepsilon_n h \gg 1$(假若准均匀层厚度不小于10 m)。现用q_s表示通过海面$z=0$处的热通量和。此时有:

$$q_s = q(0) + \sum_{n=1}^{n=m} I_n(0) = q_0 + I_0$$

式中,q_0为海面的湍流热通量。

考虑到$\varepsilon_n h \gg 1$,将得到:

$$c_p\rho\frac{\partial T_s}{\partial t}h = q_s - q_h^+$$

$$c_p\rho\left\{\frac{\partial}{\partial t}\int_A^H T(z,t)\mathrm{d}z + T_s\frac{\partial h}{\partial t}\right\} = q_h^-$$

将$J = \int_A^H T\mathrm{d}z$作为定义,并将$J$改写为形式:

$$J = \int_A^H T(z,t)\mathrm{d}z = (T_H - T_S)\delta + T_s(H - h)$$

其中,

$$\delta = \int_h^H \frac{T_s - T(z,t)}{T_s - T_H}\mathrm{d}z = \alpha_T(H - h)$$

$$\alpha_T = \int_0^1 0(\eta)\mathrm{d}\eta$$

方案1:假定$z=h$处热通量是连续的,则有$q_h{}^+ = q_h^- - = q_h$。

对于按$T_S(t)$和$q_s(t)$的给定值计算$h(t)$的方程:

$$\frac{\mathrm{d}h}{\mathrm{d}t} + \frac{1}{(T_s - T_H)}\frac{\mathrm{d}T_s}{\mathrm{d}t}h + \frac{(1-\alpha_T)}{\alpha_T}\frac{H}{T_S - T_H}\frac{\mathrm{d}T_s}{\mathrm{d}t} - \frac{q_s}{c_p\rho\alpha_T(T_s - T_H)} = 0$$

上式是线性的,它的解可以改写为:

$$h(t) = \exp\left\{-\int_0^t p(t)\,dt\right\}\left[\int_0^t R(t)\exp\left\{\int_0^t p(t)\,dt\right\} + h_0\right]$$

其中,

$$P(t) = \frac{1}{T_S - T_H}\frac{dT_s}{dt}$$

$$R(t) = \frac{q_s}{c_p\rho\alpha(T_s - T_H)} - \left(\frac{1-\alpha_T}{\alpha_T}\right)\frac{H}{(T_s - T_H)}\frac{dT_s}{dt}$$

h_0 是当 $t=0$ 时均匀层深度的值。

积分后:

$$h(t) = \frac{\int_0^t q_s(t)\,dt}{c_p\rho\alpha(T_s - T_H)} - \frac{(1-\alpha_T)}{\alpha_T}H\frac{[T_s - T_H(t=0)]}{[T_s - T_H]} + h_0\frac{[T_s(t=0) - T_H]}{[T_s - T_H]}$$

方案2:假定温跃层完全“闭锁”,则有 $q_h^- =0$。

经过简单变换后,得到:

$$h = H - (H - h_0)\left(\frac{[T_s - T_H]}{[T_s(t=0) - T_H]}\right)^{\frac{1-\alpha_T}{\alpha_T}}$$

经过简单的变换得:

$$\alpha_T = \frac{1}{H-h}\int_A^H \frac{T_s - T(z)}{T_s - T_H}dz = 1 - \frac{\bar{T} - T_H}{T_s - T_H}$$

式中,$\bar{T} = \frac{1}{H-h}\int_h^H T(z)\,dz$ 为季节跃层中的平均水温。

现在讨论对大洋活动层整个深度 H 进行积分的温度 T 传导和盐度 S 扩散的一维方程以及对线性近似的海水状态方程的涡动能平衡方程:

$$\frac{\partial}{\partial t}\int_0^H T\,dz = Q$$

$$\frac{\partial}{\partial t}\int_0^H S\,dz = S_0(E - P)$$

$$\frac{\partial}{\partial t}\int_0^H\int_0^z (\alpha'_s S - \alpha'_T t)\,dz''dz' = MH - g^{-1}W$$

式中,g 为重力加速度;α'_T 为海水的热扩散系数;α'_s 为盐度的扩散系数;S_0 为特征盐度;Q 为热交换;E 为蒸发;P 为降水;$M = \alpha'_s SM_0(E-P) - \alpha'_T Q$,是以动能单位表示的洋面质量通量;$W$ 为涡动动能平衡积分方程的机械能部分;$W = \Pi_0 + G - D$(Π_0 为通过洋面的涡动动能通量;G 和 D 为对于大洋活动层积分的涡动生成和散逸)。

积分温度的公式计算为:

$$T = \begin{cases} T_s & \text{当 } z < h \text{ 进} \\ T_s - (T_s - T_H)\theta(\eta) & \text{当 } z \geqslant h \text{ 时} \end{cases}$$

式中，h 为上准均匀厚度；$\eta=(z-h)/(H-h)$，为季节跃层中的无维深度；$\theta(\eta)$ 为：

$$\theta_T(\eta)=\frac{8}{3}\eta-2\eta^2+\frac{1}{3}\eta^4$$

对于盐度来说，近似公式为：

$$S=\begin{cases}S_s & \text{当 } z<h \text{ 时}\\ S_s-(S_s-S_H)\theta_s(\eta) & \text{当 } z\geqslant h \text{ 时}\end{cases}$$

式中，S_s 为上准均匀层的盐度；S_H 为大洋活动层下界的盐度，它带有的通用函数，可能与 $\theta_T(\eta)$ 不同。但假若设定函数外 $\theta_T(\eta)$ 和 $\theta_s(\eta)$ 符合如下积分意义：

$$\alpha_{T,S}=\int_0^1\theta_T(\eta')\mathrm{d}\eta'=\int_0^1\theta_s(\eta')\mathrm{d}\eta'$$

$$\bar{\alpha}_{T,S}=\int_0^1\int_0^\eta\theta_T(\eta')\mathrm{d}\eta''\mathrm{d}\eta'=\int_0^1\int_0^\eta\theta_s(\eta)\mathrm{d}\eta''\mathrm{d}\eta'$$

简化可得：

$$[H-c_1(H-h)]\frac{\partial T_s}{\partial t}+c_2(T_s-T_H)\frac{\partial h}{\partial t}=Q$$

$$[H-c_1(H-h)]\frac{\partial S_s}{\partial t}+c_2(S_s-S_H)\frac{\partial h}{\partial t}=S_0(E-P)$$

$$\left[\frac{H^2}{2}-c_2(H-h)^2\right]\left(\alpha_s\frac{\partial S_s}{\partial t}-\alpha_T\frac{\partial T_s}{\partial t}\right)+2c_s(H-h)\times$$

$$[\alpha_S(S_s-S_H)-\alpha_T(T_s-T_H)]\frac{\partial h}{\partial t}=MH-g^{-1}W$$

利用自模函数 $\theta_T=\theta_1(\eta)$ 和 $\theta_s=\theta_2(\eta)$（θ_s 为盐度垂向分布自模函数）的垂向积分趋于常数及其对垂向坐标 Z 的隐函性以及特征值 T_s，S_s（S_s 为海面盐度），h_T，h_s（h_s 为盐度上均匀层厚度），T_H，S_H（S_H 为底层盐度）的二维性，在假定流速无垂向变化的情况下，将 θ_T 和 θ_s 分别代入热传导方程和盐度热传导方程，然后对其垂向积分运算，得出了描述讯 T_s，S_s，T_H，S_H，h_T，h_s 的方程组：

$$\frac{\partial T_s}{\partial t}+u\frac{\partial T_s}{\partial x}+v\frac{\partial T_S}{\partial y}-A_T\nabla^2T_s=\frac{Q_s-Q_h}{h}$$

$$\frac{\partial T_H}{\partial t}+u\frac{\partial T_H}{\partial x}+v\frac{\partial T_H}{\partial y}-A_T\nabla^2T_H+C_3A_T\frac{T_s-T_H}{(H-h)^2}\left[\left(\frac{\partial h}{\partial x}\right)^2+\left(\frac{\partial h}{\partial y}\right)^2\right]$$

$$=C_1\frac{Q_h}{H-h}-C_2\frac{Q_s-Q_h}{h}$$

$$\frac{\partial h}{\partial t}+u\frac{\partial h}{\partial x}+v\frac{\partial h}{\partial y}-A_T\nabla^2h-\frac{2A_T}{T_S-T_H}\left[\left(\frac{\partial T_S}{\partial x}-\frac{\partial T_H}{\partial x}\right)\frac{\partial h}{\partial x}+\left(\frac{\partial T_s}{\partial y}-\frac{\partial T_H}{\partial y}\right)\frac{\partial h}{\partial y}\right]-$$

$$\frac{2A_T}{(H-h)}\left[\left(\frac{\partial h}{\partial x}\right)^2+\left(\frac{\partial h}{\partial y}\right)^2\right]-C_6A_T\frac{1}{H-h}\left[\left(\frac{\partial h}{\partial x}\right)^2+\left(\frac{\partial h}{\partial y}\right)^2\right]$$

$$= C_4 \frac{Q_h}{T_s - T_H} - C_5 \frac{(H-h)(Q_s - Q_h)}{h(T_s - T_H)}$$

及

$$\frac{\partial S_s}{\partial t} + \vec{V} \cdot \nabla_H S_s - K \nabla_H^2 S_s = \frac{R_s + R_{h_1}}{h} + R_r \delta$$

$$\frac{\partial S_H}{\partial t} + \vec{V} \cdot \nabla_H S_H - K \nabla_H^2 S_s + C_9 K \frac{S_H - S_s}{(H-h)^2} (\nabla_H h \cdot \nabla_H h)$$

$$= C_7 \frac{R_{h_2}}{H-h} - C_8 \frac{R_s + R_{h_1}}{h}$$

式中,$C_{1,\cdots,6} = f(\alpha_T, \bar{\alpha}_T)$,$C_{7,\cdots,12} = f(\alpha_s, \bar{\alpha}_s)$。

3 意义

根据海洋水文的要素模型计算,可知海洋水文要素的时空分布与变化不仅反映水团分布、流系消长,同时也决定营养盐类、浮游生物聚集和渔场分布,从而给海洋捕捞、近海养殖、海上平台、海底管线、沿岸工程等带来不可忽视的影响。同时也介绍了苏联学者在研究海洋水文要素垂直剖面自模性及无维模式方面的重要成果:海洋活动层分析;海洋活动层温度剖面参量化描述;温(盐、密)度垂直剖面自模函数存在的理论证明;自模函数的应用;自模函数在盐度垂直结构参数化的应用;自模函数在浅海水文要素垂直分布模拟和数值预报的应用。

参考文献

[1] 徐伯昌. 海洋水文要素垂直剖面自模性概述(I). 海岸工程,1996,15(3):49-57.
[2] 徐伯昌. 海洋水文要素垂直剖面自模性概述(Ⅱ). 海岸工程,1996,15(4):46-55.

底沙颗粒的运动模型

1 背景

随着海上工程的发展,建筑物前的局部冲刷及稳定问题日益受到重视,这方面已有一些研究成果。对于冲刷形态的解释,大多认为是传质速度所致,边界层上层与下层传质输送流的不同是细沙颗粒向腹点输移,粗沙颗粒向节点输移的原因。为了进一步探讨泥沙颗粒运动与水流之间的关系,孙青和陈士荫[1]从实验出发,通过对推移质底沙颗粒进行的受力分析,探讨底沙运动机理。

2 公式

沙粒的运动是从床面的第一层开始的,假设底沙粒径均匀,排列整齐,床面表层每一颗粒受力情况均相同,颗粒受到的力主要有:重力 W,上举力 R_L,波浪对于沙粒的水平曳力 R_T,摩擦力 R_F。当重力大于上举力时,底沙颗粒不能悬浮。若水平曳力大于颗粒的静摩擦力时,颗粒大致以滑动、滚动的形式运动。以下对在床面上滑动的沙粒进行受力分析。

重力:

$$W = (\rho_s - \rho) g C_3 d_s^3$$

摩擦力:

$$R_F = -(\rho_s - \rho) g C_3 d_s^3 \mu_f \mu_s / |\mu_s|$$

水平曳力:

$$R_T = C_D \cdot \frac{1}{2} \rho C_2 d_s^2 |u - u_s| (u - u_s) + \rho C_3 d_s^3 \frac{\mathrm{d}u}{\mathrm{d}t} + C_M \rho C_3 d_s^3 \left(\frac{\mathrm{d}u}{\mathrm{d}t} - \frac{\mathrm{d}u_s}{\mathrm{d}t} \right)$$

式中,ρ_s,ρ 为沙粒粒子、水粒子的密度;U,v 为近底波浪水质点的水平及垂直速度分量;U_s 为沙粒粒子的水平运动速度;μ_f 为摩擦力系数;C_2,C_3 为形状系数,对于球体颗粒,$C_2 = \pi/4$,$C_3 = \pi/6$;C_M 为质量力系数;C_D 为速度力系数。

推移质运动方程为:

$$\rho C_3 d_s^3 \frac{\mathrm{d}u_s}{\mathrm{d}t} = R_T + R_F$$

整理得:

$$\frac{\mathrm{d}u_s}{\mathrm{d}t}=\frac{3C_D}{4d_s(S+C_M)}|u-u_s|(u-u_s)+\frac{1+C_M}{S+C_M}\frac{\mathrm{d}u}{\mathrm{d}t}-\frac{S-1}{S+C_M}g\mu_f\frac{u_s}{|u_s|}$$

考虑底边界层的影响得到以下运动方程式：

$$\frac{\mathrm{d}x_s}{dt}=u_s$$

$$\frac{\mathrm{d}u_s}{\mathrm{d}t}=A_1|u_b-u_s|(u_b-u_s)+A_2\frac{\mathrm{d}u_b}{\mathrm{d}t}-A_3$$

$$A_1=\frac{3C_D}{4d_s(S+C_M)}$$

$$A_2=\frac{1+C_M}{S+C_M}$$

$$A_3=\frac{S-1}{S+C_M}g\mu_f\frac{u_s}{|u_s|}$$

式中，S 为沙粒比重；u_b 为边界层内的水平流速。

计算中的边界条件为：

$$x_s|_{t=0}=0$$

$$u_s|_{t=0}=0$$

边界层内的近底水平速度及加速度为：

$$u_b=\frac{2\pi H}{T}\cdot\frac{1}{shkh}\sin kx\{\sin\sigma t-e^{-\eta}\sin(\sigma t-\eta)\}+$$

$$\frac{3\pi^2H^2}{2TL}\cdot\frac{1}{sh^4kh}\sin2kx\{\sin2\sigma t-e^{-\sqrt{2}\eta}\sin(2\sigma t-\sqrt{2}\eta)\}$$

$$\frac{\mathrm{d}u_b}{\mathrm{d}t}=\frac{4\pi^2H}{T^2}\cdot\frac{1}{shkh}\sin kx\{\cos\sigma t-e^{-\eta}\cos(\sigma t-\eta)\}+$$

$$\frac{6\pi^3H^2}{T^2L}\cdot\frac{1}{sh^4kh}\sin2kx\{\cos2\sigma t-e^{-\sqrt{2}\eta}\cos(2\sigma t-\sqrt{2}\eta)\}$$

式中，$\eta=\frac{0.5d_s}{\delta}/\sqrt{2}$；$\delta=\sqrt{\gamma t/2\pi}$；$\delta$ 为层流边界层厚度。

设输沙时只有表面第一层沙粒进入运动，则由沙粒净位移求得净输沙率：

$$q_b=\frac{x_s}{T}d_s$$

冲刷强度：

$$-\frac{\partial q_b}{\partial x}=\frac{\partial z_t}{\partial t}=-\frac{q_{b2}-q_{b1}}{x_2-x_1}$$

3　意义

根据底沙颗粒的运动模型,得到了立波作用下床面形态及冲刷类型。对较粗颗粒底沙在立波作用下进行受力分析,得到了一周期内沙粒累计推移距离、净输沙率及冲刷强度。则认为冲刷形态的不同与近底速度和加速度的分布密切相连。但是,在推移质运动方程式的建立和计算过程中,需要进一步考虑泥沙运动及边界层的理论。

参考文献

[1]　孙青,陈士荫．立波作用下的底沙运动．海岸工程,1996,15(3):7－14.

水体盐度的估计模型

1 背景

盐度是水质及其对遥感响应的重要问题，为了估算水的盐度，需要选择合适的工作频段，在已知温度条件下，遥感信号盐度响应的理论估算在判断水体盐度的影响方面是很重要的。

Singh 等[1]利用微波遥感估算盐度，计算了不同频率、不同盐度和不同温度条件下各种水样的介电响应特性以及介电常数。

2 公式

像湖、河或海洋这样开阔的水面，可以用两层模型来描述，在两层模型中，第一层被认为是空气。对于平行和垂直极化波，反射系数由下式给出：

$$R_H = \frac{N_2\cos\theta_1 - N_1\cos\theta_2}{N_2\cos\theta_1 + N_1\cos\theta_2}$$

$$R_V = \frac{N_1\cos\theta_1 - N_2\cos\theta_2}{N_1\cos\theta_1 + N_2\cos\theta_2}$$

式中，θ_1 为入射角；θ_2 为折射角；N_1，N_2 分别为空气和水的固有阻抗：

$$N_1 = \left(\frac{\mu_0}{\varepsilon_0}\right)^{\frac{1}{2}} (= 120\pi = 377\Omega), N_2 = \left(\frac{\mu_0}{\varepsilon_0 \varepsilon^*}\right)^{\frac{1}{2}}$$

式中，$\varepsilon^* = \varepsilon' - i\varepsilon''$，是介质的复介电常数。平行和垂直极化波的反射率由极化波的反射率由$(r)_{H,V} = |R_{H,V}|^{1/2}$给出，$V$，$H$ 分别表示垂直和平行极化。

一旦确定了反射率，发射率(e)和亮度温度(T_B)由下式计算：

$$(e)_{V,H} = 1 - (r)_{V,H}$$

$$(T_B)_{V,H} = (e)_{V,H} T_s$$

式中，T_s 为水的表面温度。

3 意义

通过水体盐度的估计模型，根据数值计算的方法，对代表河、湖和海洋水特征的各种模型的微波响应进行了分析，研究了用微波遥感估算盐度的可行性，得出微波遥感响应特性对盐度和水表温度的依赖关系。这些结果对微波传感器参数的选择以及在微波遥感数据精确估算盐度方面是有用的。

参考文献

[1] Singh R P，Kumar V，Srivastav S K. 利用微波遥感估算盐度. 海岸工程，1996，15(3)：64－69.

风暴潮灾害的预测模型

1 背景

青岛近海地处山东省的东南部，每年6—9月北上台风所引起的风暴潮经常对该地区造成不同程度的影响，因而研究和探讨风暴潮与风暴潮灾害的关系，及时准确预报风暴潮，对于青岛地区沿海一带的防灾减灾是十分必要的。林滋新等[1]通过实验与数据分析对青岛近海风暴潮灾害及其预报做了研究。

2 公式

由于海面风应力是影响该海区风暴潮的主要因素之一，但台风影响时的海区风资料奇缺，而岸站风资料又欠代表性，故用南黄海两岸部分站点的气压差及有关台风资料，通过正交筛选，对青岛港受台风影响期间的增水峰建立起时间步长分别为12 h，18 h，24 h的峰值预报方程。即：

$$T = 12 \qquad \Delta H = 41.9 + 2.0548\left(\frac{x_1}{r} + 2x_2 + 2x_3 - x_{3(t=18)}\right) \tag{1}$$

$$T = 18 \qquad \Delta H = 52.3 + 1.527\left(\frac{x_1}{r} + 3x_2 + x_3 - x_{2(t=24)}\right) \tag{2}$$

$$T = 24 \qquad \Delta h = 63.8 + 1.5084(x_2 + x_4) \tag{3}$$

各式中 x_1, x_2, x_3, x_4 分别为青岛与台风中心、汉城与青岛、济州岛与上海、汉城与上海的气压差。r 为台风中心至青岛的距离。

时间步长 T 为12，18，24时，表示以某增水峰时为起算时间或称为以 x 的获取时间起算分别对此后24 h之内各峰值的预报时效。各式拟合及检验参数如表1。

表1 各式拟合及检验参数一览表

方程式	各式拟合参数						方程检验	
	样本	相关系数	F	标准差	拟合误差(cm)		临界值($\alpha=0.01$)	
				S(cm)	<20(%)	最大误差	R	F
(1)	26	0.868	73.4	11.0	92	24.7	0.496	7.82
(2)	22	0.788	32.8	11.4	95	23.5	0.537	8.10
(3)	16	0.690	12.8	12.0	94	20.7	0.623	8.86

3 意义

根据风暴潮灾害的预测模型，采用周期外推法预报增水峰时，采用回归计算和增水峰连线外延相结合法预报峰值，然后以此模拟增水曲线对台风在预报区内任意 24 h 之内增水进行过程预报，效果较好。该预报方法虽用已有资料进行增水预报，但仍要把握好台风未来各要素的变化。尤其是对台风进入激发增水激振区时的时间、位置、移向、强度等预报，这些直接影响着增水预报的精度。

参考文献

[1] 林滋新，周庆满，李培顺，等．青岛近海风暴潮灾害及其预报研究．海岸工程，1996，15(3)：15－24.

威海湾的纳污量模型

1 背景

威海湾位于山东半岛北部,位于湾口处的刘公岛将湾口一分为二,由于刘公岛对威海湾的掩护良好,得天独厚的自然条件和地理位置使湾内波浪和海流均较小,加上地形稳定,因此威海湾北部早已成为驰名中外的军事良港之一。随着经济的发展,工厂林立,新开发区污水直接排放入海,对湾西部沿岸水域产生某种程度的污染。杨玉玲和吴永成[1]通过现场调查分析和数值预测,给出威海湾水交换和允许纳污量。

2 公式

由于威海湾水深较小,故可用二维方程式进行数值计算,采用右手坐标系,取 X—Y 平面与平均海平面重合,Z 轴垂直向上,基本方程式为:

$$\frac{\partial \xi}{\partial t} + \frac{\partial (H_u)}{\partial X} + \frac{\partial (H_v)}{\partial Y} = S$$

$$\frac{\partial u}{\partial t} + u\frac{\partial u}{\partial X} + v\frac{\partial u}{\partial Y} - fv + g\frac{\partial \xi}{\partial X} + Z_x^s + g\frac{u\sqrt{u^2+v^2}}{HC^2} = 0$$

$$\frac{\partial v}{\partial t} + u\frac{\partial v}{\partial X} + v\frac{\partial v}{\partial Y} + fu + g\frac{\partial \xi}{\partial Y} + Z_y^s + g\frac{v\sqrt{u^2+v^2}}{HC^2} = 0$$

$$\frac{\partial P}{\partial t} + u\frac{\partial P}{\partial X} + v\frac{\partial P}{\partial Y} - \frac{\partial}{\partial X}\left(K_x\frac{\partial P}{\partial X}\right) - \frac{\partial}{\partial Y}\left(K_y\frac{\partial P}{\partial Y}\right) = C_s$$

式中,ξ 为相对平均海平面的海面升降;u,v 分别为 X 和 Y 方向上的垂直积分流速;t 为时间;S 为单位面积的径流量;f 为柯氏参数;g 为重力加速度;C 为 Chezy 系数;n 为 Maning 系数;H 为总水深,$H=\xi+h$,h 为水深;Z_x^s,Z_y^s 分别为 X 和 Y 方向上的风应力;P 为海水物质浓度;K_x,K_y 分别为 X 和 Y 方向的湍流扩散系数;C_s 为污染源单位体积排放率。

通过坐标变换函数 $N_i(\xi,\eta)$ 对总体坐标和局部坐标加以变换,进而导出待求各变量为:

$$H(X,Y,t) = \sum_{i=1}^{9} H_i(t)N_i(\xi,\eta)$$

$$u(X,Y,t) = \sum_{i=1}^{9} u_i(t)N_i(\xi,\eta)$$

$$v(X,Y,t) = \sum_{i=1}^{9} v_i(t) N_i(\xi,\eta)$$

$$p(X,Y,t) = \sum_{i=1}^{9} p_i(t) N_i(\xi,\eta)$$

根据威海湾的地理环境和海底底质等,计算参数取值如表1。

表1 计算参数

名称	符号	量值
Manning 系数	n	0.03
地理平均纬度	φ	37°28′N
风速(平均)	W	5.2 m/s
计算时间步长	Δt	5.0 s
开边界水位选择		选择 M_2,S_2,O_1,K_1 四个分潮
初始条件		潮位流速全假设为零,海水中 COD 浓度假设全海域均为 0.3 mg/L
污染 COD 排放量	T/Y	4 300

设湾内水体积为 V(m^3),退潮时从湾内流向外海的湾内水量为 Q(m^3),一个潮周期流入湾内的污水量为 R(m^3),如果设流入湾内的污染水与湾内海水达到充分混合,退潮时一半被带到湾外,不再返回,则可建立平衡方程:

$$V \times C_{n+1} = (V - Q) \times C_n + C_{排} \times R$$

式中,C_{n+1}为第($n+1$)和第 n 个潮周期的湾内污染水浓度。

当 n 达到某一值时(经验取 $n=60$):

$$C_{n+1} = C_n = C_{max}$$

则有:

$$Q \times C_{max} = R \times C_{排}$$

C_{max}表示海湾允许的最大纳污浓度值。另当退潮时从湾内流向湾外的水量为 Q,根据定义有:

$$Q = P + (R/2)$$

式中,P 为湾内高潮和低潮水容积之差,则有:

$$R_{max} = P \times C_{max}/(C_{排} - C_{max}/2)$$

新田给出下列经验公式:

$$\log R = 1.2261 \times \log F + 0.0855$$

式中,R 表示污染排放量(m^3);F 表示污染水扩散面积(m^2)。

3 意义

依据海上实测潮流和 COD 资料，利用威海湾的纳污量模型，讨论了威海湾潮流分布和物质扩散特征，计算得到威海湾南部纳污量，指出威海湾西部海域潮流较小，海洋物理自净能力弱，近岸一些海区纳污量已达到或接近饱和，今后新开发区大量污水排海应选在潮流比较强的湾外海域，通过深海排放更为有利。

参考文献

[1] 杨玉玲，吴永成．威海湾南部水环境初步分析．海岸工程，1996，15(3)：36－42.

沉积物的物理性质公式

1 背景

物理性质在很大程度上决定沉积层的自然状况，根据物理性质就可以较正确地划分沉积岩层和沉积物之间的界线，将海相沉积与冲积和湖相沉积区别开来。通过物理性质，可以间接判断出要勘查的沉积层的年代及其成因类型、形成条件和变化的程度。Д унаеь等[1]结合实验对喀拉陆架晚第四纪沉积物物理性质及其形成条件进行了分析。

2 公式

不同类型沉积物的物理性质对比，可以使我们判断各种物理性质之间一定的对应关系。例如，根据吉亚科诺夫的计算，用下面公式对67个不同岩芯的含水量和密度进行计算，公式为：

$$\Delta = 2.236 - 0.014W_e$$

式中，Δ为密度；E_e为含水量。

杜纳也夫于1987年确定了描述沉积物中声速与孔隙度的关系：

$$U = 1.5U_0 = 0.11n^2 - 18.5n$$

式中，U_0为水中声速（m/s）；n为沉积物孔隙度（%）。

任何相比较的学说必须考虑采样断面具体的自然条件。现将各物理参数分布按沉积类型从0～10 cm深度列于表1。

表1 晚第四纪沉积物的物理性质

（物理性质值的分布取决于沉积的组成类型）

沉积组成	天然含水量(%)	密度(g/cm³)	渗透压(MPa)	声透速度(m/s)
泥质软泥	47～51.8	1.13～1.62	0.01～0.03	1520～1575
含水陨硫铁泥质软泥	42～58	1.41～1.47		1532～1478
碎片状结构泥质软泥	37	1.71		1572
块状结构泥质软泥	34	1.77		1642
致密的泥质沉积物	30	1.86		1715
粉砂质泥	40.5～63	1.35～1.50	0.003～0.02	1515～1475

续表

沉积组成	天然含水量(%)	密度(g/cm^3)	渗透压(MPa)	声透速度(m/s)
粉砂泥质沉积物	33.7	1.77	0.13	
含砂质粉砂泥	32.7~44.4	1.52~1.72		
粉砂	33~39.6	1.66~1.81		1667
粉砂质砂	28.9~37	1.73~2.05	0.01~0.02	
含粉砂质砂	25~35	1.83~1.99		1677
复矿砂	22~28	1.84~2.24		
不等粒的沉积物	14~50	1.9~2.54		
含泥的贝壳碎屑	34.6	1.81	0.03	

3 意义

根据对喀拉海陆架沉积物的物理性质的研究,采用沉积物的物理性质公式,计算可知该陆架沉积在很大程度上受制于沉积物沉积的自然环境。沉积物的物理性质形成条件及其性质的多样性是由许多因素决定的,其中主要是气候、新构造和古地理条件。物理性质的时间和空间在很大程度上由陆架地貌格局和物质沉积的具体条件所控制,沉积物成因类型和沉积相(环境)之间是协调一致的。

参考文献

[1] Д унаеь Н Н,Левитан М. А,Купцов В М. 喀拉陆架晚第四纪沉积物物理性质及其形成条件. 海岸工程,1996,15(4):86-91.

龙口湾的潮流场方程

1　背景

为制订龙口港远景规划,保护海洋环境,合理利用海洋的自净能力,制订控制近海环境污染对策,对龙口湾的潮流场进行了数值模拟,为港口建设和制订防治污染物扩散提供了科学依据。王从敏等[1]通过实验分析,对龙口湾潮流场进行了数值模拟。

2　公式

由于计算水域具有尺度小、水深浅等特点,为此仅考虑地转偏向力、海底摩擦力等因素作用的二维浅海潮波数值模型,其控制方程如下。

水平动量方程:

$$\frac{\partial u}{\partial t} + u\frac{\partial u}{\partial x} + v\frac{\partial u}{\partial y} - fv = -g\frac{\partial \xi}{\partial x} - \frac{gu\sqrt{u^2+v^2}}{HC^2}$$

$$\frac{\partial v}{\partial t} + u\frac{\partial v}{\partial x} + v\frac{\partial v}{\partial y} + fu = -g\frac{\partial \xi}{\partial y} - \frac{gv\sqrt{u^2+v^2}}{HC^2}$$

连续方程为:

$$\frac{\partial \xi}{\partial t} + \frac{\partial}{\partial x}(Hu) + \frac{\partial}{\partial y}(Hv) = 0$$

式中,t 为时间;ξ 为水位;u,v 分别为 x,y 方向上流速分量的垂向平均值;f 为科氏参量;g 为重力加速度;H 为水深,且 $H=h+\xi$,h 为未扰动水深;C 为粗糙系数,$C=H^{1/6}n$,n 为曼宁系数;x,y,z 轴为右手直角坐标系,x 轴为正东方向,并设坐标原点位于平均海平面上。

边界条件如下。

陆边界:$v_n=0$(n 为边界法线方向);

水边界:$\frac{\partial v}{\partial n}=0$;$\xi=\xi^n$(实测值);

初始条件:当 $t=0$ 时,$\xi=0$,$u=v=0$。

将以上各式写成差分形式求解方程,便可得出微分方程的解,其中前半个步长的差分公式为:

$$a_{i-\frac{1}{2},j}u_{i-\frac{1}{2},j}^{k+\frac{1}{2}} + b_{i,j}\xi_{i,j}^{k+\frac{1}{2}} + C_{i+\frac{1}{2},j}u_{i+\frac{1}{2},j}^{k+\frac{1}{2}} = d_{i,j}$$

其中，

$$a_{i-\frac{1}{2},j} = -\frac{\Delta t}{4\Delta s}(h_{i-\frac{1}{2},j+\frac{1}{2}} + h_{i-\frac{1}{2},j-\frac{1}{2}} + \xi_{i-1,j}^{k} + \xi_{i,j}^{k})b_{i,j} = 1$$

$$C_{i+\frac{1}{2},j} = \frac{\Delta t}{4\Delta s}(h_{i+\frac{1}{2},j+\frac{1}{2}} + h_{i+\frac{1}{2},j-\frac{1}{2}} + \xi_{i,j}^{k} + \xi_{i+1,j}^{k})$$

$$d_{i,j} = \xi_{i,j}^{k} - \frac{\Delta t}{4\Delta s}[(h_{i-\frac{1}{2},j+\frac{1}{2}} + h_{i+\frac{1}{2},j+\frac{1}{2}} + \xi_{i,j}^{k} + \xi_{i,j+1}^{k}) \cdot v^{i,j+\frac{1}{2}} - (h_{i+\frac{1}{2},j-\frac{1}{2}} + h_{i-\frac{1}{2},j-\frac{1}{2}} + \xi_{i,j-1}^{k} + \xi_{i,j}^{k}) \cdot v_{i,j-\frac{1}{2}}^{k}]$$

$$a_{i,j}\xi_{ij}^{k+\frac{1}{2}} + b_{i+\frac{1}{2},j} \cdot u_{i+\frac{1}{2},j}^{k+\frac{1}{2}} + C_{i-1,j} \cdot \xi_{i+1,j}^{k+\frac{1}{2}} = d_{i+\frac{1}{2},j}$$

其中

$$a_{i,j} = -\frac{\Delta t}{2\Delta s} \cdot g$$

$$b_{i+\frac{1}{2},j} = \left[1 + \frac{\Delta t}{4\Delta s}(u_{i+\frac{3}{2},j}^{k} - u_{i-\frac{1}{2},j}^{k})\right]$$

$$c_{i+1,j} = \frac{\Delta t}{2\Delta s}g$$

$$d_{i+\frac{1}{2},j} = u_{i+\frac{1}{2},j}^{k} + \frac{\Delta t}{2}\left[f - \frac{1}{2\Delta\delta}(u_{i+\frac{1}{2},j+1}^{k} - u_{i+\frac{1}{2},j-1}^{k})\right]\overline{V}^{k} - \frac{4\Delta tg \cdot u_{i+\frac{1}{2},j}^{k}\sqrt{(u_{i+\frac{1}{2},j}^{k})^{2} + (\overline{V}^{k})^{2}}}{(h_{i+\frac{1}{2},j+\frac{1}{2}} + h_{i+\frac{1}{2},j-\frac{1}{2}} + \xi_{i+1,j}^{k} + \xi_{i,j}^{k}) \cdot (C_{i,j} + C_{i+1,j})^{2}}$$

而

$$V_{i,j+\frac{1}{2}}^{k+\frac{1}{2}} = \left\{v_{i,j+\frac{1}{2}}^{k} - \frac{\Delta t}{2}\overline{U}^{k+\frac{1}{2}}\left[f + \frac{1}{2\Delta s}(v_{i+1,j+\frac{1}{2}}^{k} - v_{i-1,j+\frac{1}{2}}^{k})\right] - \frac{\Delta tg}{2\Delta s}(\xi_{i,j+1}^{k} - \xi_{i,j}^{k})\Big/\left[1 + \frac{\Delta t}{4\Delta s}(v_{i,j+\frac{3}{2}}^{k} - v_{i,j-\frac{1}{2}}^{k})\right] + \frac{4\Delta tg\sqrt{(v_{i,j+\frac{1}{2}}^{k})^{2} + (\overline{U}^{k+\frac{1}{2}})^{2}}}{(h_{i-\frac{1}{2},j+\frac{1}{2}} + h_{i+\frac{1}{2},j+\frac{1}{2}} + \xi_{i,j}^{k+\frac{1}{2}} + \xi_{i,j+1}^{k+\frac{1}{2}}) \cdot (C_{i,j} + C_{i,j+1})^{2}}\right.$$

3 意义

根据龙口湾的潮流场方程,展示了龙口湾的潮流场。以此来制订龙口港远景规划、制订控制近海环境污染对策。所进行的数值模拟经与实测流对比,两者拟合较好。涨潮时整个龙口湾内以东到东南向流为主;落潮时则多为北到西北向流,涨落潮强流区均位于龙口湾的西北隅。

参考文献

[1] 王从敏,彭马川,张启龙. 龙口湾潮流场的数值模拟. 海岸工程,1996,15(4):1-8.

海区风暴的增水公式

1 背景

气象扰动可使个别陆段遭淹没，破坏沿岸水利工程设施。在鄂霍次克海不止一次发生过被淹现象，但至今对该海区风暴增水计算和预报问题研究仍较薄弱。Герман 和 СавельеВ[1]通过进行实验分析鄂霍次克海各站非周期性水位变化与强迫力（大气压力和风）的关系，并建立各站计算水位变化的回归方程。

2 公式

在研究非周期性水位变化时，选择确定风的方程是重要问题。广为采用的形式是将观测的风分解为经向和纬向两个分量。有些文献将风速分解为垂直岸和平行岸两个分量，或者换算成切向方向。有效风就是把观测的风速投影到水位与风的关系最好的方向上。有效风的量值按下式计算：

$$W_i = V_i \cos(\varphi_i - g) \qquad i = 1, 2, \cdots, N$$

式中，W_i 为有效风速；V_i 为风速观测值；φ_i 为观测的风向；g 为有效风向；N 为观测次数。

图 1 为科尔萨科夫观测站的谱特征实例。

通过水位计算值和观测值比较，每个站都选用一个既能较好地恢复整个增水过程，又能恢复增水最大值的方程，将选取的方程列于表 1 中，库里里斯克、科尔萨科夫和鄂霍次克站对 5 ~ 10 d 最大天气值得出的方程较好，对科里里昂和波罗乃斯克按低频峰值（15 ~ 20 d）建立的方程进行计算，结果较好。在表中列出了简单线性回归方程，便于比较。

表 1　鄂霍次克海各观测站谱和简单线性回归方程

站　名	谱回归方程	简单回归方程
库里里斯克	$y = -1.26p + 0.78w + 1283$	$y = -1.08p + 0.21w + 1093$
科里里昂	$y = -1.08p + 0.90w + 1087$	$y = -0.74p + 0.41w + 769$
科尔萨科夫	$y = -0.82p + 0.93w + 830$	$y = -0.76p + 0.37w + 768$
波罗乃斯克	$y = -1.00p + 0.89w + 1011$	$y = -0.73p + 0.84w + 738$
鄂霍次克	$y = -0.98p + 4.04w + 991$	$y = -1.17p + 0.72w + 1183$

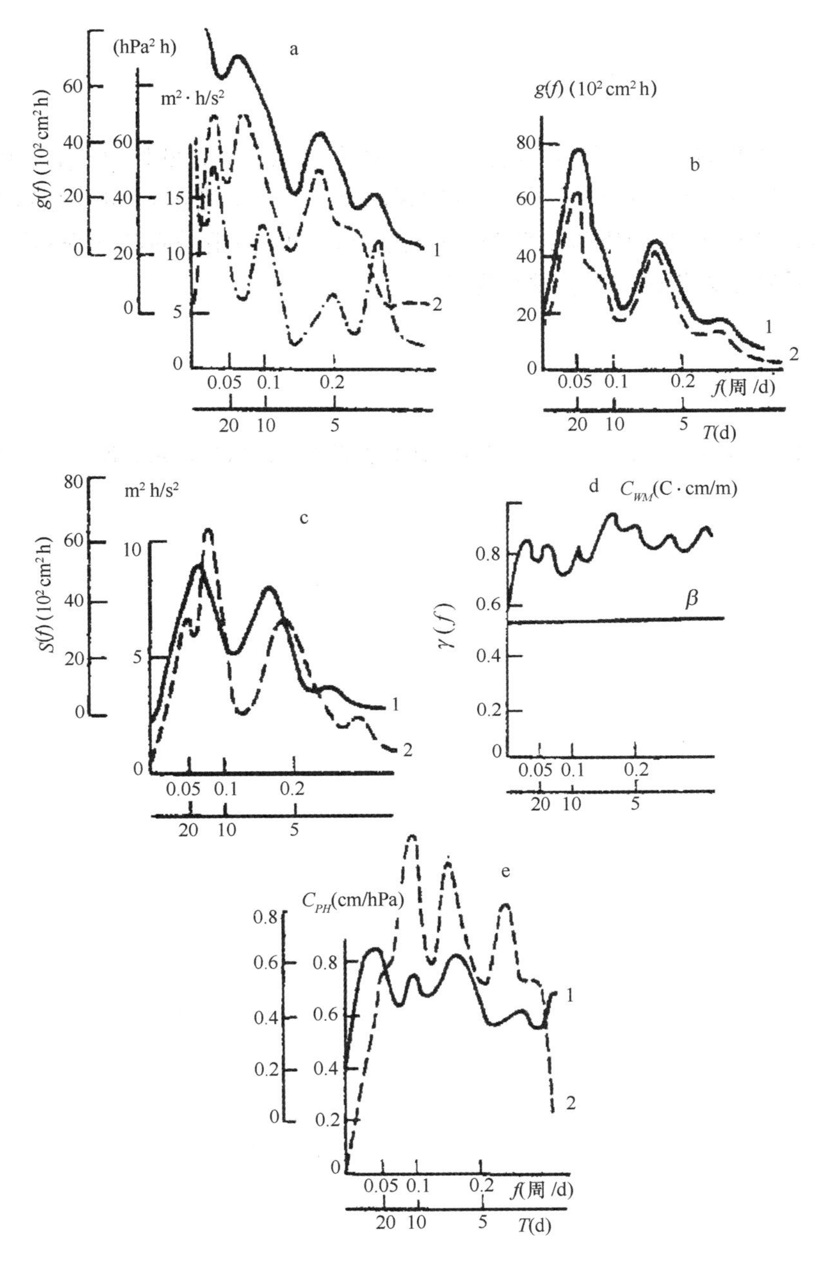

图 1　科尔萨科夫观测站水位振动、大气压力和风的谱特征

谱密度置信区间(0.62～1.90). S(f),水位明显相干值 0.52,置信概率 90%

(a)水位振动功率谱密度[大气压力谱密度 1 和风谱密度(没有预先滤去低频分量)2];

(b)观测和恢复 1 和水位振动谱密度(已预先滤去低频分量)2;(c)压力 1 和风 2 的谱密度(已预先滤去低频分量);

(d)复相干(β 为明显水位相干);(e)海面—大气压力系统[海面—风系统 1 和传递函数实部 2(斜率)]

3 意义

根据海区风暴的增水公式,对水位振动、风和大气压力进行的谱分析,确定了大约在5 d,10 d,15~20 d周期存在天气最大值,为鄂霍次克海5个站建立了普通回归方程和谱回归方程,并对水位升高的观测值和计算值做了比较,可看出,使用谱回归方程的计算结果与线性回归方程计算结果相比较有实质性改善。

参考文献

[1] Герман В Х, СавельеВ А В. 用谱回归方程计算鄂霍次克海风暴增水. 海岸工程,1996,15(4):76-80.

近岸区域的边缘波模型

1 背景

线性边缘波在近岸区域是瞬变的周期运动,且在沿岸方向是周期性传播的。从深水到近岸入射的波浪的重要性是明显的,这种波及其效应的物理模拟值得重视。边缘波的现场测量同其在控制近岸环流流型和形态学中所起的作用方面而进行的推测相比较来看,是十分贫乏的。GUZA[1]对边缘波进行了实验室模拟,以此来做具体探讨。

2 公式

线性边缘波在近岸区域是瞬变的周期运动,且在沿岸方向是周期性传播的。Stokes 首先注意到这种波的存在。之后,Ursell 也指出 Stokes 解仅是边缘波可能的模式的一个解。对于平的斜波海滩,边缘波弥散关系为:

$$\omega^2 = gk_y\sin[(2n+1)\beta] \qquad n = 0,1,2,\cdots,N$$

式中,ω 表示角频率;g 为重力加速度;k_y 为沿岸方向的波数;β 为海滩坡度,而$(2n+l)\beta < \pi/2$ 时,线性波以深水横过具有平行等值线的平面海滩传播时,k_y 保持守恒,故:

$$k_y = \omega^2\sin\alpha/g$$

式中,α 为在深水中的入射角。

造波机等同于正弦振动在静止水线附近的水道侧面墙。这类造波机的运动是合适的,因为边缘波是在沿岸方向上传播的。侧面墙的边界条件是:

$$k_y = \frac{m\pi}{b}, m = 1,2,3,\cdots,N$$

式中,b 为水道宽度;k_y 代表驻波的沿岸方向上的波数;m 是半波长的整数,它必须符合跨越的水道尺寸。经化简得:

$$\omega^2 = b^{-1}gmn\sin(2n+1)\beta, n = 0,1,\cdots,N; m = 1,2,\cdots,M$$

Gallagher 于 1971 年使用了弱非线性的、谐振的、波与波相互作用的体系,示出了入射波群能将能量传递给边缘波。如果入射波频率和沿岸方向上的波数为(ω_1, k_{y1})、(ω_2, k_{y2}),而深度等值线为平行平面的话,则 k_y 是守恒的,那么,激励的一个频率、波数为(ω_e, k_e) 的边缘波,其中:

$$\omega_e = \Delta\omega = \omega_1 - \omega_2$$
$$k_e = \Delta k_y = k_{y1} - k_{y2}$$

而

$$\omega_e^2 = gk_e \sin(2n+1)\beta, n = 0,1,2,\cdots,N$$
$$\sin\alpha_1 = [1 - (\omega_e/\omega_1)]^2 \sin\alpha_2 \pm \frac{1}{\sin(2n+1)\beta}(\omega_e/\omega_1)^2$$

Guza 和 Davis 曾建议,与高频波有关的黏滞效应也可完全抑制边缘次谐波的激励。为了把非线性能量以超过黏滞能量损失的入射波传递给边缘波,有:

$$\alpha_i^2 \omega_i > 52.5v$$

式中,α_i 为岸线处的入射驻波振幅;ω_i 为入射波的角频率;v 为黏滞度。

对于边缘波激励来说,有:

$$\gamma = \frac{\alpha_i \omega_i^2}{g\beta_2} < 2$$

已经使用像 γ 这样的量作为波浪刚一开始破碎的判据,结合谐振的这些条件,便得到:

$$52.5v < \alpha_i^2 \omega_i < 4g^2\beta^4\omega_1^{-3}$$

对于固定的滩坡和入射波周期来说,只是某种范围的 α_i 是不稳定的(即产生边缘波)。对于每个滩坡来说,存在一个最短周期的入射波(T_{min}),它能产生次谐波:

$$T_{min}^3(s) = 3.39 \times 10^{-5}\beta^{-4}$$

对此周期而言,趋于零的小范围的入射波振幅(a_i)是不稳定的。

3 意义

根据近岸区域的边缘波模型,计算可知边缘波对不同形式的近岸过程是重要的,这些推测是很难使用现场资料来试验的,原则上只是得到少量实验室试验的验证。在有些情况下完全抑制了边缘波谐振,而在另外的情况中仍然观测到谐振。比尺效应能引起严重的问题,但是现有的波浪水池已证明足以克服这些最严重的困难。

参考文献

[1] GUZA R T. 边缘波的实验室模拟. 海岸工程,1997,16(1):64-70.

风暴潮的联合概率公式

1 背景

在进行海洋和海岸工程的平面规划、结构设计时，需要充分考虑各种环境条件的影响，工程中惯用的设计方法，是对各种环境条件分别进行概率分析，选取其某一概率作为设计标准。孟祥东[1]采用多年一遇的风暴的概率分析方法进行设计，依此对莱州湾西部地区环境条件的联合概率进行分析。

2 公式

多维联合概率的推求，实际上是求解以下公式：

$$P_f = \iiint\cdots\int f(x_1, x_2, \cdots, x_n)\mathrm{d}x_1\mathrm{d}x_2\cdots\mathrm{d}x_n \quad [g(x) \leqslant 0]$$

上式只有当各随机变量序列均符合高斯分布时，才能以解析法求解，对于非高斯函数相关的多维随机变量，采用模拟法求解上式是可行的。

几种常见的概率分布：在某序列中，有 n 个具有相同分布的独立观测值，设为 $x_1, x_2, \cdots, x_n$，其分布函数为 $F(x)$，密度函数为 $f(x)$，设 x 序列中相应于某一频率 P 的极值为 ξ，则极值 ξ 可构成一个极值分布，其分布函数为 $G(\xi)$，密度函数为 $g(\xi)$。由概率论的原理可以证明，$F(x)$，$f(x)$，$G(\xi)$，$g(\xi)$ 四者之间的关系如下：

$$G(\xi) = \{[F(x)]^n\}_{x=\xi}$$

$$g(\xi) = n\{[f(x)F(x)]^{n-1}\}_{x=\xi}$$

（1）正态分布（Norml Distribution）又称为高斯分布，定义为连续型随机变量 x 的概率密度函数：

$$f(x) = \frac{1}{\sqrt{2\pi}\sigma}\exp\left[-\frac{(x-\mu)^2}{2\sigma^2}\right], \ -\infty < x < \infty$$

这时称 x 为服从参数为 μ, σ（μ, σ 分别为正态分布的均值、均方差）的正态分布，记做 $x \sim N(\mu, \sigma^2)$。其分布函数为：

$$F(x) = \frac{1}{\sqrt{2\pi}\sigma}\int_{-\infty}^{\infty}\exp\left[-\frac{(t-\mu)^2}{2\sigma^2}\right]\mathrm{d}t$$

（2）对数正态分布（Log－Normal Distribution）设连续型随机变量 x，如果其对数 $\ln x$ 服

从正态分布,则称 x 服从对数正态分布,其概率密度函数为:

$$f(x)=\frac{1}{\sqrt{2\pi}\xi_x}\exp\left[-\frac{1}{2}\left(\frac{\ln x-\lambda}{\xi}\right)^2\right],(0<x<\infty)$$

式中,λ 为 $\ln x$ 的均值,即 $\lambda=E(\ln x)$;ξ 为 $\ln x$ 的标准差,即 $\xi=\sqrt{D(\ln x)}$。

(3)威布尔(Weibull)分布。Weibull 分布表达式为:

$$F(x)=1-\exp\left[-\left(\frac{x-PA}{B}\right)^{\frac{1}{A}}\right]$$

(4)龚贝尔(Gumbel)分布。又称为极值 I 型的渐近分布,其概率密度函数为:

$$f_x(x)=a\exp\{-\alpha(x-K)-\exp[-\alpha(x-K)]\}\quad -\infty<x<\infty$$

其概率分布函数为:

$$F_x(x)=\exp\left[-\exp\left(-\frac{x-K}{\alpha}\right)\right]\quad -\infty<x<\infty$$

Bre tschneider 法 该方法考虑了水底摩擦和渗透损耗对风浪成长的影响,并应用了 Ijima 和 Tang 的成果加以修正。其计算浅水中的风浪波高的无因次表达式为:

$$\frac{gH_s}{U^2}=0.283\text{th}\left[0.530\left(\frac{gd}{U^2}\right)^{0.75}\right]\text{th}\left\{\frac{0.0125\left(\frac{gF}{U^2}\right)^{0.42}}{\text{th}\left[0.530\left(\frac{gd}{U^2}\right)^{0.75}\right]}\right\}$$

式中,H_s 为有效波高,m;U 为风速,m/s;d 为水深,m;F 为风距,m;g 为重力加速度。

通过分析认为,在羊角沟地区所发生的风浪波高值,受水深的影响最为敏感,因而在上式中对与水深有关的系数进行了修正,修正后的表达式为:

$$\frac{gH_s}{U^2}=0.283\text{th}\left[0.670\left(\frac{gd}{U^2}\right)^{0.68}\right]\text{th}\left\{\frac{0.0125\left(\frac{gF}{U^2}\right)^{0.42}}{\text{th}\left[0.670\left(\frac{gd}{U^2}\right)^{0.68}\right]}\right\}$$

$$H_{\frac{1}{10}}=\frac{2.03}{1.60}H_s$$

多维 weibull 分布可记为$(X_1^{1/C_1},X_2^{1/C_2},\cdots,X_m^{1/C_m})$的联合概率分布,其中 $X_1,X_2,\cdots,X_m$ 具有多维联合指数分布:

$$P(X_1,X_2,\cdots,X_m)=\prod_{j=1}^{m-1}\{\theta_j^{-1}\exp[-(m-j)\theta_j^{-1}(X_{j+1}-X_j)]\}$$

式中,C_m 及 θ_j 为分布参数。

在使用任何非高斯分布和相关的随机变量时,需进行下列变换:

$$Z_j=\Phi^{-1}[F_{x_i}(x_i)],i=1,2,\cdots,n$$

式中,$F_{x_i}(x_i)$为其中随机变量 x 的原始累积分布函数;$\Phi^{-1}(\cdot)$为标准高斯累积分布函数的反函数。假设 Z 为标准正态,则联合概率密度函数为:

$$f_x(X) = f_{x_1}(X_1)f_{x_2}(X_2)\cdots f_{x_n}(X_n)\frac{\varphi_n(Z,R')}{\varphi(Z_1)\varphi(Z_2)\cdots\varphi(Z_n)}$$

式中,Z_i 为计算结果;$\varphi(\cdot)$为标准正态密度函数;$\varphi_n(Z,R')$是均值为0,标准差为1的多维标准高斯密度函数;R'为由 φ'_{ij}构成的修正相关矩阵;φ'_{ij}为由相关系数 φ'_{ij}系列定义值。

$$\varphi_{ij} = \int_{-\infty}^{+\infty}\int_{-\infty}^{+\infty}\left(\frac{X_i-\mu_i}{\sigma_i}\right)\left(\frac{X_j-\mu_j}{\sigma_j}\right)f_{x_i}(X_i)f_{x_i}(X_j)\cdot\frac{\varphi_2(Z_i,Z_j,\varphi_{ij})}{\varphi(Z_i)\cdot\varphi(Z_j)}\mathrm{d}x_i\mathrm{d}x_j$$

模拟采用资料序列为水位ξ(以水深值d出现)、风速U、波高H(以新B法的计算结果)的三维相关变量,其均值、均方差及相关系数矩阵分别为:

水位　$E(d)=2.48\text{m},\sigma(d)=0.466$;

风速　$E(U)=23.69\text{m/s},\sigma(U)=4.9248$;

波高　$E(H)=1.62\text{m},\sigma(H)=0.3806$。

$$\rho_i j = \begin{bmatrix} 1.0 & & \\ \rho_{du} & 1.0 & \\ \rho_{dh} & \rho_{Uh} & 1.0 \end{bmatrix} = \begin{bmatrix} 1.0 & & \\ 0.60 & 1.0 & \\ 0.78 & 0.82 & 1.0 \end{bmatrix}$$

其中水位、风速及波高的边缘分布为 Weibull 分布。

根据在风暴潮发生时最高水位、对应风速、对应波高同时出现的联合概率模拟计算的程序要求,列出模拟的极限状态方程如下式所示:

$$\begin{cases} G = \text{Max}(G_1,G_2,G_3) \\ G_1 = d - X(1) \\ G_2 = U - X(2) \\ G_3 = H - X(3) \end{cases}$$

3　意义

根据风暴潮的联合概率公式,用模拟技术中的重点抽样法对莱州湾西部海域的羊角沟地区在海洋环境条件联合概率分析的基础上进行综合环境条件的联合概率分析,并对该地区的水位、风速及波高的三维随机变量做了统计分析,得出了多年一遇的各环境条件联合出现的数值,模拟结果令人满意。该方法也可应用到其他专业中的资料统计分析中去,但这需要进一步的分析研究。

参考文献

[1]　孟祥东. 莱州湾西部地区环境条件的联合概率分析. 海岸工程,1997,16(1):18－24.

夯扩桩的承载力模型

1 背景

复合载体夯扩桩是指采用细长锤夯击成孔，将护筒沉到设计标高后，细长锤击护筒至一定深度，然后分批向孔内投入填充料和干硬性混凝土，用细长锤反复夯实、挤密，在桩端形成复合载体，最后放置钢筋笼，灌注桩身混凝土而形成的桩。复合载体夯扩桩技术的推广应用，为地基基础工程施工提供了一个全新的解决方案。李玉岩[1]通过调查分析了解到复合载体夯扩桩技术在青岛地区的应用。

2 公式

初步设计时，单桩竖向承载力特征值可按下式估算：

$$R_a = u_p \sum q_{sia} l_i + q_{pa} A_e$$

式中，R_a 为单桩竖向承载力特征值(kN)；u_p 为桩身端面周长(m)；q_{sia} 为桩侧第 i 层土的侧阻力特征值(kPa)；l_i 为桩身穿越第 i 层土的厚度(m)；q_{pa} 为复合载体下地基土经深度修正后的地基承载力特征值(kPa)。

桩的承载力应满足桩身混凝土强度的要求，桩身强度应满足以下要求：

$$Q \leqslant 0.7 f_c A_p$$

式中，Q 为相当于荷载效应基本组合时单桩的竖向力设计值(kN)；f_c 为混凝土轴心抗压强度设计值(kPa)；A_p 为桩身的截面面积(m^2)。

修正后的持力层承载力特征值为：

$$\begin{aligned} f_a &= f_{ak} + Z_{br}(b-3) + Z_{drm}(d-0.5) \\ &= 140 + 3.0 \times 12(11-0.5) = 518\text{kPa} \end{aligned}$$

取三击贯入度 20 cm，则等效桩端计算面积 $A_e = 1.8\text{m}^2$。不考虑桩周摩阻力，则单桩承载力特征值为：

$$\begin{aligned} R_a &= u_p \sum q_{sia} l_i + q_{pa} A_e \\ &= 518 \times 1.8 = 932.4\text{kN} \end{aligned}$$

3 意义

根据夯扩桩的承载力模型,计算可得复合载体夯扩桩的构造、承载机制、设计和施工程序,总结了它的优点和适用范围,并用青岛地区的应用实例说明其桩基计算方法和基桩检测试验结果。复合载体夯扩桩在青岛地区一经应用,得到了广泛好评。随着新一轮大青岛战略的实施,西海岸建设日新月异,由于西海岸的位置和地质构造较适应该桩型的推广使用,故夯扩桩具有广泛的应用前景。

参考文献

[1] 李玉岩. 复合载体夯扩桩技术在青岛地区的应用. 海岸工程,2005,24(1):68-74.

植被的净初级生产力模型

1 背景

植被净初级生产力(net primary productivity,简称 NPP)是指绿色植物在单位面积、单位时间内所积累的有机物数量,是光合作用所产生的有机质总量减去呼吸消耗后的剩余部分。NPP 是地表碳循环的重要组成部分。陆地植被 NPP 具有明显的时间和空间变化特征。侯英雨等[1]在 GIS 系统的支持下,利用卫星遥感资料和地面气象观测资料,构建了基于光能利用率的植被净初级生产力(NPP)遥感模型,估算了我国陆地 1982—2000 年 1—12 月植被 NPP,分析了 1982—2000 年我国不同植被类型 NPP 的季节性和年际性变化规律,并从像元空间尺度上揭示了我国陆地植被 NPP 在不同季节、不同区域对气候变化的响应。

2 公式

基于光能利用率的植被净初级生产力模型主要由植被所吸收的光合有效辐射、光能转化率以及植物的呼吸消耗等变量来确定,其表达式为:

$$NPP = \sum APAR(x,t)\varepsilon(x,t)Y_gY_m \tag{1}$$

式中,x 为位置;t 为时间;$APAR$ 为植被吸收的光合有效辐射;ε 为光能利用率;Y_g、Y_m 分别为植物生长呼吸、生活呼吸消耗系数。植物吸收的光合有效辐射取决于太阳总辐射和植被对光合有效辐射的吸收比例,用下式表示[2]:

$$APAR(x,t) = 0.5SQL(x,t)FPAR(x,t) \tag{2}$$

式中,$SQL(x, t)$为 t 月份像元 x 处的太阳总辐射量(MJ/m^2),由日照百分率来计算;$FPAR(x, t)$为植被层对入射光合辐射(PAR)的吸收比例。在理想条件下,植被光能利用率为潜在光合利用率,即最大光能利用率,而在实际环境中植被光能利用率主要受空气温度、大气水汽压、土壤水分状况等因素的影响。光能利用率计算式为:

$$\varepsilon_{(x,t)} = \sigma_{T(x,t)}\sigma_{E(x,t)}\sigma_{S(x,t)}\varepsilon_{\max} \tag{3}$$

式中,$\sigma_{T(x,t)}$为空气温度对植被光能利用率的影响系数;$\sigma_{E(x,t)}$为大气水汽对植被光能利用率的影响系数;$\sigma_{S(x,t)}$为土壤水分对植物光能利用率的影响系数,表层土壤水分条件与 TVX(温度植被指数比值法)的关系密切[3];$\varepsilon_{\max}$为理想条件下的最大光能利用率,在研究中,假设研究区域内存在极端干旱和极端湿润土壤的情况,设定土壤水分指数为 SMI,则:

$$SMI = (R_{max} - R)/(R_{max} - R_{min}) \quad (4)$$

$$R = T_s/NDVI \quad (5)$$

式中，T_s 为地表温度；$NDVI$ 为归一化植被指数。SMI 值的范围为 0 ~ 1，0 表示土壤水分亏缺很严重，1 表示土壤水分充足。

$$\sigma_s = a + bSMI \quad (6)$$

式中，σ_s 为土壤水分亏缺对植被光能利用率的影响系数；a、b 为常数。

为了分析不同植被类型的 NPP 季节变化规律，利用植被分类图，计算了不同植被类型的月 NPP，并绘制了其 NPP 的变化曲线（图 1）。

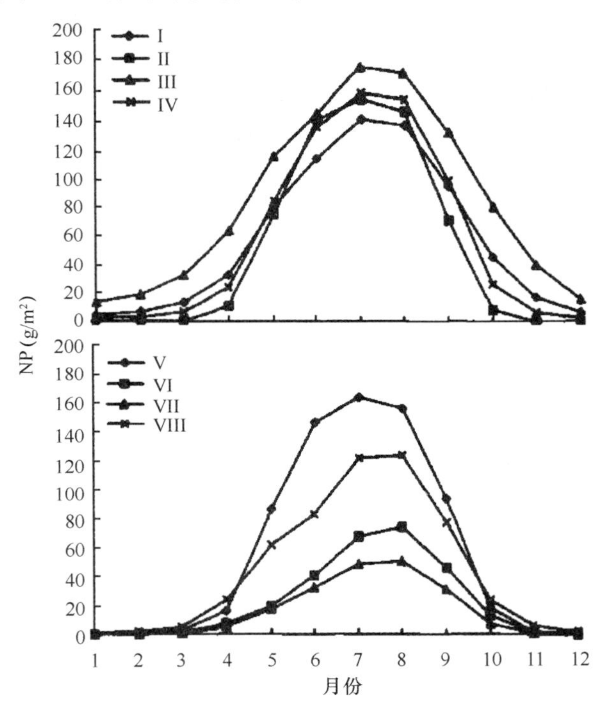

图 1　不同植被类型净初级生产力的季节变化曲线

从图 1 可以看出，我国陆地植被 NPP 的季节变化规律明显，所有植被类型的峰值都出现在 7 月和 8 月，但峰的形状和峰值大小有所不同。

3　意义

侯英雨等[1]建立了我国陆地植被净初级生产力变化规律及其对气候的响应模型，结果表明，我国植被 NPP 年内季节性变化规律明显，我国降水对植被 NPP 季节性变化的驱动作用高于温度，气候因子（降水、温度）对北方植被 NPP 季节性变化的驱动作用高于南方；我国气候因子(降水、温度)对 NPP 年际变化的驱动作用(强度、方向)随季节及纬度的不同而不同。此工作为后期的研究奠定理论基础。

参考文献

[1] 侯英雨,柳钦火,延昊,等. 我国陆地植被净初级生产力变化规律及其对气候的响应. 应用生态学报. 2007,18(7):1546-1553.

[2] Zhu W Q, Pan Y Z, Long Z H, et al. Estimating netprimary productivity of terrestrial vegetation based on GIS and RS: A case study in Inner Mongolia, China. Journal of Remote Sensing. 2005,9(3): 300-307 (in Chinese).

[3] Nemani RR, Pierce L, Running SW, et al. Developing satellite-derived estimates of surface moisture status. Journal ofAppliedMeteorology. 1993,32(3): 548-557.

针叶树种抗寒性模型

1 背景

建立抗寒性数学模型的目的是为了定量描述环境因子对抗寒锻炼或脱锻炼的作用，建立模型，预测植物抗寒性对于扩展我们对植物发育和抗寒性的知识具有重要的指导作用。当前，由于温室效应，大气温室气体浓度增加，造成全球气候变暖，将对植物的抗寒性产生很大影响。为了预测未来气候条件对木本植物的作用，数学模型是必不可少的工具。为此，在木本植物抗寒性数学模型的研究领域，建立环境因子控制抗寒性方面的量化知识方面的模型。

2 公式

Greer[1]建立了温度对辐射松(*Pinus radiata*)抗寒性影响的模型。该模型中，抗寒锻炼速率与温度呈线性关系：

$$\frac{\mathrm{d}R(t)}{\mathrm{d}t} = aT + b \tag{1}$$

式中，$R(t)$是在时间t时的抗寒性水平；T为温度；a和b为常数。

Cannell 等[2]建立了西加云杉(*Picea sitchensis*)抗寒性的数学模型，把抗寒性变化速率视为日最低温度与抗寒性(LT_{50})之差的函数：

$$\frac{\mathrm{d}R(t)}{\mathrm{d}t} = \mathrm{a} + \mathrm{b}[T - R(t)] \tag{2}$$

在该模型中，温度$b[T-R(t)]$代表抗寒性的波动发育，因为抗寒锻炼或脱锻炼速率取决于当时的抗寒性水平。截距a原为常量，表示持续的抗寒性发育与温度变化无关。

Repo 等[3]建立的欧洲赤松(*Pinus sylvestris*)抗寒性数学模型，假设抗寒性固定水平取决于温度。抗寒性固定水平和日最低温度呈线性关系：

$$\hat{R}(t) = aT(t) + b \tag{3}$$

式中，$\hat{R}(t)$是抗寒性固定水平(℃)；$T(t)$是日最低温度(℃)；a和b为常量。

假设抗寒性变化速率取决于当时的抗寒性和抗寒性固定水平的差值以及时间常量，表示为第1阶动态进程(first - order dynamic process)：

$$\frac{dR(t)}{dt} = \frac{1}{\tau}[\hat{R} - R(t)] \tag{4}$$

式中：$\hat{R}(t)$ 是抗寒性固定水平；$R(t)$是当时的抗寒性(℃)；τ 是时间常量(d)。

与模型(2)对照，Repo 等[3]提出的欧洲赤松的模型，假设波动发育除了考虑环境因子之外，还考虑当时的抗寒状态，这是因为抗寒状态也影响抗寒性的发育速率。结合模型(3)和(4)，抗寒锻炼速率或脱锻炼速率可描述为温度的函数：

$$\frac{dR(t)}{dt} = \frac{1}{\tau}[(aT + b) - R(t)] \tag{5}$$

在模型(5)中，线性温度反应 $aT + b$ 表示抗寒性固定水平。该固定水平可以认为是在每个温度 T 下抗寒性发育的一个渐进值(即抗寒性逼近其固定水平，但不会真正达到该固定水平值)，而这个发育速率由时间常量 τ 和当前抗寒性水平 $R(t)$ 确定。该模型假设同一温度既可引起抗寒锻炼，也可造成脱锻炼，取决于当时的抗寒性是否高于或低于由温度确定的其抗寒性固定水平。

根据 Leinonen 等[4]的实验结果，在休眠开始阶段，抗寒性发育不能被描述为第一阶动态进程[模型(4)]，由于环境改变，快速的抗寒锻炼始期或脱锻炼始期被推迟。所以在该发育阶段，用有两个时间常量的第二阶动态模型来描述锻炼速率。与第一阶动态模型不同的是，环境的改变决定了抗寒性发育方向的渐进水平和抗寒性固定水平并不同时改变。

$$\frac{d\hat{R}_1}{dt} = \frac{1}{\tau_2}[\hat{R}(t) - \hat{R}_1(t)] \tag{6}$$

正如 Repo 等[3]建立的模型(7)，当时的抗寒性(R)发育速率和方向取决于抗寒性的渐进水平($\hat{R}_1$)，式中，τ_2 和 τ_1 是时间常量(d)。τ_2 描述抗寒性渐进水平改变的推迟，τ_1 描述当时的抗寒性改变的推迟。Leinonen 等[4]建立的模型(8)中，假设抗寒性固定水平 $\hat{R}(t)$ 是温度和光周期加性影响的结果。

$$\hat{R}(t) = \hat{R}_{min} + \Delta\hat{R}_T + \Delta\hat{R}_P \tag{7}$$

式中，$\hat{R}_{min}$ 是最低水平的抗寒性，即没有环境因子诱导时的抗寒性；$\Delta\hat{R}_T$ 是温度诱导下抗寒性的提高值；$\Delta\hat{R}_P$ 是光周期诱导下抗寒性的提高值。

假设温度诱导抗寒性的提高为分段线性函数，则有：

$$\begin{aligned} \Delta\hat{R}_T &= a_T T(t) + b_T \quad & T_2 \leqslant T \leqslant T_1 \\ \Delta\hat{R}_T &= 0 & T > T_1 \\ \Delta\hat{R}_T &= \Delta\hat{R}_{Tmin} & T < T_2 \end{aligned} \tag{8}$$

式中，a_T 和 b_T 为常量；T 为日最低温度；T_1 和 T_2 分别为影响抗寒性增加的有效温度范围的高限和低限；$\Delta\hat{R}_{Tmin}$ 为温度诱导抗寒性增加的最高值。

类似地,假设光周期诱导抗寒性的提高也为分段线性函数,则有:

$$\begin{aligned} \Delta \hat{R}_P &= a_P NL(t) + b_P & NL_1 \leqslant NL \leqslant NL_2 \\ \Delta \hat{R}_P &= 0 & NL < NL_1 \\ \Delta \hat{R}_P &= \Delta \hat{R}_{P\min} & NL > NL_2 \end{aligned} \tag{9}$$

式中,a_P 和 b_P 为常量;NL 为当时的夜长;NL_1 和 NL_2 分别为影响抗寒性增加的有效夜长范围的低限和高限; $\Delta \hat{R}_{P\min}$ 是光周期诱导抗寒性增加的最大值。

在木本植物年发育周期中,抗寒锻炼和脱锻炼速率对环境的响应会发生变化,因此,在描述树木抗寒性长期发育的数学模型中,有必要包括这种改变。抗寒性固定水平与抗寒性年发育阶段对环境的响应的模型表示为:

$$\hat{R}(t) = \hat{R}_{\min} + C_R \cdot (\Delta \hat{R}_T + \Delta \hat{R}_P) \tag{10}$$

式中,C_R 是抗寒锻炼能力(hardening competence),指在年各个发育阶段中环境因子诱导或保持抗寒性的能力。其取值范围在一年中介于0(木本植物没有能力诱导抗寒性)和1(木本植物具有获得最大抗寒性水平的能力)。它表示年发育对诱导抗寒性的影响。

温度对抗寒性固定水平的影响为分段线性函数:

$$\begin{aligned} \Delta \hat{R}_T(t) &= \Delta \hat{R}_{T\max} - \frac{\Delta \hat{R}_{T\max}}{(T_1 - T_2)}[T(t) - T_2] & T_2 < T(t) \leqslant T_1 \\ \Delta \hat{R}_{\mathrm{T}}(t) &= 0 & T(t) > T_1 \\ \Delta R_T(t) &= \Delta \hat{R}_{T\max} & T(t) < T_2 \end{aligned} \tag{11}$$

式中,$\Delta \hat{R}_{T\max}$为温度诱导抗寒性提高的最大值;$T(t)$为日最低温度;T_1 和 T_2 分别为影响抗寒性增加的有效温度范围的高限和低限。

夜长增加对抗寒性固定水平的影响也为分段线性函数:

$$\begin{aligned} \Delta \hat{R}_P(t) &= \frac{\Delta \hat{R}_{P\max}}{(NL_2 - NL_1)}[NL(t) - NL_1] & NL_1 \leqslant NL(t) \leqslant NL_2 \\ \Delta \hat{R}_{\mathrm{P}}(t) &= 0 & NL(t) < NL_1 \\ \Delta \hat{R}_P(t) &= \Delta \hat{R}_{P\max} & NL(t) > NL_2 \end{aligned} \tag{12}$$

式中,$\Delta \hat{R}_{P\max}$为夜长诱导抗寒性提高的最大值;$NL(t)$日夜长;NL_1 和 NL_2 分别为影响抗寒性增加的有效夜长范围的低限和高限。

为了确定抗寒锻炼能力 C_R,必须确定植物年发育周期的每个阶段,其持续时期可作为环境因子的函数进行计算。为此建立了如下几个模型[5-6]。在模型中,将木本植物的年生长周期分为4个阶段:活跃生长阶段、木质化阶段、自然休眠阶段和被迫休眠阶段。在自然休眠阶段,木本植物在任何环境条件下都不能恢复生长,只有达到一定的低温积温后,其休眠才能被打破。打破休眠的日速率(M_{chl})作为日平均温度[$T_{mean}(t)$]的函数:

$$\begin{aligned} M_{chl} &= 0 & T_{mean}(t) \leq T_{min} \\ M_{chl} &= \frac{T_{mean}(t) - T_{min}}{T_{opt} - T_{min}} & T_{min} < T_{mean}(t) \leq T_{opt} \\ M_{chl} &= \frac{T_{mean}(t) - T_{max}}{T_{opt} - T_{max}} & T_{opt} < T_{mean}(t) \leq T_{max} \\ M_{chl} &= 0 & T_{mean}(t) > T_{max} \end{aligned} \tag{13}$$

打破休眠状态(S_{chl})由休眠阶段始期(t_1)到打破休眠时的日速率(M_{chl})的积分来获得:

$$S_{chl} = \sum_{t_1}^{t} M_{chl} \tag{14}$$

当S_{chl}达到关键值CU_{crit}(arbitrary chilling units,CU)时,休眠阶段完成。休眠阶段完成后,个体发育日速率(M_{frc})由日平均温度的非线性函数来计算:

$$\begin{aligned} M_{frc} &= 0 & T(t) \leq 0℃ \\ M_{frc} &= \frac{1}{1 + e^{-b[T_{mean}(t) - c]}} & T(t) > 0℃ \end{aligned} \tag{15}$$

个体发育状态S_{frc}由强迫休眠阶段始期(t_2)到个体发育时的日速率(M_{frc})积分来获得:

$$S_{frc} = \sum_{t_2}^{t} M_{frc} \tag{16}$$

当S_{frc}达到关键值FU_{crit}(arbitrary forcing units,FU)时,芽开始萌发。

在自然休眠阶段,假设抗寒锻炼能力保持在最大水平($C_R = 1$);在强迫休眠阶段,随着个体发育的开始,朝着芽萌发方向发展,抗寒锻炼能力不断降低,直至活跃生长阶段开始达到最小值0。所以,抗寒锻炼能力在当时的值可作为个体发育状态(S_{frc})的函数。在强迫休眠阶段和活跃生长阶段期间,抗寒锻炼能力表示为:

$$C_R = \max[1 - (S_{frc}(t)/FU_{critR}), 0] \tag{17}$$

式中,$S_{frc}(t)$为个体发育状态;FU_{critR}为当抗寒锻炼能力达到最小值时($C_R = 0$)个体发育的关键状态。

在木质化阶段,假设抗寒锻炼能力回升到最大值($C_R = 1$),该发育阶段作为积温的函数来计算:

$$C_R = \frac{TS_{lgn}}{TS_{critlgn}} \tag{18}$$

式中,TS_{lgn}是由线性积温决定的木质化状态;$TS_{critlgn}$是当抗寒锻炼能力到达最大值而且树木进入休眠阶段时,木质化的关键状态。

3 意义

张钢和王爱芳[7]建立了针叶树种的抗寒模型,结果表明,对一个模型的评价既要强调模型的实用性又要保证模型的准确性。模型预测目前及未来气候条件的变化,要有较高的准确性和实用性。估测气候变化条件下的生态模型,应在自然环境条件下进行连续严格和严谨的试验测试,才能获得气候变化条件下生态系统发展的最佳预测。模型定量描述环境因子对抗寒锻炼或脱锻炼的作用。

参考文献

[1] Greer D H. Temperature regulation of the development of frost hardiness in Pinus radiate D. Don. Australian Journal ofPlantPhysiology. 1983,10: 539 - 547.

[2] Cannell M G R, Sheppard L J, Smith R I, et al. Autumn frost damage on young Picea sitchensis. 2. Shoot frost hardening, and the probability of frost damage in Scotland. Forestry. 1985,58: 145 - 166.

[3] Repo T, Makela A, Hanninen H. Modelling frost resistance of trees. Silva Carelica. 1990,15: 61 - 74.

[4] Leinonen I, Repo T, HanninenH, et al. A second - order dynamic model for the frost hardiness of trees. Annals of Botany. 1995,76: 89 - 95.

[5] HanninenH. Modeling bud dormancy release in trees from cool and temperate regions. Acta Forestalia Fennica,1990,213: 1 - 47.

[6] KramerK. Selecting a model to predict the onset of growth of Fagus sylvatica. Journal of Applied Ecology. 1994,31: 172 - 181.

[7] 张钢,王爱芳. 针叶树种抗寒性数学模型研究进展. 应用生态学报. 2007,18(7):1610 - 1616.